青贮料碾压

青贮封存

青贮取用

紫花苜蓿盛花期

苜蓿收割

苜蓿田间晾晒

苜蓿干草棚存

露天草垛

白三叶

沙打旺

无芒雀麦

美国苜蓿草

种草养牛技术手册

主　编
杨效民

编著者
杨效民　贺东昌　刘建宁
李　军　张喜忠　张元庆
张玉换　关　超　李迎光

金盾出版社

内 容 提 要

本书以推进种草养牛生产的高效发展为目标，系统介绍了种草养牛的理论与实践。内容包括种草养牛概述、主要牧草作物栽培与利用技术、牧草的加工调制与贮藏、养牛常用草料及特性、肉牛饲养管理、奶牛饲养管理、牛群防疫保健与疾病防治等。内容丰富，方法科学，技术先进，图文并茂，通俗易懂。以资广大种草养牛场、户以及农民技术员应用，也可供科研机构、技术推广部门和基层的科技人员以及大专院校相关专业的师生参阅使用。

图书在版编目(CIP)数据

种草养牛技术手册/杨效民编著. —北京：金盾出版社，2011.3(2018.4 重印)
ISBN 978-7-5082-6730-2

Ⅰ.①种… Ⅱ.①杨… Ⅲ.①牧草—栽培—技术手册②养牛学—技术手册 Ⅳ.①S54-62②S823-62

中国版本图书馆 CIP 数据核字(2010)第 237633 号

金盾出版社出版、总发行

北京市太平路 5 号(地铁万寿路站往南)
邮政编码：100036 电话：68214039 83219215
传真：68276683 网址：www.jdcbs.cn
北京印刷一厂印刷、装订
各地新华书店经销
开本：850×1168 1/32 印张：10.375 彩页：4 字数：246 千字
2018 年 4 月第 1 版第 8 次印刷
印数：30 001～34 000 册 定价：32.00 元

前　　言

种草养牛是现代农业的必然选择。牧草光合效率高，生物产量多，经济效益好，可以缓解粮食压力。种草形成的产业链比种谷物长，有利于农民增产增收以及推动食品工业、轻工业和服务业等多行业的发展。种草的生态效益好，牧草多年生，适应性强；空气固氮，改良土壤；节水耐旱，维护生态；保持水土，防止流失。种草和饲料谷物使养牛业成为现代农业的主体。“草粮并举”、“草粮轮作”、“种草养牛”是现代农业的基本特征。

种草养牛是农业产业结构的革命性调整。传统农业以谷物为主，耕地面积的70%～80%种粮食；而现代农业耕地的40%～60%种草，15%左右种等同于草的饲料谷物。我国正在由传统农业向现代农业过渡，对于农民来说，科学地调整农业产业结构非常重要。在同样耕地上，种草给人类提供的生物量和蛋白质远远超过籽实农业。种草养牛，产业链长。草料加工、饲养管理以及牛产品的加工销售，由生产到餐桌，工序环节多，而每增加一道工序就增加一道产业、一道就业和追加值，延长了生物链和产业链。种草和饲料谷物形成的产业链，也将推动食品工业的发展，引起饮食结构的变化，有利于人类的健康长寿。种草养牛，一举多得。一是实现粮草的就地转化，增加农民收入；二是草料的过腹还田，可以减少化肥用量，降低农业生产成本，提高土壤的有机质含量，从而增强种植业增产抗灾能力，促进农业生产的良性循环和持续发展；三是创造更多的优质奶、肉产品，繁荣市场供给，丰富城乡“菜篮子”。

种草养牛的经济效益高。发达国家牛奶占农业总产值的20%～40%，为第一大产业，牛肉是第二大产业，占20%左右。农业产值的一半是牛，农户的一半是专业养牛户。牛奶和牛肉占主导地位使其经济效益空前提高。这是发达国家的经验，也是现代化过程中的规律。

目前我国的种草养牛业，刚刚起步，理论知识欠缺，生产经验不足，资源消耗量大，生产水平偏低。为此，作者依托国家奶牛产业技术体系雁门关综合试验站、山西省牛产业技术体系的相关研究，结合多年来种草养牛的生产实践，编撰出版《种草养牛技术手册》。内容涵盖牧草栽培、加工调制、科学利用以及牛的日粮配合、科学饲养等生产技术，力求先进实用，通俗易懂，全面系统介绍种草养牛、高效生产的各个技术环节。旨在推进和规范种草养牛生产实践。为广大种草养牛场、户以及农民技术员必备。亦可作为农技推广部门、科教工作者参考书藉。

编著过程中，在总结研究成果和实践经验的同时，广泛参阅和引用了国内外众多学者的有关著作及文献的相关内容和图片，在此一并致谢。

由于时间仓促和编著者水平所限，书中的缺点、不足以及谬误之处在所难免，恳请读者批评指正。

编著者

2010 年 9 月

目　　录

第一章 概 述

种草养牛是农业生产与时俱进的基本特征之一，是我国现代农业产业结构调整的必然选择。牧草作物光合效率高，生物产量多，经济效益好，可以缓解粮食压力。种草形成的产业链比种谷物长，可以促使农民增产增收以及推动食品工业、轻工业和服务业的发展。种草的生态效益好：多年生，适应性强；空气固氮，改良土壤；节水耐旱，维护生态；保持水土，防止流失。饲料谷物与草有着同样优势。种草和饲料谷物使养牛业成为现代农业的主体。

第一节 种草养牛与现代农业

种草养牛是农业的一次惊人革命。我国传统农业以谷物为主，耕地面积的70%～80%种粮食；而现代农业要求耕地的40%～60%种草，15%左右种等同于草的饲料谷物。我国正在由传统农业向现代农业过渡，对于农民来说，要顺应这一趋势，科学地调整农业产业结构，方可实现增效、增收之目标。

一、籽实农业与营养体农业

我国传统农业的目标是吃饱肚子，属于自给自足的小农经济或非商品经济，没有成本概念，认为只有种粮才是农业；而现代农业追求经济效益、生态效益和社会效益的统一，因此低成本、长链条、高效益的耕地种草养牛成为必然选择。

世界上把谷物分为两类：人吃的叫食用谷物，称为粮食；动物吃的称饲料谷物、精饲料或饲料粮。饲料谷物是在食用谷物基础上培育出来的特殊品种，有两大特点：一是再生能力强，一年可以刈割收获多次;二是其秸秆的蛋白质含量高。如美国的饲料高粱秸秆蛋白质高达16%~22%,是高粱籽粒的3倍。

饲料谷物比食用谷物的生物量和蛋白质产量高,且适应性强。发达国家已经育出和用于生产的有饲料水稻、饲料玉米、饲料小麦、饲料高粱、饲料油菜、饲料薯类等。目前,我国尚未形成饲料谷物的概念。饲料谷物等同于高蛋白质的草,全株营养丰富,是现代营养体农业的主体之一。

(一)籽实农业

长期以来,我国的农业可称为单纯的籽实农业,在实现温饱过程中,其曾做出了辉煌的贡献,然而也造成我国人均口粮消费是发达国家的3~4倍。畜牧业也以耗粮型为主体。我国人口占世界的21%,猪肉产量则占56%,人均猪肉44千克,超过美国一倍;而我们喝的牛奶相当于发达国家的1/15,吃的牛肉相当于发达国家的1/5。悠久的历史造就了中国人的聪明才干,也造成了根深蒂固的保守传统。几千年的单纯粮食观很难改变,种草养牛的高效农业进展相对较慢。

(二)营养体农业

耕地种草称为营养体农业。在同样耕地上,种草比种粮可为人类提供更多的生物量和蛋白质量。发达国家的经验证明,牧草作物的光合效率高,营养体农业可以充分利用光热资源,不受籽实作物成熟期的限制,经济效益大,因而种草养牛是"通往现代农业的桥梁"。

(三)种草养牛与粮食安全

营养体农业,生物产量高,有利于粮食安全。以多年生紫花苜蓿草为例,干草粗蛋白含量高达24%~26%,按每667米^{2}产1 500千克干草计算,每667米^{2}产粗蛋白质近400千克。如果种谷物,年平均每667米^{2}按产700千克计算,乘上8%的蛋白率,仅合56千克,加上秸秆也超不过70千克粗蛋白质。种植专用青贮玉米,每 667 米^2 生物产量、可消化总养分、可消化粗蛋白质、胡萝卜素含量分别为 3 000 千克、495 千克、39 千克、105 克，分别是籽实玉米的 4.14、1.44、1.86 和 30.88 倍。可见，种草获取的生物量是种谷物的 4～8 倍。不论从生物产量或营养产量上看，营养体农业产量高，有利于缓解粮食压力，降低饲养成本。

二、种草养牛的优越性和必要性

种草养牛，树立科学发展观。更新传统农业观念，建立科学的整体食物观。彻底扭转“以粮为纲”的传统观念，形成“草粮并举”和“草粮轮作”的现代农业模式。以减少粮食压力，大踏步地走向保护生态环境的现代农业之路。

(一)延长产业链条、拓宽就业渠道

延长产业链条、拓宽就业渠道是现代农业的基本标志。种粮食，作为食粮，生物链和产业链都短：水稻变成大米，小麦变成面粉，然后直接消费，产业链短，是土地资源和生物资源的浪费。种草人不能吃，养牛人也不能直接吃，需要挤奶、屠宰、加工等，进行初加工、细加工，每增加一道工序就增加一道产业和追加值，拉长了生物链和产业链，是拓宽就业渠道、维护社会安定的必然选择。种草和饲料谷物形成的产业链，必将推动食品工业的发展，引起饮食结构的变化，有利于人类的健康长寿。

解决就业、增加收入、转移农业劳动力是现代农业的本质表现。现代农业，谷物生产靠大规模和极高的劳动生产率赚钱。而我国农民目前多沿用均田制，规模小，种谷物必然难以赚钱，因而在目前过渡时期，可享受政府补贴。而种草养牛，才是致富的根本出路。

(二)种草养牛与生态农业建设

生态农业概括为两个内涵：一个是追求农作物的多年生；另一个是追求动物、植物、微生物三者的平衡。这两者都与草有着密不

可分的关系。“二战”后，发达国家加大了对草的研究，培育出上千个草种，使草具备了生态农业必备的两个内涵，具体表现在以下两个方面。

1. 多年生，适应性强，具有固氮和改良土壤功能 如具有“牧草之王”之称的紫花苜蓿，一次播种，多年收获。适宜地点和条件也都发生了很大的变化，在我国从新疆到福建，从黑龙江到长江流域都适于种植。适于北方极端低温－30℃、pH 6～8、年降水量300～800毫米的品种有“驯鹿”、“8925”、“北方”、“皇后”、“三得利”、“赛特”、“德福”、“德宝”等；适于华东亚热带如上海、安徽南部、湖北东部、湖南大部、福建北部、江西大部、浙江、江苏南部的品种有“游客”、“阿巴克斯”等。仅仅是紫花苜蓿，世界上就有100多个品种，多年生，其生态效益不亚于林木。同时，可以固氮，改良土壤。苜蓿草每667米^{2}每年固氮约30千克。三叶草、百脉根、平托落花生、罗顿豆、大翼豆、合欢草等豆科牧草空气固氮和改良土壤的作用巨大。草粮(田)轮作，效果更好。

2. 节水耐旱，具有维护生态功能 我国水资源相对短缺，节水、耐旱是对选种作物的基本要求。而节水耐旱的牧草品种很多，有的在年降水量200毫米的地方就可以获得高产。而籽实谷物在降水量低的地方就需要灌溉。我国华北平原降水量多在500～600毫米，抽水灌溉需水量较大，结果地下水位下降，生态遭到严重破坏。而耕地种草则可以缓解这一矛盾。如果种2 000万公顷地的紫花苜蓿，按最低产量计算，其生物产量起码相当于4 000万公顷的粮田。同时多年生牧草是水土保持的理想作物。在美国进行的调查表明，在坡度5°的坡地上试验，白茬地每公顷每年流失的土壤7吨，种谷物等一年生作物流失3.5吨，人工林流失0.9吨，而多年生牧草仅仅流失0.02吨，证明种草的生态效益好。因而，从某种意义上说，我们缺少的不是耕地，而是现代科学思想和创新观念。

三、种草养牛是现代农业的主体

我国养牛，由于缺少高蛋白质草和饲料谷物，奶牛及育肥牛日粮中不得不加入粮食，形成了“精饲料”、“粗饲料”搭配的饲喂方式。而单位面积种植牧草和饲料谷物的营养产量远远超过粮食。干苜蓿草粗蛋白质为24%，而干玉米粒仅8%。发达国家产6～7吨奶的奶牛不加任何精饲料，全部用草搭配饲喂，因为牛本身就是吃草的动物。以草养牛，牛的体质更强壮，饲养成本更低廉。种草和饲料谷物是营养体农业的基本标志，也是现代农业发展的必由之路。

据统计，发达国家食品工业原料的80%来自畜牧业，15%来自水果、蔬菜，只有5%来自谷物。可见，没有畜牧业就没有食品加工业，也就没有农业的商品化和现代化。种草养牛就等于在农村建立起大量的生物加工厂，增产增收效果好。而传统的种粮不种草，养猪多养牛少，缺少生物加工厂，是对有限资源的浪费。

(一)种草养牛的经济效益高

发达国家牛奶占农业总产值的20%～40%，为第一大产业。牛肉是第二大产业，占20%左右。农业产值的一半是牛，农户的一半是专业养牛户。牛奶和牛肉占主导地位，使其经济效益空前提高，这是现代化过程中的规律，各国都不例外。1997年荷兰种草养牛专业户60 283户，占总农户107 919的65%。印度、巴西也在大力发展种草养牛。据法国调查，同样规模土地上种牧草养奶牛是种谷物收益的10倍。

(二)种草养牛符合我国基本国情

在现代农业中，种草养牛属于相对劳动密集型产业，种草养牛本身可以容纳大量劳动力。同时，养牛业产业关联度高，牛产品的加工、运销等环节多。在我国人多、耕地少的基本国情下，发展种草养牛，是扩大就业岗位，使农业产业结构调整的基本思路。

(三)牛产品对人类的营养价值高,消费群体大

牛奶营养全面,在世界上被称为是"不可替代的食品"。美国成年人日均摄入1 300毫克钙,其中75%来自牛奶。现代化初、中期,奶牛也是牛肉的主要来源,英国牛肉的70%、法国的40%是来自奶牛。饲养奶牛的经济效益高。据测算,同样投入,奶牛的效益是肉牛的2倍,是猪的3倍。世界正在大力发展乳肉兼用牛,德国人用150年培育出德系西门塔尔牛,母牛年平均产奶量超过7吨,公牛530日龄体重达到700～800千克、日增重1400克;奶量不少于奶牛,肉量不少于肉牛,奶质超过荷斯坦奶牛,肉质不亚于肉牛。我国农业部已经引入其冷冻精液,将成为种草养牛的重要品种。更重要的是牛产品的营养价值高,世界各族人民都在消费,消费群体大,市场风险小,前景广阔。

第二节　立草为业,种草养牛

种草养牛效益日显突出,市场前景看好,已成为当前农业产业结构调整的热门话题之一。然而,在我国种草养牛还刚刚起步,尚属新生事物,如何种好草、养好牛,更新观念,科学普及种草养牛技术是关键。

一、牧草与杂草

牧草并不是杂草。杂草是自然状态下自生自灭的野(杂)草,虽然具备抗旱、抗瘠能力,但其营养价值差、适口性差、产量低。而种草养牛所提倡种的草,是指经过人工培育出的饲用优质牧草,其特点是像种粮一样,对生长环境有一定的条件要求。而在相应条件下,营养价值高、产量高,甚至是野(杂)草的成百倍。如高产优质饲料牧草菊苣,年每667米^{2}产鲜草量可达2万～3万千克,而且富含许多动物必需的氨基酸。又如紫花苜蓿,营养物质产量是其他作物的数倍;专用饲草玉米,其营养物质产量也远高于粮作籽实玉米。由此可见,种草,是专指用于养牛的优质牧草,而不是泛指自然状态下生存的野草。

牧草所含的营养物质丰富而完全。豆科牧草干物质中蛋白质含量为15%～20%,含有各种必需氨基酸,蛋白质生物学价值高,可以弥补谷物类饲料蛋白质数量不足,所含钙、磷、胡萝卜素和各种维生素如B族维生素、维生素C、维生素E、维生素K均较丰富。适期刈割利用的豆科牧草其粗纤维含量低,柔嫩多汁,适口性好,易消化。禾本科牧草所含营养物质一般低于豆科牧草,但良好的禾本科牧草的营养价值往往不亚于豆科牧草,富含精氨酸、谷氨酸、赖氨酸、聚果糖、葡萄糖、果糖、蔗糖等,胡萝卜素含量也较高。

二、选种牧草

不同的牧草品种对土壤条件也有不同的要求。例如,盐碱地只适合种植耐盐碱的牧草,如沙打旺、黑麦草及籽粒苋等,而其他牧草则不宜,否则种下去、长不出;如在果树园中套种牧草,则必须选择耐阴牧草,北部土壤中性偏碱,适合品种有紫花苜蓿、沙打旺等,南部土壤中性偏酸,适宜品种有红三叶、白三叶等,否则同样是广种薄收;如低山丘陵山区,大多土质差、水资源缺乏,则应种植耐瘠、耐旱、覆盖性好的牧草,如紫花苜蓿、三叶草、高羊茅、早熟禾、百喜草等。

三、耕作管理

科学技术是第一生产力,种草养牛同样需要一定的科学技术。必须掌握对牧草的农艺特性和管理技术。优质牧草的种植就像水稻、小麦、棉花一样,有一整套科学的栽培技术。如种草之前首先要平整田块,由于草籽远远小于稻、麦、棉种,所以播种前同样要求精耕细作,方可实现苗全苗壮,奠定丰产基础。由于杂草的萌发力强于牧草种子。所以种植牧草一方面多选择秋播为宜，使其在秋、冬积蓄营养、促进春长；另一方面在出苗初期要加强除草(杂草)，由于牧草同样需要肥力的支持所以要注意施肥。因此，牧草作为农作物中的一个家族成员，对其生长期的田间管理，要像种粮一样，悉心指导，加强田管，要除草、施肥、抗旱，同样也要排涝降渍，只有这样，才能取得预期效益。

四、生物产量

牧草虽人类不能直接食用，而营养物质产量与价值远高于粮作。科学分析标明，牧草营养全面、适口性好、易消化，如苜蓿干草含粗蛋白质 14%～24%，高于稻米(8.3%～8.5%)、麦类(10.8%～12.1%)、玉米(8.6%)。此外，牧草还富含多种维生素和矿物质等，这是稻谷、麦类、玉米所不及的。种植牧草后能有效提高土壤肥力，从而促进后作增产。同时，改善土壤团粒结构。饲养的畜禽粪便返回农田作有机肥，既能降低粮食的生产成本，又能防止过多使用化肥造成的环境污染。

牧草按单位面积营养物质产量计算，一般生产青饲料为最高。以紫花苜蓿为例，每 667 $米^2$ 产鲜草以 3 000 千克计算，约含可消化总养分(TDN)444 千克(3 000×14.8%)，可消化粗蛋白质 105 千克(3 000×3.5%)。如与粮作玉米相比，550 千克所含可消化总养分虽达 444 千克(550×80%)，而所含可消化蛋白质仅为 36.85 千克(550×6.7%)；与种植大豆相比，311.5 千克大豆所含可消化蛋白质为 105 千克(311.5×33.7%)，而所含可消化总养分(TDN)仅为 273 千克(311.5×87.6%)。就钙、磷、胡萝卜素单位面积总产量而言，则更难与紫花苜蓿相比。种植牧草作饲料，可以一次种植后多年利用。因此，牧草不仅是优良的饲料，也是最经济的作物。而且还可以靠发达的根系，增加土壤有机质，改良土壤结构、增进土壤肥力，提高作物产量和质量。同时具有保护植被，绿化环境之功能。

五、科学利用

农区不同于牧区。农区种草，应以收获利用为主体。就饲喂方法而言，不能以草代料，而必须添加一定的其他草料，以补充某一牧草中营养的不足。如添加玉米，以补充能量。添加粗料，补充体积，填充胃肠。此外，要添加矿物质和微量元素。就饲喂要求而言，奶牛、肉牛以及不同生长、生产阶段对饲草料的要求不同。此外，发展种草养牛要科学测算，确保种养效益的最大发挥。

第三节　牧草作物种植技术

随着商品经济的迅速发展和生物工程科学技术的进步，发达国家先后实现了种草养牛的现代化。其共同特点是在土地科学经营的基础上，把先进的科学技术和经营管理方法运用于种草养牛的各个环节，首先是草业生产实现了专业化、社会化、商品化，从而获得了较高的生产效率和经济效益。农田种草，系指经过人工选育、证实高产高效的人工栽培品种作为家畜饲料用的作物。我国地域广阔，适宜种植牧草的种类与品种也较多，而不同地域适宜栽培的牧草与管理技术要求不同。像种植粮食作物一样，各地区应选用相应的牧草种类，并采取相应的管理技术，方可取得事半功倍的效果。

一、播前准备

（一）整　地

整地的目的是通过耕翻、耙耱、镇压以及其他地面处理技术，为牧草的播种、生长发育创造良好的土壤条件。牧草只有生长在松紧度和孔隙度适宜、水分和养分充足、没有杂草和病虫害、理化性状良好的土壤上才能获得高额的产量。根据土壤、地形、坡度、气候、植被等条件的不同,可以分别采用全垦、带垦或免耕等不同地面处理技术。

1. 全垦 平地及缓坡地可用机械或畜力进行耕翻、耙地、耱地、镇压等一系列耕作措施,改善土壤耕作层的结构,使土壤松紧度适宜,透水性、通气性和容水量增加;消灭杂草和病虫害,将残茬和枯枝落叶、农家肥和化肥翻入土层,增加土壤有机质,提高土壤肥力;平整地面,蓄水保墒,以利于播种出苗。这是栽培牧草及饲料作物成败的关键,也是牧草高产稳产和持续多年利用的基础。

2. 带垦(又叫条垦) 坡度大于25°的急坡地,全垦容易引起水土流失;大面积沙化草场,风蚀严重,亦不宜全垦,可以进行带垦。带垦是在坡地上按等高线,即与坡向垂直的方向或风沙地与主风向垂直的方向,进行带状耕翻或轻耙,每耕翻2～4米宽的地面,留下1～2米宽不耕翻,以利于水土保持或减轻风蚀。但在带垦栽培牧草的草地上,往往不能有效地控制杂草。

3. 免耕 前茬作物收获后,直接在茬地上播种牧草种子。可以撒播,也可以用配有割茬犁刀的特殊播种机具播种,并用除草剂控制杂草。免耕法通常对土壤不进行其他干扰,可使土壤表层保留较多的残茬及枯枝落叶覆盖层,有利于水分的渗透和减轻土壤侵蚀。在干旱严重的沙化地区,原生植被覆盖度很低,不宜耕翻和轻耙,可以直接撒播或用机具条播。在南方坡度大于30°的地方,可在重牧或火烧后进行播种。原生植被为根茎性禾本科牧草如白茅或恶性杂草如飞机草,可选用化学除草剂如草甘膦喷洒灭草,杂草枯死后火烧,在雨季到来之前播种,也可成功地建植人工草地。

(二)施 肥

部分地区土壤有机质含量很低,氮、磷较为缺乏。必须根据牧草生长发育的需要及土壤营养元素的含量合理施肥。施肥可分基肥、种肥和追肥等。

1. 基肥(也叫底肥)　在耕翻整地时结合施用厩肥、堆肥等农家肥或迟效化肥如钙镁磷肥、过磷酸钙等，以满足牧草整个生长期的需要。基肥可撒施地表，然后翻入耕作层。质量较好的农家肥，一般每公顷施用 15～37.5 吨。钙镁磷肥每公顷施用 300～375 千克、过磷酸钙 150～300 千克。

2. 种肥　播种时与种子同时施用的农家肥、化肥或细菌肥料，以供幼苗生长的需要。种肥可施在播种沟内或穴内，盖在种子上或用以浸种、拌种。所用农家肥应充分腐熟，所用化肥则应选用对种子无毒害作用的肥料。作为种肥施用的氮肥，可用硫酸铵，每公顷用量 37.5～75 千克；磷肥可用过磷酸钙，每公顷用量 37.5～60 千克。草木灰亦可作种肥，在酸性土壤上每公顷用量 2 250～3 000 千克。

3. 追肥　主要用速效化肥，可以撒施、条施、穴施，结合灌溉及叶面喷施等。禾本科牧草每次刈割后，如能及时追施氮素，可以提高产量及质量，每公顷用量：硫酸铵 150～300 千克、尿素 75～150 千克。多年生豆科牧草，每年要追施磷肥，在春季一次施用或分 2 次施入，每公顷用过磷酸钙 150～300 千克。过磷酸钙、尿素、微量元素如镁、铁、硼、锰、铜、锌、钼等都可用于叶面喷施，喷施液的浓度：尿素为 1.2%～2%、过磷酸钙 0.5%～2%；微量元素用量很低，每公顷只需 1 500～4 500 克，并且只有在对土壤和牧草正确分析、判断是否缺乏某种微量元素后方可施用，其用量也须根据其施用量严格掌握，以免过量中毒。

(三)种子处理

为保证播种质量，播前应根据种子的不同情况，采用去杂、去芒、精选、晒种、浸种、消毒、摩擦、接种根瘤菌等技术进行种子处理。

1. 选种　可用清选机械清选或人工筛选扬净，必要时也可用水洗或盐水选种。

2. 晒种 将种子摊平放在阳光下暴晒3～4天，每日翻动3～4次，可以促进种子的后熟，打破禾本科牧草种子的休眠，提高发芽率。

3. 浸种 用温水浸种，使种子充分吸收水分，可加快种子萌发。豆科牧草浸种12～16小时，禾本科牧草种子浸种1～2天，其间换水1～2次或3～4次，浸种后放在阴凉处晾种，待表皮风干即可播种。值得注意的是，若土壤干旱则不宜浸种。

4. 去壳去芒 带有荚壳的草木樨种子发芽率低，可用石碾米机去壳。老芒麦、披碱草等有芒的禾本科牧草种子，容易堵塞播种机的排种管，可用去芒机或镇压器碾轧去芒。

5. 种子消毒 用农药拌种，可预防通过种子传播的病虫害。如为了防治禾本科牧草的黑粉病、坚黑穗病，可用35%菲醌粉剂或50%福美双粉剂，按种子重量的0.3%拌种；为了防治苜蓿轮纹病，可用种子重量0.2%～0.3%的菲醌或0.2%～0.5%的福美双拌种。

6. 豆科牧草硬实种子的处理 可用石碾碾压，用碾米机、脱粒机、专用硬实擦伤机等擦伤种皮；也可用浓度95%以上的浓硫酸浸润种皮20～30分钟，然后冲洗干净并晾干；或用始温80℃的温水浸种2～3分钟，都可打破硬实。在大面积播种时，可取出播种量的2/3进行处理，留出1/3不处理，然后将两者混合播种，以增强对不良环境的应变能力。

7. 接种根瘤菌 在从未种植过同类豆科牧草或相隔4～5年后重新种植的地块上播种豆科牧草，都应接种根瘤菌，以促进幼苗早期形成根瘤、及早形成固氮能力。接种可用专用根瘤菌剂或同类豆科牧草的根瘤风干后压碎拌种。已接种的种子应尽量在当天播完，避免日晒。最好是将种子丸衣化，即用通过100～300目的钙镁磷肥或碳酸钙等作为丸衣材料。也可同时加入硼、钼、锌等微量元素，将拌入根瘤菌剂的4%羟甲基纤维素溶液黏着剂与牧草种子混合,倒入搅拌机拌匀,再将丸衣材料倒入,搅拌 1～2 分钟,至种子完全丸衣化,即可晾干备用。

接种根瘤菌,要正确选择根瘤菌的种类和类型。豆科牧草根瘤菌可分为 8 个种族,族内豆科牧草根瘤菌可相互接种。而不同族间接种无效。

苜蓿族:可接种苜蓿、金花菜、草木樨、胡芦马等。

三叶草族:可接种红三叶、白三叶、杂三叶等。

豌豆族:可接种豌豆、野豌豆、山藜豆、蚕豆、扁豆。

菜豆族:可接种菜豆、红花菜豆等。

羽扇豆族:可接种羽扇豆、鸟足豆等。

大豆族:可接种大豆、野大豆等。

豇豆族:可接种豇豆、胡枝子、绿豆、木豆、山蚂蟥、葛藤、链荚豆、木蓝等。

紫云英族:可接种紫云英。

其他尚有一些菌株专性的小族,只能接种单一的属如百脉根属、田菁属、锦鸡儿属、红豆草属、黄芪属和小冠花属等。

二、播 种

(一)播 种 期

根据当地气候条件、土壤水分状况和牧草作物的特性决定。冬性或冷季型多年生或越年生牧草如冰草、无芒雀麦、多年生黑麦草、苜蓿、白三叶、红三叶、毛野豌豆、多花黑麦草、绛三叶等,适宜秋播;春性或暖季型多年生或 1 年生牧草如非洲狗尾草、狗牙根、大翼豆、圭亚那柱花草、苏丹草、春箭筈豌豆等,适宜春播。

(二)播种方式

牧草作物的播种方式可分为条播、点播、撒播或飞播。

1. 条播 又叫行播。可用机械或畜力播种机具开沟条播,行距 15～30 厘米或 45～60 厘米。条播有利于中耕除草,便于田间管理。

2. 点播 又称穴播。适宜在较陡的山坡荒地播种。

3. 撒播 是用人工或撒播机具将种子撒播在地表。播后耙耱覆土,雨季亦可不覆土。

4. 飞播 是大面积的撒播,适宜在地形起伏较大、不宜机械耕作或较偏远的地区。

(三)播种深度

一般 1～3 厘米,大粒种子可深至 4～5 厘米。沙性土宜深,黏性土宜浅;土壤干燥宜深,潮湿宜浅;春季干旱宜深,夏、秋季雨多宜浅。

(四)播 种 量

可用下式计算:

实际播种量=每公顷理论播种量(千克/公顷)/净度(%)/发芽度(%)

三、田间管理

牧草播种后,依出苗生长及环境条件的变化采取一系列田间管理技术措施,包括破除表土板结、查苗补种、中耕松土、消灭杂草、防治病虫害等项内容。

(一)破除土壤板结

出苗前若土壤形成板结层,可用短齿耙或具有短齿的圆形镇压器滚压,即可破除板结层。有灌溉条件的可用小水轻灌,也能帮助幼苗出土。

(二)查苗补种

由于整地或播种不良以及风、旱、雨、涝、冻、虫害等不利因素的影响,造成严重缺苗断垄,当缺苗率达到 10%以上时应及时补种。

(三)中耕除草

用拖拉机带短齿耙或中耕机以及人工用锄中耕,可松土、抗旱保墒，消灭杂草，减少病虫害，促进幼苗生长。中耕除草多在出苗到封垄期间、返青前后和刈割之后进行，也可用除草剂消灭杂草。

(四)排 灌 水

当土壤含水量高于田间最大持水量的80%时，须及时开沟排水；反之，当其低于50%时，要及时灌溉。

(五)病虫害防治

应本着“预防为主，综合防治”的原则，通过植物检疫，合理轮作，选用抗病虫品种，种子消毒，土壤耕作，田间管理，适时刈割或放牧利用等农业技术措施预防或消灭病虫害。在大规模暴发草地螟虫、黏虫、蝗虫等毁灭性害虫时，则要迅速采用化学药剂防治。但一定要采用高效低毒农药，注意人、畜安全，在残效期过后才能刈割或放牧利用。

(六)切耙复壮

生长3～4年后的根茎型多年生禾本科牧草，可在返青或刈割第一茬草后，用圆盘耙切割草皮，疏松土壤，提高产量。

四、刈割收获与贮存

(一)刈割收获

栽培牧草，建立人工草地的主要目的是为了获得大量优质的饲草。适时刈割的牧草可以青饲，也可晒制干草或制作青贮，以备冬、春饲料缺乏时利用。禾本科牧草适宜的刈割期是抽穗期至开花期，而豆科牧草则是现蕾期至盛花期。刈割次数不宜过少，否则会降低饲草质量及再生草的产量；过多则会导致牧草总干物质产量降低。留茬高度因种类不同而异。豆科牧草中，从根颈萌发新枝的苜蓿等，留茬4～5厘米；而从茎枝腋芽上萌发新枝的百脉根、柱花草、大翼豆等，留茬高至20～30厘米。禾本科牧草中的上繁草如猫尾草、非洲狗尾草等，留茬6～10厘米；像草、杂交狼尾草等高秆牧草可高至20～30厘米；而下繁草如草地早熟禾留茬可低至

4～5 厘米。

(二)贮存利用

据统计,传统的牧草调制方法使牧草的生物产量浪费32%～55%,其中凋落损失 12% ～20%、雨淋损失 5%～10%、呼吸损失10%～15%、发酵损失 5%～10%,牧草营养成分的损失更是不可估量。饲草料合理保存、加工调制后,能够提高其营养价值,改善适口性和消化性,减少浪费。目前,天然牧草经青贮或机械烘干后加工成捆、块、粒、粉,可保存 90%的营养。加工环节的引入也是现代草业区别于传统牧草生产的重要标志。

1. 干草晒制 晒制干草首先要考虑当地的气候条件,应选在旱季的晴天进行,当含水量降至20%～25%时贮存。

2. 青贮及半干青贮 这是保存牧草营养价值的好方法。它是在密封厌气的条件下通过乳酸菌发酵使青贮料变酸,抑制其他引起腐败的微生物的活动,使青贮料得以长期保存的方法。青贮料含水量保持在 65%～75%。青贮可用青贮窖,也可用地面青贮。

第二章　主要牧草作物栽培与利用技术

随着农村社会经济的发展，农业产业结构的战略性调整，资源配置不断优化，粮、经、饲三元种植模式日渐形成，种草养牛已成为农村经济发展的亮点产业。

第一节　饲用玉米栽培与利用技术

玉米在世界谷物栽培面积上仅次于小麦和水稻，排名第三。玉米是我国农区的主要粮食(饲料粮)作物，同时也是主要的饲草作物。在世界上具有“饲料之王”的美称，是种草养牛的首选作物。玉米全身都是宝，籽实既是人类食粮，又是主要的能量饲料，其茎叶是养牛生产最基本的青饲料或粗饲料，也是青贮饲料的主要制作原料。玉米产量高，一般每 667 米^2 产玉米籽实 300～700 千克、玉米秸秆 500～800 千克。玉米营养丰富，其营养成分列于表 2-1。

表 2-1　玉米的营养成分　(%)

类　别	水　分	粗蛋白质	粗脂肪	粗纤维	无氮浸出物	粗灰分
籽　实	11.3	7.2	4.8	1.2	73.9	1.6
秸　秆	11.2	3.5	0.8	33.4	42.7	8.4
玉米芯	8.7	2.0	0.7	28.2	58.4	2.0

100 千克普通玉米籽实中含粗蛋白质 7.2 千克，其饲用价值相当于 135 千克燕麦、120 千克高粱或 130 千克大麦。青贮玉米一般每 667 米^2 产青草 4 000～6 000 千克。粮草兼用玉米品种，籽实成熟收获后茎叶仍保持青绿，是青贮饲料的优质原料，是草食家

畜的优质青粗饲料(图 2-1)。

图 2-1 粮草兼用玉米

玉米的茎叶中含糖量很高,在蜡熟期每千克干物质中含糖约 100 克,是制作青贮的上等原料。兼用品种在收获籽实后要尽早收割。玉米茎叶水分较多,含糖量也较高,可制作良好的秸秆青贮;收籽后脱下的玉米苞叶,含水量为 60%～70%,可以制作苞叶青贮;玉米穗轴收获期含水量也较高,为 50%～70%,破碎后可制作玉米芯青贮料;玉米籽粒收获后含有 23%～40%的水分,发达国家多在青贮塔内,制成高水分玉米粒青贮料,既减少了玉米粒脱水的劳动力投入,又加大了动物对玉米籽实的消化利用率。而玉米整株青贮,比秸秆青贮在动物营养的生物总产量上更为经济。有条件的地区应大力推广玉米整株青贮。玉米植株在籽实蜡熟前期,各部位都含有丰富的营养物质,适口性好,是养牛的良好饲料,也是制作整株玉米青贮饲料的最佳时期。青饲时,可根据需要,在拔节期后随用随割。

一、分布与习性

玉米原产于中美洲的墨西哥和南美洲的秘鲁,至今已有 5 000 多年的栽培历史。现在世界各地均有分布,我国是居美国之后的第二大玉米种植国。

玉米为喜温作物，最适生长温度为25℃左右，苗期抗寒能力较弱。玉米较为耐旱，而拔节到抽穗期间需水较多，可与旱作区短暂的雨季相适应。通常丰产区的年降水量在500～1 000毫米。玉米对土壤要求不严格，各类土壤均可种植。而富含有机质、排水通气良好、肥沃的沙壤上生长最好。

二、植物学特征

玉米为禾本科玉米属一年生草本植物。根系发达，70%的根系分布在0～30厘米的土层内。茎直立，植株高大。茎扁圆形或圆形，株高1.5～3米，是禾谷类作物中最高大、最粗壮的品种之一。叶片剑形、互生。叶鞘着生于茎节上，并超过节间。中肋明显，具有浅沟，能很好地接纳雨水。叶片长70～100厘米，宽6～10厘米。玉米为雌雄同株异花授粉植物，雄花生长于植株顶部，俗称天花，雌花着生于植株中部。

三、品种选择

品种选择的标准是：生物产量高，植株成熟后茎叶青绿。是淀粉、可溶性碳水化合物和蛋白质含量高，纤维素和木质素含量低的品种。目前，世界上广泛种植的品种有粮作玉米、草作玉米和粮草兼作玉米。现就饲草专用玉米和粮草兼用玉米的主要品种简介如下。

（一）饲草专用玉米

1. 墨白1号 该品种由中国农业科学院作物研究所于1977年从墨西哥国际玉米小麦改良中心引进，是一个适于亚热带种植的玉米综合种。可以连年栽培，适宜在广西、云南、贵州等地种植。该品种分蘖性、再生性强，每丛分蘖15～35个，茎秆粗壮，枝叶繁茂。质地松脆，适口性好。抗病虫害，高产优质。

种植密度为每 667 米^2 6 000～7 000 株，丛生、茎粗、直立，株高 280 厘米，穗位高 120 厘米，果穗长大，籽粒白色。喜温喜湿，耐热不耐寒，在 18℃～35℃时生长迅速，生长期 200～230 天，遇霜逐渐凋萎；在长江流域及黄淮海地区，由于日照变长，使该品种晚熟，植株变得高大，再生力强，一年可刈割 4～6 次，每 667 米^2 产茎叶1 万～2 万千克，适于作青饲、青贮。

2. 京多 1 号 该品种由中国科学院遗传研究所育成。属青饲专用晚熟品种，多秆多穗类型。北京地区春播生育期 130 天左右，用作青饲从种植至收割需 100 天左右。株高 300 厘米，穗位高 150 厘米，一般单株分蘖 2～3 个，每个茎秆结果穗 2～3 个，穗小粒小，籽粒黄色。根系发达，抗旱、抗倒伏性强。适宜在北京、内蒙古、东北、黄土高原及西藏春播种植，在河北、山东、河南的夏播区也可种植。

3. 科多 4 号 该品种由中国科学院遗传研究所育成，1989 年通过天津市审定。属青饲、青贮玉米专用晚熟品种，多秆多穗类型。北京地区春播生育期 130 天左右。株高 300 厘米，穗小粒小，籽粒紫色。植株生长健壮，根系发达，抗倒伏性强。适宜在北京、内蒙古、山西等地种植。

4. 科多 8 号 该品种由中国科学院遗传研究所育成，通过细胞工程技术选育出的自交系并组配成的新杂交组合。具有很好的丰产性和抗逆性。株高 3.5 米，平均分蘖 2～3 个，比科多 4 号早熟 10 天，属中晚熟品种。

5. 大穗枝 1 号 该品种由山西省农业科学院作物研究所育成。属青饲、青贮玉米专用品种，多秆多穗类型。全生育期 120 天左右。株高 280 厘米，单株分蘖平均 2.4 个，主茎与分蘖高度相当。每株结穗平均 2.3 个，果穗长 18 厘米、锥形，籽粒黄白色、半马齿形。抗玉米大小斑病和丝黑穗病。一般每 667 米^2 种植 2 500～3 000 株。适宜在山西、陕西等地种植。

6. 辽青 85 号　该品种由辽宁省农业科学院玉米研究所育成，1994 年通过国家牧草品种审定委员会审定。生育期约 134 天。全株 26 片叶。株高约 307 厘米，穗位高 139 厘米左右，茎粗约 3 厘米。单株叶面积 13 209.4 厘米^2。果穗圆锥形，长 20.3 厘米，粗 4.5 厘米，穗行数 14～16 行，行粒数约 43 粒，双穗率 46%。百粒重 32. 7 克，出籽率 83.09% ，青穗重比率为 20.7%。高抗倒伏、抗盐碱性能突出，叶片深绿色，持绿性好，生长势强。高抗丝黑穗病、青枯病和大、小斑病。1990—1991 年在辽宁省区域试验中，平均每 667 米^2 产青饲料 3 598. 8 千克，比对照种“白鹤”平均增产 25.4%。

该植株高大，生长繁茂，青饲料产量高，但籽粒产量较低于辽原 1 号，因此宜作青饲料的专用品种；种植密度 3 000～6 000 株/667 米^2，对土壤肥力要求不高。栽培管理同其他品种。该品种生育期偏晚，可在辽宁省偏南地区和关内无霜期较长地区大面积推广种植。

(二)粮草兼用玉米

1. 京早 13 号　该品种由北京市农林科学院玉米研究中心于 1996 年育成，2000 年通过审定。其特点是生育期约 93 天，脱水快，成熟度好，籽粒饱满；同时籽粒金黄色，品质优良。据测定，蛋白质含量 11. 25%，赖氨酸含量 0.36%，容重 725 克/升，各项指标均超过国标一级优质饲料粮标准。该品种属粮饲兼用型，成熟时青枝绿叶，秸秆可作青贮饲料，营养丰富。另外，高抗大斑病、小斑病、矮花叶病毒病及粗缩病。果穗大小均匀、不秃尖，稳产性好。一般每 667 米^2 产饲料粮 500 千克左右，比对照唐抗 5 号增产 15%～40%，最高每 667 米^2 产量达到 800 千克以上。

该品种适宜密度为 3 800 株/667 米^2 左右。适合京、津、唐地区夏播及西北、东北等有效积温 2 400℃左右的地区种植。

2. 高油 647　该品种由中国农业大学 1998 年育成的晚熟优质青贮玉米，已由美国瑞利生公司买断独家制种权和品种使用权。

其主要优点是苗期生长整齐、健壮，叶色深绿。单种植株高3.4米、穗位1.9米，套种株高286厘米，穗位高158厘米，总叶片数22～23片叶。生育期约138天，绿秆成熟，籽粒橙黄色，微马齿形，长筒形果穗，不秃尖，白色穗轴，千粒重305克，出籽率80%左右，籽粒含油量为8%，蛋白质含量为12.9%，赖氨酸含量为0.3%，粗淀粉含量为70.8%，每667米^{2}产籽粒562.9千克。

3. 高油115　该品种由中国农业大学植物遗传育种系于1990年育成，1998年通过国家农作物品种审定委员会审定。它是高油玉米类型的代表品种，属中晚熟品种类型，北京春播生育期120天左右。株高2.85米，穗位高1.5米。叶片平展，叶色深绿，茎秆坚韧，根系发达，具有较强的抗倒伏能力。抗大斑病、小斑病、黑粉病、粗缩病、矮花叶病、青枯病等，对茎腐病接近免疫，对蚜虫、玉米螟和棉铃虫有抗性。果穗长筒形，籽粒深黄色，半马齿形、胚大，籽粒含油量为8.8%，蛋白质为11.3%，赖氨酸为3.3%，千粒重310克。采收后的秸秆，粗蛋白质含量达8.5%，为北京郊区粮饲兼用和专用青贮玉米的主推品种之一。

春播高油115全生育期积温需要不少于3 000℃～3 100℃，在京郊山前暖区种植生育期125天，在北部冷凉山区种植生育期则延长了26天，但可以充分成熟。适宜种植密度为3 000～3 300株/667米^2，若超过3 500株，因营养体过于高大，存在倒伏危险。株高271厘米，总叶片数20片，单株最大叶面积8 459厘米^2，最大叶面积系数4.03。成熟时单株总干物重467克。高油115成熟时单株叶面积仍可维持5 988厘米^2，叶面积系数达2.85，植株保绿性较好，是粮草兼用型品种。在水、肥、气候条件比较好的情况下，籽粒产量可达到500千克/667米^2，且可收获青贮饲料2 200千克/667米^2。作专用青贮生产，产量可达3 500千克/667米^{2}以上。

青贮品质好、消化率高且籽粒产量和能量均高的高油杂交种还有高油298、高油116、高油118等。

4. 辽原1号　该品种由辽宁省农业科学院原子能利用研究所育成。1988年经辽宁省农作物品种审定委员会审定并命名，1992年获首届中国农业博览会优良品种奖，1993年获国家发明四等奖。

其属于饲粮兼用的晚熟品种。生育期约127天。株高280厘米，全株23～24片叶。幼苗芽鞘紫色，叶色深绿，叶形细长，长势较强。株高约299厘米，穗位约146厘米，株型平展，韧性稍差。雄穗分枝多，花药浅紫色。雌穗花柱白色。果穗长筒形、长23.5厘米，穗行数16～18行，苞叶较长，穗轴白色。籽粒纯白色，马齿形，百粒重43.5克，品质上等。出籽率85.9%。籽粒蛋白质含量9.03%，脂肪含量4.32%，淀粉含量72.39%，赖氨酸含量0.37%。青贮料可消化总养分22.42%，产奶净能0.42%。高抗大、小斑病，高抗倒伏。籽粒成熟时茎叶青绿色，产草量高，地上部分生物产量一般达每667米^2 6 000千克。在农垦系统旱田网区域试验中，平均每667米^{2}产籽粒540.2千克；在沈阳市塔山畜牧场、光辉农场试种，每667米^{2}产青饲料3 955～5 870千克；在上海市试验，平均每667米^{2}产青饲料4 297千克。

粮饲兼用时，适宜密度为2 600～2 800株/667米^2；青贮专用时，每667米^{2}可种6 000株。在丝黑穗病多发地区，宜用三唑酮拌种或适当晚播。全国各地均可种植。

5. 辽洋白　该品种是由辽宁省农业科学院原子能利用研究所于1982年组配，1990年完成的“洋墨”改良群体，1991年经辽宁省农作物品种审定委员会审定并命名。

生育期约为121天。全株23片叶。幼苗芽鞘深紫色，叶片深绿，长势强。株高约292厘米，穗位135厘米左右，韧性好。花药紫色。果穗长筒形、长20.9厘米，穗行数14～16行，轴白色、少量红色。籽粒白色，马齿形，百粒重38.3克。品质上等。出籽率84.8%。籽粒蛋白质含量9%，脂肪含量5.55%，淀粉含量71%。区域试验中，平均每667米^{2}产青饲料3 645千克。

作粮饲兼用时，每 667 米^2 保苗 3 000 株左右；作青贮专用时，每 667 米^2 保苗 6 000 株左右。该品种为改良群体，属综合品种，不需年年制种，定期更换原种即可。适于无霜期短的黑龙江、吉林、新疆北部等地种植。

6. 龙单 26（龙 238） 该品种为黑龙江省农业科学院玉米研究中心选育的优质、抗病、稳产高产粮饲兼用型玉米新品种，2003 年审定推广。

龙单 26 耐旱耐密性、抗旱抗逆性好，具有良好的高产稳产特性。生育期 115～120 天，需要活动积温 2 550℃左右，幼苗生长健壮，拱土能力强，发苗速度快。整个生育期间植株生长健壮，活秆成熟。株高 280 厘米、穗位高 100 厘米，株型呈半紧凑型，耐密性较好，果穗里外一致，边际效应小；果穗圆柱形，穗长 24.5 厘米、粗 4.9 厘米，籽粒 16～18 行，中齿类型、黄粒，品质好，百粒重 37 克，容重 738 克/升；青贮玉米适宜采收期为蜡熟期，全株测定粗蛋白质 8.4％、总糖 8.44％、粗脂肪 1.29％，营养品质完全满足青贮饲用玉米的要求。该品种具有较好的植株持绿性、植株耐密性，可作为青贮玉米种植。抗玉米大斑病、丝黑穗病和黑粉病，耐青枯病。适宜种植密度 3 300～3 500 株/667 米^2。若作为青贮玉米种植，适宜种植密度 4 000 株/667 米^2 左右。

除此之外，生产上应用的青贮玉米品种或杂交种还有龙牧 3 号、吉青 7 号、吉单 4011、白鹤等。这些品种每 667 米^2 产量多在 4 000 千克以上，具有很好的丰产性和抗性，对土壤条件要求不高，各种耕地都能种植。

四、栽培技术

（一）粮草兼用玉米栽培技术

1. 选地播种 选地与确定播种期与农区种植普通玉米一致。根据当地气候条件，实行春、秋播种。无霜期较长的地区，可在同一块地上连作种植两季，即春季在3月播种，7月乳熟期收割利用，及时抢播秋种栽培一季。同时，也可在收获小麦后及时秋播栽培利用一季。

2. 种植密度　粮饲兼用型饲草玉米种植密度建议为3 000～4 000株/667米^2。合理的种植密度是稳产高产栽培的关键，必须根据所选品种以及当地土肥条件来确定。如高油115，玉米株高和穗位偏高，适宜稀植，在中等土壤肥力条件下，料草兼用生产时的适宜密度应为3 000株/667米^{2}左右。而龙单26，则株高和穗位相对较低，则宜适当密植，适宜密度为3 300～3 500株/667米^2。

3. 田间管理

(1)科学施肥　农谚讲"有收没收在于水，收多收少在于肥"。以春播高油115玉米为例，生育期比较合适的施肥量为氮肥16千克/667米^2、五氧化二磷10千克/667米^2、氧化钾8千克/667米^2；夏播施肥量可适当减少。具体施肥方法为：磷、钾肥全部作基肥施用。氮肥春播采取"一基两追"的施肥方法，其基肥占40%，拔节期追肥20%，大喇叭口期追肥40%较为理想。夏播可采取"一基一追"施肥法，基肥施用50%，拔节期追肥50%。

(2)中耕培土　为预防倒伏现象的发生，在拔节后应加强中耕培土。

(3)适时灌溉　干旱年份应实施灌溉，以满足丰产对水分的需求。

(4)病虫害防治　不同品种具有不同的抗病虫害能力，要根据所种品种的特性进行病虫害防治。以高油玉米为例，一般对大、小斑病具有较强的抵抗能力，病害相对较轻。但由于高油玉米品质好、虫害较重，特别是玉米螟发生率偏高，应做好防治工作。玉米螟的防治方法多采用在大喇叭口期，用1%呋喃丹颗粒剂丢心防治。在虫害高发区，吐丝期应增加用药1次，施于雌蕊上。提倡用赤眼蜂进行生物防治，具有生态意义。

(二)饲草专用玉米栽培技术

1. 品种选择 作为饲草专用玉米栽培,以单位面积生物产量高为基本要求选择种植品种。因而要选用具有植株高大、茎叶繁茂,抗倒伏、抗病虫害和不早衰等特点的玉米品种。青饲料产量春播每 667 米^2 应达到 4 500～8 000 千克,夏播饲草专用玉米产量应达到 3 000～4 000 千克。茎叶的品质直接影响青饲料的质量,饲草专用玉米品种要求茎秆汁液含糖量高、一般应达 6%,全株粗蛋白质含量应达 7%以上,粗纤维含量应在 30%以下。果穗一般含有较高的营养物质,选用多果穗玉米,可以有效地提高饲草玉米的产量和质量。目前常用的饲草玉米有两种不同类型,一是分蘖多穗型,二是单秆大穗型。分蘖型品种往往具有较多的果穗,有利于改善青饲料的品质。另外,饲草专用玉米品种的选择,要求适口性好,消化率高。青饲料中淀粉、可溶性碳水化合物和蛋白质含量高,纤维素和木质素含量低,则适口性好,消化率高。

目前,作为生产青饲料的多蘖、多穗玉米品种主要有墨白 1 号、京多 1 号、科多 4 号、科多 8 号以及大穗枝 1 号等。

2. 播前准备

(1)耕地选择 多秆多穗专用饲草玉米,对土壤要求不严,但高产需要高肥水,一般建议选择土壤肥力中等以上、具备灌溉条件的地块。深耕细整,备用。

(2)耙耱保墒、施足基肥 墒情充足,是保证玉米出苗的基础。增施有机肥是饲草玉米持续高产的重要措施。试验表明,饲草玉米的产量随有机肥的施用量增加而上升,特别是连茬种植的地块中,增施有机肥的作用显得更为重要。在具备灌溉条件的地块,有机肥施用量越多越好。品种的抗倒伏、抗病等植株的抗逆性可通过增施有机肥而提高。一般每 667 米^2 用堆肥 1 500 千克、过磷酸钙 35～40 千克、尿素 25 千克等。

3. 播种 抓住季节,适时早播,提高播种质量,争取饲草玉米的早苗、全苗、壮苗对高产具有重要意义。具体播种期，可根据各地的自然气候条件、作物栽培制度、品种特性等因素加以综合考虑。既要充分利用当地的有效作物生长期，又要充分发挥品种的高产特性。既考虑夺取饲草的季丰收，又要为后茬的高产稳产创造条件。

（1）播种时间　各地的播种时间应因地制宜，但要考虑玉米吐丝时的日平均温度不应低于 20℃，方可保证饲草玉米的高产优质。一般以地表温度或地温稳定在 10℃时播种为宜。根据当地的栽培制度，在适宜播种期内，及早播种。早播种具备如下好处：①早播种，早出苗，可延长饲草玉米的生育期，特别是营养生长期的生长，为玉米的生长发育、植株健壮积累更多的营养物质，从而达到提高玉米产量和质量的双重作用；②玉米早播，由于苗期气温较低，地上部分生长缓慢，可促进根系发育，起到蹲苗的作用，致使根系发达，幼苗生长健壮，茎秆组织坚实，节间短密，可增强抗旱、抗倒伏之能力；③早播有利于减轻病虫害的发生，玉米早播、早生长，在地老虎发生之前，苗已长大，故可减轻地老虎为害，减轻缺苗断垄的现象。

（2）播种量　饲草玉米籽粒较小，手播时 3 千克/667 米^2，机播时 2 千克/667 米^2。可根据所选品种籽粒大小，适当调整播种量。播种前用 20℃温水浸种 12～24 小时。

（3）合理密植　饲草玉米多数植株高大、茎叶繁茂、多秆多穗，以收获绿色植物体为主体。因而应适当增加种植密度，一般行、株距应控制在 45 厘米×15 厘米，基本苗应为 6 000～7 000 株/667 米^2。分蘖多穗型玉米具有分枝性，应比单秆品种减少播种量，行、株距可控制为 60 厘米×25 厘米，北方农区每 667 米^2 留基本苗 4 000～5 000 株。

（4）播种深度　播种深度适宜，覆土厚薄均匀，是保证全苗、齐苗的重要措施。一般播沟深 3 厘米，覆土厚 2 厘米。根据墒情，也可适当深播至 4～5 厘米，也能齐苗、全苗。

4. 田间管理

(1)苗期管理　保证“早苗、全苗、齐苗、匀苗、壮苗”是合理密植、获得高产的重要基础。发现田头地边、机械漏播处、缺苗断垄处要及时补种或移苗补缺。

(2)肥水管理　出苗后要及时进行追施提苗肥，拔节期追施苗秆肥，大喇叭口期追施攻苞肥。封垄前要中耕培土。植株长到4叶期和每株长到3～4个分蘖时，分别用化肥深施器，每667米^{2}施尿素5千克；苗高1米左右时每667米^{2}施复合肥30千克；大喇叭口期每667米^{2}施尿素20千克。

干旱时应及时浇水灌溉，有条件地区应保持土壤持水量70%左右。

(3)中后期管理

①追施拔节长穗肥：玉米进入拔节阶段，由于气温逐渐升高，生长速度加快，同时雌、雄穗开始分化。进入营养生长和生殖生长阶段，肥水需要量大。研究表明，玉米从出苗至拔节，对氮素的吸收量只占其总需求量的14%。而至抽穗时，其氮素的吸收量达总需求量的53.3%。为争取壮秆大穗，必须及时重施拔节长穗肥，才能达到高产要求。

一般而言，饲草专用玉米，其生物学产量的形成主要靠增加植株高度来实现。及时追施拔节长穗肥，增加植株的高度，增产效果必然极为明显。

②浇水抗旱：玉米虽属耐旱作物，但由于茎秆高大粗壮，叶片肥厚，生育期中生产大量的有机物，必然需要消耗大量的水分。研究表明，玉米生育期中，任何时期的缺水，都会造成不良影响。也就是说，任何一次灌水，都具有增产作用。旱农区，水资源短缺，但在有条件的地域或尽可能创造条件，增加饲草玉米的灌溉次数，以获取更高产量。

③防止倒伏：饲草玉米，如果发生倒伏，不仅影响产量，而且影

响饲草的品质。防止饲草玉米倒伏，除选用抗倒伏能力强的品种外，优化栽培措施也相当重要。

深耕：播前深耕，促进根系发育，使根系分布范围广。

蹲苗：适当早播，使苗期处于生长临界温度，促使根系发育；另外，苗期早处理，刺激根系向深部发育。

培土壅根：中耕时，培土壅根，使气生根扎入土壤，起到固定植株的作用。

合理密植：使植株团结如一，互为依托、互相依靠，共同抵御风暴。

科学施肥与灌溉：氮、磷、钾肥合理搭配，统筹施用。磷肥具有促进幼苗根系发育之功能，施用钾肥具有明显的抗倒伏作用。灌溉尽量选在无风日进行。

五、收获利用

（一）粮草兼作玉米的收获利用

粮草兼作玉米生产，要兼顾粮食产量和饲草产量，既要保证籽实的成熟度和饱满度，又要考虑饲草的产量和品质。原则上是在果穗成熟后立即进行收获、加工利用。而不同品种以及不同地域的收获期不同。以高油 115 玉米为例，粮草兼用的收获期应在吐丝后 60 天左右。这时收获即可保证籽粒的成熟度、饱满度，又可保证青贮饲料的品质。

（二）饲草专用玉米的收获利用

饲草专用玉米，多在青贮时期集中收割制作青贮饲料。作为青饲料利用时，可在株高长到 1 米以上时，进行第一次刈割饲用，同时留茬 5～7 厘米，以防割掉生长点而不能再生；多次刈割利用时，每次留茬都应高于原留桩 1～1.5 厘米，夏季间隔 30 天左右刈割 1 次。北方秋季气温较凉，生长发育慢，应适当延长刈割的间隔天数。

饲草玉米的最佳利用方式是制作青贮饲料，因而及时收获是非常重要的。优质的青贮原料是制作优良青贮饲料的物质基础。玉米青贮饲料的营养价值,直接受收获期的影响。适期收割可获得较高的收获量和优质的营养价值。从理论上说,青饲玉米的适宜收获期是在抽雄期前后,但收割适期仍要根据实际需要因地制宜地确定。

饲草专用玉米即带穗全株青贮玉米,一般要求在乳熟期至蜡熟期收获。在蜡熟末期收获,虽然消化率有所降低,而单位面积生产的可消化养分总量却有所增加(表 2-2),这是因为在收获物中增加了营养价值很高的籽实部分。

表 2-2　饲草玉米不同收获期的营养成分及消化率　(%)

收获期	干物质	粗蛋白质		粗脂肪		粗纤维		无氮浸出物	
		含　量	消化率	含　量	消化率	含　量	消化率	含　量	消化率
抽穗期	15.0	1.6	61	0.3	69	4.2	64	7.8	15
乳熟期	19.9	1.6	59	0.5	73	5.1	62	11.6	19.9
蜡熟期	26.9	2.1	59	0.7	79	6.2	62	11.6	26.9
完熟期	37.7	3.0	58	1.0	78	7.8	62	24.2	37.2

一般早熟品种干物质中籽实含量为 50%,中熟品种为 32.8%,晚熟品种只有 25%左右。籽粒作粮食或精饲料,秸秆作青贮原料的粮草兼作玉米,应选用在籽粒成熟时其茎秆和叶片大部分呈绿色的杂交种,在蜡熟末期及时采摘果穗,抢收茎秆青贮。

六、间作与轮作

玉米在各类土壤上都可栽培种植。在无霜期较长,积温较高的地区可安排在施肥充足的麦类作物之后。玉米本身属中耕作物,因而又是其他作物的良好前作,常与小麦、大豆、谷子进行轮作,亦可与豆类或其他作物进行条带套作种植。玉米与架豆间作,玉米植株高大，作为架豆的架杆，免除了架豆搭架的工序。同时豆蔓与玉米秸秆一起作为牛的饲草，增加了饲草的营养成分，效果良好。

第二节　紫花苜蓿栽培与利用技术

紫花苜蓿是当今世界分布最广的栽培牧草，在我国已有 2 000 多年的栽培历史。由于其适应性广、产量高、品质好等优点，素有“牧草之王”之美称。苜蓿的寿命一般 5～10 年，在年降水量 250～800 毫米、无霜期 100 天以上的地区均可种植。喜中性土壤。pH 6～7.5 为宜，pH 6.7～7 最好。成株高达 1～1.5 米（图 2-2、图 2-3）。紫花苜蓿的营养价值很高，粗蛋白质、维生素的含量很丰富，动物必需的氨基酸含量高。苜蓿干物质中含粗蛋白质 15%～26.2%，相当于豆饼的一半，比玉米高 1～2 倍；赖氨酸含量 1.05%～1.38%，比玉米高 4～5 倍。紫花苜蓿是养牛生产的上等饲草，用途很广。青饲、放牧或调制成干草、青贮或加工成草粉、草饼及颗粒料，不仅营养丰富，且适口性好。现将其营养成分列于表 2-3。

苜蓿除作为饲用作物外，还具有水土保持、环境美化等作用，是北方旱区非常重要的粮草轮作牧草，在草地农业系统中具有巨大的作用。同时苜蓿是一种良好的蜜源植物，也可作为蔬菜开发利用。

表 2-3　紫花苜蓿不同生长时期的营养成分　（%，以干草计）

生长期	干物质	粗蛋白质	粗脂肪	粗纤维	无氮浸出物	粗灰分
苗　期	18.8	26.1	4.5	17.2	42.2	10.0
现蕾期	19.9	22.1	3.5	23.6	41.2	9.6
初花期	22.5	20.5	3.1	25.8	41.5	9.3
盛花期	25.3	18.2	3.6	28.5	41.5	8.2
结实期	29.3	12.3	2.4	40.6	37.2	7.5

图 2-2　初花期紫花苜蓿

图 2-3　现蕾期紫花苜蓿　（旱农寿阳试区）

苜蓿再生能力强，年可刈割 3～4 茬。产草量高，一般年份每公顷产鲜草 45 000～60 000 千克，折合干草 11 250～15 000 千克。

一、植物学特征及生态学特性

紫花苜蓿为多年生草本植物，寿命 6～8 年。直根系、圆锥形，根系发达。主根入土深 3～6 米，深者可达 10 米以上。侧根主要分布在 30 厘米以内的土层中。根上端与茎相接处形成膨大的根冠，根冠上密生许多幼芽。茎枝及再生枝由根冠上的幼芽形成。根部着生着发达的根瘤，根瘤上共生根瘤菌。茎秆直立或斜生，光滑或略带茸毛，具棱，略呈方形，绿色。株高1米左右，茎上多分枝，分枝自叶腋生出。叶为三出复叶，小叶卵圆形或椭圆形，叶边带锯齿。花为总状花序、腋生，花柄长4～5厘米，有小花20～30朵，花冠唇形、紫色。荚果螺旋形、2～4个螺旋，成熟时黑褐色，每荚含种子7粒左右。种子肾形，黄褐色，有光泽。千粒重2.3克(图2-4)。

图 2-4　紫花苜蓿

紫花苜蓿喜欢温暖、半干旱至半湿润气候，因而适宜于旱农区栽培，在我国多分布在长江以北地区。紫花苜蓿抗旱、抗寒能力都较强，耐寒品种在冬季－20℃～－30℃条件下均能安全越冬。喜温暖气候，日平均温度15℃～25℃最适生长，高温和低温均对其生长不利，会造成休眠或生长停滞。紫花苜蓿由于根系发达、入土深，可利用土壤深层水分，因此抗旱能力很强。苜蓿喜干燥，高温、潮湿对其生长不利。苜蓿抗旱能力强，但需水量却较高。每形成1千克干物质约需800毫升水，需水量较禾谷类作物高。最适宜在年降水量500～800毫米的地区生长，年降水量超过1 000毫米则对苜蓿的生长不利。在雨量稀少的旱农地区，为达到稳产高产，仍需进行必要的灌溉。苜蓿对土壤要求不严，沙土、黏土均可生长，但以深厚疏松、排水良好、富含钙质的土壤上生长最好。苜蓿生长最忌积水，地下水位应低于1米以下。苜蓿较耐盐碱，具有降低土壤盐分的功效，可开发、利用和改良盐碱地。

栽培紫花苜蓿具有如下优势：

①产草量高。紫花苜蓿的产草量因生长年限和自然条件不同而变化范围很大，播后2～5年的每667米^{2}鲜草产量一般在2 000～8 000千克，干草产量500～2 000千克。

②利用年限长。紫花苜蓿寿命可达30年之久，田间栽培利用年限多达7～10年。但其产量，在进入高产期后，随年龄的增加而下降。

③再生性强，耐刈割。紫花苜蓿再生性很强，刈割后能很快恢复生机，一般一年可刈割3～4次，多者可刈割5～6次。

④草质好、适口性强。紫花苜蓿茎叶柔嫩鲜美，不论青饲、青贮、调制青干草、加工草粉、用于配合饲料或混合饲料，都具有良好的适口性，也是养牛生产的首选青、粗饲料。

⑤营养丰富。紫花苜蓿茎叶中含有丰富的蛋白质、矿物质、多种维生素及胡萝卜素，特别是叶片中含量更高。紫花苜蓿鲜嫩状态时，叶片重量占全株的50%左右，叶片中粗蛋白质含量比茎秆高1～1.5倍，粗纤维含量比茎秆少一半以上。在同等面积的土地上，紫花苜蓿的可消化总养分是禾本科牧草的2倍，可消化蛋白质为2.5倍、矿物质是6倍。

⑥肥田增产。紫花苜蓿发达的根系能为土壤提供大量的有机物质，并能从土壤深层吸取钙素、分解磷酸盐。遗留在耕作层中，经腐解形成有机胶体，可使土壤形成稳定的团粒，改善土壤理化性状。根瘤能固定大气中的氮素，提高土壤肥力。2～4年生的苜蓿草地，每667米^{2}根量鲜重可达1 335～2 670千克，每667米^{2}根茬中约含氮15千克、五氧化二磷2.3千克。每667米^{2}每年可从空气中固定氮素18千克，相当于55千克硝酸铵。苜蓿茬地可使后作3年不施肥而稳产高产。增产幅度通常为30%～50%，高者可达1倍以上。农谚说："一亩苜蓿三亩田，连种三年劲不散"。

⑦保持水土。紫花苜蓿枝叶繁茂，对地面覆盖度大，2 年生苜蓿返青后生长 40 天覆盖度可达 95%。又是多年生深根型，在改良土壤理化性、增加透水性、拦阻径流、防止冲刷、保持坡面减少水土流失的作用十分显著。据测定，在坡地上，种植普通农作物与紫花苜蓿相比，每年每 667 米^2 流失水量大 16 倍，流失土量大 9 倍。

二、品种选择

紫花苜蓿分布广泛，品种繁多，现就目前在我国种植面积较大的主要品种介绍如下。

(一)"金皇后"苜蓿(秋眠性 2～3 级)

该品种是紫花苜蓿新品种，喜温暖半干旱气候，是抗寒性强且非常耐旱的品种之一，稳定的产量、广泛的适应性使之成为北方苜蓿产业化生产中的首选品种。"金皇后"抗寒性强；根系发达，根瘤多，能够更有效地改良土壤结构、增加土壤肥力；分枝多，覆盖能力强，能有效防止土壤的次生盐渍化；适应性强，能在年降水量 250 毫米、无霜期 100 天以上的地区生长；能耐冬季低于－30℃的严寒，有雪覆盖时在－48℃的低温下可安全越冬；再生快、产量高；抗病虫性能强，对多种常见病虫害高抗；叶量丰富，草质柔嫩，粗蛋白质、维生素和矿物质的含量高。适合在我国华北、东北、西北等地的大部分地区种植，尤其能在较寒冷的地区或轻度盐碱的土壤上种植。

(二)"皇冠" 苜蓿(秋眠性 4.1 级)

该品种是紫花苜蓿品种中适应性最广泛的优秀品种。抗寒越冬能力很强，休眠晚，刈割后再生恢复性和持久性也很好，同时保持了高产草量特性，适合在我国华北、西北、东北、中原和苏北等地区大范围种植。在北京地区，初花期刈割后每隔 22～28 天可以刈割 1 次，每年可刈割 4～6 茬。在美国威斯康星州立大学进行的综合抗病指数测定中获得满分。"皇冠"综合抗病性强，对苜蓿六大病害的抗性均很强。“皇冠”还对豌豆蚜、苜蓿斑翅蚜和马铃薯叶蝉等有较强的抗性。

(三)“飞马”苜蓿(秋眠性3.7级)

该品种是同秋眠级紫花苜蓿品种中适应性最广泛、抗病性最强、产草量高的优秀品种。“飞马”秋眠级为3.7,但其抗寒、越冬能力相当于2级品种,因为它是育种家经过多年为提高抗寒越冬能力、延迟休眠和提高刈割后再生恢复性,并保持高产特性等目标而培育的新品种。“飞马”集抗寒、高产、高蛋白质于一体,适合在我国华北、西北、东北、中原和苏北等地大范围种植。

(四)CW200(Medicago satlva L.)(秋眠性2级)

该品种是美国西海岸种子公司(CAL/WEST Seeds)培育的新品种,抗寒性极强,在－38℃的低温下也能安全越冬,是寒冷地区表现最佳的紫花苜蓿品种之一。能在年降水量350毫米、无霜期120天以上的地区正常生长。在同休眠级别的品种中,产草量潜力最大,每667米^{2}产干草1 367～1 867千克。适合在我国华北、西北、东北的大部分省(自治区)种植。

(五)CW300(Medicago satlva L.)(秋眠性3级)

该品种是从美国(CAL/WEST Seeds)引进的高产优质苜蓿品种。具极强的抗寒性和越冬能力,若有积雪覆盖,在－40℃低温下可安全越冬。抗病虫害能力强,尤其高抗苜蓿根腐病和疫霉病。抗旱性突出,在年降水量为350～400毫米地区,在无灌溉的条件下仍能生长。适合华北、东北、西北和华东地区,是建立高产优质草地的首选品种。

(六)阿尔冈金苜蓿(Algonquin)(秋眠性2～3级)

该品种是一个中间型或标准型苜蓿品种。幼苗的生活能力较强,抗寒能力强。在有雪覆盖的条件下,能耐受－40℃低温;每年可刈割3～4次;抗病性能强,对细菌性枯萎病、褐斑病、黄萎病等有很强的抗性,喜中性或微碱性土壤。适宜于我国东北、西北地区种植。

(七)费纳尔苜蓿(Vernal)(秋眠性2级)

该品种花的颜色繁多,从黄色、黄绿色、紫色至蓝色都有。但蓝色和紫色的花占多数。对细菌性萎蔫病、根腐病、苜蓿蚜虫等都具高抗特性,产量较高。适应范围广,抗旱能力强。适宜于华北、东北、内蒙古东部和西北地区种植。

(八)WL232HQ(秋眠性2.2级)

该品种生长势很强,能够在黏重、排水不良的土壤上持续茁壮生长。抗寒性极强,抗病能力较强,并可在刈割后迅速恢复,增产潜力巨大,适宜于北方大部分地区种植,已在北京、天津、河北、山东、山西等省(直辖市)大面积种植。

(九)WL252HQ(秋眠性2级)

该品种是从美国引进的苜蓿品种。直立型,具有杰出的抗寒性,茎秆纤细,刈割后的再生速度快,对多种病虫害具有很强的抗性,它在各种抗寒性试验中同样处于领先位置。适宜在我国西北、华北北部、东北地区种植。

(十)WL323苜蓿(秋眠性3级)

该品种是从美国引进的优良紫花苜蓿品种。具有中等抗寒性,生长快,再生能力强,干草产量高,每年可收割4～6次。抗病性好,为抗线虫的最佳产品。利用寿命长,持续多年保持高产。适宜长城以南地区,包括黄淮海平原、陕西关中、山西晋南、新疆南疆地区。

(十一)“巨人201+Z”(秋眠性2级)

该品种是美国培育的在严寒地区表现非常出色的紫花苜蓿品种。其粗壮的根茎贮藏有大量的碳水化合物,使其越冬和再生能力非常强。同时也增强了它对包括黑茎霉在内的各种茎腐病的抗性。在衣阿华州和威斯康星州的多次产量、品质和越冬能力试验中排名总是第一。适种区域及利用方式多样,无论用于放牧还是半干青贮、调制干草都是理想的品种，很适宜在我国华北、东北、西北等寒冷地区种植。

（十二）农宝（FARMERSTREASURE）（秋眠性 2～3 级）

该品种为美国进口普通紫花苜蓿品种。适宜于我国西北、华北和东北等地区种植，具有优异的遗传性状和生产性能。对土壤类型的要求不严。抗旱、抗寒能力强。

（十三）“牧歌 401＋Z”（秋眠性 4 级）

该品种是美国培育的优秀紫花苜蓿品种。在获得极高产量的同时具有出色的耐牧性，根系更深广，单株分蘖更多，茎秆更细，叶量更大。其粗大的根茎和大量的分枝保证了当年的草产量和以后几年的持续高产。在美国内布拉斯加州进行的 28 个苜蓿品种的产量对比试验和明尼苏达州 41 个品种的产量对比试验中均排名第一，是理想的高品质、高经济效益干草生产和放牧用品种。尤其高抗疫霉根腐病、炭疽病、黄萎病、细菌性萎蔫和镰刀菌萎蔫，对茎线虫和豆长管蚜虫也有强的抗性。该品种的高产、长寿、优异的放牧刈割兼用特性，备受西安、太原、郑州、石家庄、北京和济南等地区用户的青睐。

（十四）“驯鹿”（秋眠性 1 级）

该品种是加拿大紫花苜蓿新品种之一，花色为杂色，以紫色为主；喜冷凉半干旱气候，是抗寒性强、耐旱、越冬性能和抗倒春寒能力出色的品种。目前在我国北方寒冷地区表现最好；根系发达，根瘤多，能够更有效地改良土壤结构、增加土壤肥力；分枝多，覆盖能力强，能有效控制地表蒸发；适应性强，能在年降水量 250 毫米、无霜期 100 天以上的地区正常生长；能耐冬季低于－40℃的严寒，有雪覆盖时在－60℃的低温下可安全越冬；再生快、产量高；抗病虫性能强，对多种常见病虫害如雪腐病、根腐病、枯萎病等高抗；叶量丰富，草质柔嫩，粗蛋白质、维生素和矿物质的含量高。适宜在我国东北、西北等地的大部分地区种植，尤其能够在纬度高、较寒冷的地区或倒春寒严重的地区种植。

(十五)“维多利亚”(秋眠性6级)

该品种返青早、再生快、产草量高;耐热、耐潮湿、幼苗生命力强;叶量丰富,草质细嫩,粗蛋白质含量达21.3%,可消化养分达68.4%;抗病性突出,高抗苜蓿疫霉病和根腐病以及其他苜蓿病虫害。适宜在我国暖温带、北亚热带、过渡带地区以及长江流域种植,在河北南部、山西等地也能安全越冬。

(十六)青睐苜蓿(秋眠性2.2级)

该品种是从美国引进的优良紫花苜蓿品种。丰产性能好,饲用价值高,高抗寒、耐干旱,抗疫霉根腐病和根腐病。草地寿命长,一次建植可持续6～10年。适宜东北、西北及华北北部高寒地区种植。

(十七)创新苜蓿(秋眠性3级)

该品种是从美国引进的优良紫花苜蓿品种。该品种高产潜力大。叶色深绿,茎叶蛋白质含量高,消化率和相对饲用价值(RFV)比其他品种高8%。幼苗生长快,易建植。高抗根腐病,寿命长,能长期保持密集健壮的植株。适宜内蒙古、宁夏沿黄灌区,甘肃河西走廊,新疆北疆及东北三省有灌溉条件地区种植。

(十八)友谊苜蓿(秋眠性4级)

该品种是从美国引进的优良紫花苜蓿品种。成熟期较早,叶量大,叶色深绿,草质优良。苗期生长迅速,容易建植。茎秆粗壮,抗倒伏,产草量高。耐干旱,具有较强的抗旱性。草地持久性好,可保持多年利用。适宜长城以南地区种植,包括黄淮海平原、陕西关中、山西晋南、新疆南疆地区。

(十九)首领苜蓿(秋眠性5级)

该品种是从美国引进的优良紫花苜蓿品种。中等抗寒性,生长快、再生能力强。干草产量高,每年可收割4～6次。抗病性好,为抗线虫的最佳产品。利用寿命长,持续多年保持高产。适宜长城以南地区，特别是华北平原、中原地区。也适宜新疆的南疆地区种植。

（二十）劳博苜蓿（秋眠性6级）

该品种是从美国引进的优良紫花苜蓿品种，是采用生物技术基因克隆的成果。返青早，再生快，可多次收割，产草量高，草质优良。对根腐病和线虫病有很好的抗性。中度偏弱抗寒性，草地建植后持久性好。适宜华北平原中南部、中原及江淮地区种植。

（二十一）阿瑞博苜蓿（秋眠性7级）

该品种是从美国引进的优良紫花苜蓿品种。产量表现极高。叶色深绿、叶大繁茂，茎秆细，蛋白质含量高，再生非常迅速，耐多次刈割，产草量高。对各种苜蓿蚜虫、线虫及苜蓿萎蔫有很好抗性。适宜长江以南地区种植，包括华南、西南及华东地区。

（二十二）超级13R苜蓿（秋眠性8级）

该品种是从美国引进的优良紫花苜蓿品种。叶色深绿，叶量比卡夫101苜蓿多8%，蛋白质含量高，再生非常迅速，耐多次刈割，产量高。对细菌性萎蔫病和南方线虫病有很好抗性。适宜长江以南亚热带地区种植。

（二十三）中蓿一号耐盐苜蓿（秋眠性3～4级）

该品种由中国农业科学院畜牧研究所育成，是我国第一个耐盐苜蓿品种。可耐受含盐量0.4%～0.5%的土壤，具有抗盐、抗旱、耐瘠和生长迅速等特点。适宜在华北地区种植，不仅适用于黄淮海平原渤海一带以氯化钠为主的盐碱地，而且在内陆盐碱地种植表现也很好。

（二十四）保丰苜蓿（秋眠性3～4级）

该品种是中国农业科学院畜牧研究所经过10余年的种质资源研究和品种比较试验中选育出的综合性状好、丰产性强的优良紫花苜蓿品种，具有抗旱性强、耐盐碱、叶色浅绿、叶量较多、生长速度快、再生快、长势好、干草产量高等特点。适宜在黄渤海平原地区低、中、高肥力土地种植。

三、栽培管理技术

种植紫花苜蓿，除生产饲草饲料外，还能改良土壤，提高土壤肥力，增加土壤团粒结构，对后作有显著的增产作用，增产幅度通常为30%～50%。苜蓿对前作要求不严，种植苜蓿后土壤肥力提高，富含氮素，宜种经济价值较高的作物。苜蓿适宜与各种作物轮作。

紫花苜蓿种子较小，苗期生长特别缓慢，播种前要精细整地，要求深耕，做到地平、土碎、无杂草。播前应施入适量的有机肥和磷肥。在未种过苜蓿的土地上种植，播前接种苜蓿根瘤菌，可产生良好的增产效果。春、夏、秋均可播种，但以春播与秋播为主。旱农区春季干旱无雨，风沙较大，可在雨季夏播。播量一般为每公顷15～22.5千克。收草者宜高，收种者宜低。播种深度为2厘米左右，土湿宜浅、土干宜深，视具体情况而定。通常多以条播为主，行距20～30厘米，播种后应适当镇压。

种植紫花苜蓿可单播、混播，还可采取保护播种。在粮草轮作中，苜蓿以单播为主，也可进行混播。苜蓿可与无芒雀麦、苇状羊茅、披碱草、黑麦草、鸭茅等禾本科牧草混播，建立中长期人工草地。苜蓿幼苗期生长缓慢，与农作物间作、套种，既可多收一定量的庄稼，又可减少不良环境因素对苜蓿幼苗的影响，称为保护播种。苜蓿幼苗期间防除杂草是田间管理工作中主要工序。杂草防除方法较多，正确的耕作措施、管理措施可有效控制杂草。

苜蓿生长速度快、再生能力强，为了获得高产，必须施足肥料、浇足水。施肥可以加快苜蓿再生，从而增加刈割收获次数。苜蓿从土壤中摄取的营养物质要比玉米多，特别是需要磷、钾、钙量较大。苜蓿在整个生长过程中，从春季到秋季一直不断地进行生长，以至不断地消耗土壤中的磷、钾、钙、镁、硫、锰、硼等营养元素。如果不施肥，就会造成土壤元素缺乏，从而影响苜蓿的产量和品质。

因而，为了使苜蓿高产、稳产、优质，就必须注意施肥问题尤其是磷、钾肥。紫花苜蓿的含磷量虽然只有0.2%～0.4%，但磷在苜蓿生命活动中的作用却是非常重要的。磷肥一般在播前或播种时施入，也可在苜蓿返青时或刈割后施入。钾是苜蓿中含量比较高的一种元素，为了获得高产优质的苜蓿干草，要特别注意施用钾肥。苜蓿生长过程中，钾肥不足，就会导致苜蓿株丛很快变得稀疏，逐渐被禾本科牧草或杂草所取代。另外，苜蓿如果缺钾，还会影响蛋白质的合成。随着钾肥施用量的增加，苜蓿干物质和总蛋白质产量增加。如果钾肥的一次施用量过高，往往也会发生某些暂时性危害，所以钾肥一定要分期施用。钾肥可以作为种肥施入，也可在苜蓿生长过程中施入。紫花苜蓿对钙需要量很大，但一般情况下，农田缺钙的现象较少。在酸性土壤区可施用石灰，一方面调节土壤pH，另一方面增加土壤中的钙质。钙对苜蓿结瘤和固氮作用很重要，具有促进苜蓿根系发育的作用。石灰一般在播前整地时施入，施一次石灰可以间隔3～10年再施。苜蓿抗旱性较强，但需水量却较大。温暖潮湿地区，当旱季来临、降水量少的时候进行灌溉，可保持高产。在半干旱区，降水量不能满足苜蓿高产的需要。因此，需要根据情况补充浇水才能获得高产。

危害苜蓿的主要害虫有蚜虫、蓟马、叶跳蝉、盲蝽象等，可用杀螟硫磷、乐果、氰戊菊酯等喷雾防治。生长期间有时也发生锈病、褐斑病、霜霉病等，可用多菌灵、硫菌灵等药剂防治。

苜蓿再生能力较强，每年可刈割2～5次，多数地区以每年刈割3次为佳。一般认为苜蓿最经济的刈割时期为初花期。早春当苜蓿还幼嫩时刈割是有害的，会明显降低产草量和寿命。北方地区秋季最后1次刈割时期也是相当重要的，一般应在早霜来临前30天左右刈割。如果迟于这一时期，则不利于越冬和翌年春季生长。此外，还必须注意刈割留茬高度，正常的刈割留茬高度为4～5厘米。秋季最后1次刈割留茬高度应稍高，以7～8厘米为宜。

(一)土壤耕作与施肥

紫花苜蓿种子细小，幼芽细弱，顶土力差，整地必须精细。要求地面平整，土块细碎，无杂草，墒情好。紫花苜蓿根系发达，入土深，对播种地要深翻，才能使根部充分发育。紫花苜蓿生长年限长，年刈割利用次数多，从土壤中吸收的养分亦多。据报道，紫花苜蓿每667米^{2}每年吸收的养分：氮为13.3千克、磷4.3千克、钾16.7千克。氮和磷比小麦多1～2倍，钾多3倍。用作播种紫花苜蓿的土地，要于上年前作收获后即进行浅耕灭茬、再深翻，冬、春季节做好耙耱、镇压蓄水保墒工作。水浇地要灌足冬水，播种前再行浅耕或耙耘整地，结合深翻或播种前浅耕，每667米^{2}施有机肥1 500～2 500千克、过磷酸钙20～30千克为基肥。对土壤肥力低下的，播种时再施入硝酸铵等速效氮肥，促进幼苗生长。每次刈割后要进行追肥，每667米^{2}需过磷酸钙10～20千克或磷酸二氢铵4～6千克。

(二)播　种

1. 种子　播种前要晒种2～3天，以打破休眠，提高发芽率和幼苗整齐度。种子田要播种国家或省级牧草种子标准规定的一级种子；用草地播种一、二、三级种子均可。

2. 接种　在从未种过苜蓿的土地播种时，要接种苜蓿根瘤菌。每千克种子用5克菌剂，制成菌液洒在种子上，充分搅拌，随拌随播。无菌剂时，用老苜蓿地土壤与种子混合，比例最少为1∶1。

3. 播种量　种子田每公顷3.75～7.5千克，用草地每公顷11.25～15千克，干旱地、山坡地或高寒地区，播种量提高20%～50%。

4. 播种期　因我国各地气候不同，播种期不同。一般情况下，可分为以下3种情况。

(1)春播　春季土地解冻后，与春播作物同时播种，春播苜蓿当年发育好产量高，种子田宜春播。

(2)夏播　干旱地区春季干旱、土壤墒情差时，可在夏季雨后抢墒播种。

(3)秋播　在我国北方地区，秋播不能迟于 8 月中旬，否则会降低幼苗越冬率。

5. 播种深度　视土壤墒情和质地而定。土干宜深，土湿则浅；轻壤土宜深，重黏土则浅。一般 1～2.5 厘米。

6. 播种方法　紫花苜蓿常用播种方法有条播、撒播和穴播 3 种；播种方式有单播、混播和保护播种(覆盖播种)3 种。可根据具体情况选用。种子田要单播、穴播或宽行条播，行距 50 厘米，穴距 50 厘米×70 厘米或 50 厘米×50 厘米或 50 厘米×60 厘米，每穴留苗 1～2 株。收草地可条播也可撒播，可单播也可混播或保护播种。条播行距 30 厘米。撒播时要先浅耕后撒种，再耙耱。混播的可撒播也可条播，可同行条播，也可间行条播；保护播种的，要先条播或撒播保护作物，后撒播苜蓿种子，再耙耱。灌区和肥水条件好的地区可采用保护播种，保护作物有麦类、油菜或割制青干草的燕麦、草高粱、草谷子等，但要尽可能早的收获保护作物。在干旱地区进行保护播种时，不仅当年苜蓿产量不高，甚至影响到翌年的收获量，最好实行春季单播。为提高牧草营养价值、适口性和越冬率，也可采用混播。适宜混播的牧草有鸡脚草、猫尾草、多年生黑麦草、鹅冠草、无芒雀麦等。混播比例，苜蓿占 40%～50%为宜。

(三)田间管理

第一，播种后、出苗前，如遇雨土壤板结，要及时破碎板结层，以利于出苗。

第二，苗期生长十分缓慢，易受杂草危害，要中耕除草 1～2 次。

第三，播种当年，在生长季结束前，刈割利用 1 次。植株高度达不到利用程度时，要留苗过冬，冬季严禁放牧。

第四，2 年生以上的苜蓿地，每年春季萌生前，清理田间留茬，并进行耕地保墒，秋季最后 1 次刈割和收种后要松土追肥。每次刈割后也要耙地追肥，灌区结合浇水追肥，入冬时要浇足冬水。

第五，紫花苜蓿刈割留茬高度3～5厘米，但干旱和寒冷地区秋季最后1次刈割留茬高度应为7～8厘米，以保持根部养分和利于冬季积雪，对越冬和春季萌生有良好的作用。

第六，秋季最后1次刈割应在生长季结束前20～30天结束，过迟不利于植株根部和根茎部营养物质积累。

第七，种子田在开花期要借助人工授粉或利用蜜蜂授粉，以提高结实率。

第八，紫花苜蓿病虫害较多，常见病虫害有霜霉病、锈病、褐斑病等，可用波尔多液、石硫合剂、硫菌灵等防治。害虫有蚜虫、浮尘子、盲蝽象、金龟子等。可用乐果、敌百虫等药防治。但以一经发现病虫害露头即行刈割喂畜为宜。

四、苜蓿草的营养成分

近年来，世界上利用苜蓿饲喂各类家畜的研究进展很快。特别是种植苜蓿饲养奶牛。苜蓿草中含有较高的蛋白质、维生素和矿物质，而粗纤维含量较低。因而用之饲喂奶牛的净能高于很多其他牧草品种(表2-4)。高产优质，使苜蓿成为养牛业中最经济的营养来源。

表2-4 各种牧草的营养成分含量 ［单位：%(占干物质)］

牧　草	成熟期	CP	NDF	ADF	Ca	P	Mg	K
苜　蓿	蓓蕾期	21	40	30	1.4	0.30	0.34	2.5
	早花期	19	44	34	1.2	0.28	0.32	2.4
雀麦草	营养期	19	51	31	0.6	0.30	0.26	2.0
	抽穗期	15	56	38	0.5	0.26	0.25	2.0
玉米青贮	蜡熟期	8	50	27	0.3	0.20	0.20	1.0
	乳熟期	8	46	26	0.3	0.20	0.20	1.0
小杂粮草	抽穗期	11	60	40	0.5	0.25	0.23	1.0
	蜡熟期	10	65	43	0.5	0.25	0.23	1.0

苜蓿的营养价值与收获时期及加工方法关系很大。幼嫩苜蓿含水较高。随生长期的延长，蛋白质含量逐渐减少，粗纤维则显著增加。收割失时，茎量增加，叶比重减低，营养成分明显改变，饲用价值下降。不同生长阶段苜蓿所含营养成分列于表 2-5。

表 2-5 不同生长阶段苜蓿营养成分的变化

生长阶段	干物质（%）	占鲜重（%）					占干物质（%）				
		粗蛋白质	粗脂肪	粗纤维	无氮浸出物	灰分	粗蛋白质	粗脂肪	粗纤维	无氮浸出物	灰分
营养生长	18.0	4.7	0.8	3.1	7.6	1.8	26.1	4.5	17.2	42.2	10.0
花前期	19.9	4.4	0.7	4.7	8.2	1.9	22.1	3.5	23.6	41.2	9.6
初花期	22.5	4.6	0.7	5.8	9.3	2.1	20.5	3.1	25.8	41.3	9.3
1/2 盛花	25.3	4.6	0.9	7.2	10.5	2.1	18.2	3.6	28.5	41.5	8.2
花后期	29.3	3.6	0.7	11.9	10.9	2.2	12.3	2.4	40.6	37.2	7.5

根据单位面积营养物质产量计算，中等现蕾期收割苜蓿干物质、可消化干物质及粗蛋白质产量均较高，且对植株寿命无不良影响。

五、紫花苜蓿的利用技术

青刈利用以在株高 30～40 厘米时开始为宜，早春掐芽和细嫩期刈割减产明显。调制干草的适宜刈割期，是初花期左右，二者利用期均不得延至盛花期后。

收种适宜期是植株上 1/2～2/3 的荚果由绿色变成黄褐色时进行。收草田不能连续收取种子。种子田也应每隔 1～2 年收草 1 次。

紫花苜蓿在利用中应根据需要和播种面积，有计划地生产种子和草产品，提供商品经营。

收草和收种的利用年限，应视种子和产草量最高年限而定。

紫花苜蓿用于放牧利用时，应注意反刍家畜采食幼嫩苜蓿易得瘤胃臌胀病，结荚以后就较少发生。用于放牧的草地要划区轮牧，以保持苜蓿的旺盛生机。一般放牧利用4～5天，间隔35～40天的恢复生长时间。放牧牛、羊，混播草地禾本科牧草要占50%以上的比例；应避免家畜在饥饿状态时采食苜蓿，放牧前要先喂以燕麦、苏丹草等禾本科干草，以预防家畜腹泻。为了防止反刍家畜发生瘤胃臌胀病，可在放牧前口服普鲁卡因青霉素钾盐，成畜每次用量50～75毫克。

紫花苜蓿用于调制干草时，要选择晴朗天气一次割晒，防止雨淋，以免丢失养分、降低质量。平晒结合扎捆散立风干，再堆垛存放。有条件的待晒至半干时移至避光通风处阴干。干草必须保持绿色状态。存放过程中应勤检查，以防霉变造成损失。用裹挟碾压法（也叫染青法）调制，效果很好。即将刈割的鲜嫩苜蓿青草均匀铺摊在上下两层干麦草夹层内，用石磙反复碾压至茎秆破裂，可使鲜嫩苜蓿迅速干燥，避免养分丢失。苜蓿压出汁液吸入秸秆，混合贮存、饲喂。

六、苜蓿草产业的商品化

（一）质量评级与市场价格

随着苜蓿草产业商品化的进程，质量是制定价格的重要依据。因而对苜蓿草品质的评定显得尤为重要。测试苜蓿草质量的方法很多，包括目测其颜色、叶片的含量及化学成分的分析等。通过化学分析更接近于动物的利用性能，然而需要一定的仪器设备和技术。但为切实掌握苜蓿草的质量，从而实现准确配料、科学饲养，规模场多采用目测与分析相结合的方式评定其品质，制定其价格。

苜蓿和其他牧草一样，不同收获时期其相对饲用价值不同，畜牧业发达国家一般把苜蓿草以及豆科与禾本科混播牧草的饲用价值规定在75～150分，每提高1分，每吨饲草的市场拍卖价格提高0.95美元。国外苜蓿及其与禾本科混播牧草的质量标准评定列于表2-6，以资参考。

表 2-6 豆科牧草及与禾本科混播牧草的质量标准

等级	收获期	营养成分含量				相对饲用价值
		CP(%)	ADF(%)	NDF(%)	DDM(%)	(RFV)
特级	花前期	>19	<30	<39	>65	>151
一级	早花期	17～19	31～35	40～46	62～65	125～150
二级	中花期	14～16	36～40	47～53	58～61	103～124
三级	盛花期	11～13	40～42	54～60	56～57	87～102
四级	50%禾本科草抽穗期	8～10	43～45	61～65	53～55	75～86
五级	抽穗及受雨淋	<8	>46	>65	<53	<75

(二)化学成分与相对饲用价值

化学分析是判断苜蓿草质量的主要而可靠的方法。化学分析牧草质量最常用的主要指标是:中性洗涤剂纤维(NDF)、酸性洗涤剂纤维(ADF)、粗蛋白质(CP)及矿物质含量。

1. 中性洗涤剂纤维(NDF) 中性洗涤剂纤维代表饲料中的总纤维素。纤维素对维持牛瘤胃功能的正常是必要的。但其含量过高、数量增大会降低日粮中的能量浓度,影响饲料的采食量。泌乳牛日粮中纤维素的含量与生产水平的关系列于表 2-7。

表 2-7 泌乳牛日粮中纤维素含量与饲喂量和生产水平

饲草中性洗涤剂纤维含量(%)(NDF)	最低饲草饲喂量(占日粮干物质)	不同生产水平中的牧草最大饲喂量 日产奶量(千克)		
		18	27	36
40	52.5%	88%	75%	65%
45	46.7%	78%	68%	58%
50	42.0%	70%	61%	52%
55	38.2%	64%	56%	47%
来源于日粮牧草的最大中性洗涤剂纤维		35%	31%	26%

注:假定日粮干物质中最低中性洗涤剂纤维的 21%来自于牧草

日粮中的中性洗涤剂纤维的绝大部分是通过牧草提供时，泌乳牛日粮中中性洗涤剂纤维的总需要量为奶牛体重的1.2%。牧草可以提供日粮中性洗涤剂纤维总需求量的75%。降低牧草中中性洗涤剂纤维的浓度，可以调整牧草的采食量和饲料的采食量。苜蓿草中的中性洗涤剂纤维的浓度低于其他豆科牧草及禾本科牧草，是泌乳牛理想的饲草。苜蓿草中中性洗涤剂纤维的含量可通过生育早期收获及降低收获期间叶片的脱落损失量，而保持较低的水平。

2. 酸性洗涤剂纤维(ADF) 酸性洗涤剂纤维是总纤维素中的不易消化部分，是指示饲草能量的关键，其含量越低，说明饲草的消化率越高，饲用价值越大。与中性洗涤剂纤维一样，饲草中的酸性洗涤剂纤维的含量可以通过适时收获以及降低收获加工过程中的叶片损失量而降低。

3. 相对饲用价值(RFV)的计算 苜蓿的相对饲用价值一般是以盛花期收获的苜蓿为基础，用来比较牧草质量的优劣。可以通过牧草可消化干物质的采食量(可消化干物质×干物质的采食量)与盛花期苜蓿草的可消化干物质采食量之比较计算。

其具体计算公式为：

牧草的相对饲用价值 $RFV=(DDM \times DMI) \div 1.29$

式中：DDM 表示牧草可消化干物质，$DDM=88.9-(0.779 \times ADF)$；DMI 代表牧草干物质采食量，$DMI=120 \div NDF$；ADF 代表酸性洗涤剂纤维含量，由化学分析而得；NDF 代表中性洗涤剂纤维含量，由化学分析而得。

如，含 ADF30%、NDF40%的苜蓿干草的相对饲用价值计算如下：

$DDM=88.9-(0.779 \times 30)=65.5$

$DMI=120 \div 40=3$

其相对饲用价值 $RFV=(65.5 \times 3) \div 1.29=152$

4. 粗蛋白质(CP) 牧草粗蛋白质含量的确定，通常是以牧草中所含氮素乘以6.25来计算。可见,粗蛋白质不仅仅包括牧草中的真蛋白质。同时还包括饲草中以非蛋白质形式存在的氮素,如铵盐、硝酸盐、尿素等。牧草中大多非蛋白质氮素可通过奶牛瘤胃中的微生物合成菌体蛋白即真蛋白质供牛体利用,所以以粗蛋白质作为反刍动物日粮蛋白质需要量的估计值是有效的。苜蓿草是提供奶牛日粮粗蛋白质的优秀来源,特别是成熟期前收获以及科学加工调制、减少叶片脱落,是提高苜蓿草粗蛋白质含量的有效途径。

(三)采食蛋白质的降解性(度)(DIP)

采食蛋白质的降解性(Degradable Intake Protein)是指反刍动物采食日粮粗蛋白质在瘤胃中的降解程度。反刍动物瘤胃中的微生物既能利用日粮中的非蛋白质氮合成蛋白质,同时也会使日粮中的优质蛋白质降解为非蛋白质含氮物,使丰富的必需氨基酸转化为氮、多肽和游离氨基酸,进而形成菌体蛋白或以非蛋白氮的形式过度地充满于瘤胃。正由于如此,高产奶牛必须获益于日粮中瘤胃非降解蛋白质水平(含量)的增加。奶牛瘤胃非降解蛋白质即非降解采食蛋白质,通常又称为傍路蛋白(Undegraded intake protein or by－pass protein 简称UIP)。

来自于苜蓿草的蛋白质多为易降解蛋白质,苜蓿草含量(比例)较大的奶牛日粮中需要提供一些来自其他资源的瘤胃非降解蛋白质。如高温处理过的大豆产品(热榨豆饼或称熟豆饼)或其他饼类蛋白质饲料或禾谷类籽实加工副产品,以满足瘤胃非降解蛋白质的需要,确保奶牛的高效生产。

同时,除充足的粗蛋白质外,维持奶牛的生长发育、生产及健康等诸方面,还需要一定数量的矿物质元素,要满足多种矿物质元素如Ca 、P、K、Mg 、S、Fe、 Zn、Se的良好来源。苜蓿草在成熟期之前或及早收获,可提高饲草中矿物质元素的含量和可利用性。

七、紫花苜蓿与动物健康

(一)苜蓿的排水利尿功能

紫花苜蓿具有促进动物体内滞留水分的排除作用，即排水利尿的功能，原因是苜蓿含有丰富的矿物质例如钙、镁、钾、铁、锌。其中的钾可协助动物体排除过多钠的蓄积，而达到排水利尿的功能。再加上碱性矿物质可中和尿酸，进而使体内过多的尿酸排除，从而避免痛风症的发生。

(二)苜蓿具有降低胆固醇的作用

紫花苜蓿中含有一种称为植物皂素的活性成分。在动物肠道中植物皂素对胆固醇有极大的亲和力，可以作油脂乳化剂，它与胆固醇会结合成一种不可溶的复合物，使身体无法吸收，与粪便一起排出。如此一来，可降低源自于饲料中胆固醇的摄取量，间接降低血液和组织中的胆固醇含量。

(三)饲喂苜蓿与体内酸碱平衡

苜蓿含丰富矿物质，是极佳的碱性食品来源，对于大量采食酸性日粮的奶牛，具有平衡酸碱、避免血液酸化的功能。医学研究表明，偏酸性的血液，容易破坏正常的红细胞，使得原本用来携带养分、废物与氧气、二氧化碳的红细胞减少，进而机体细胞得不到充足的养分与氧气，新陈代谢率自然就下降了，结果就容易疲劳。再加上细胞代谢后，产生的废物与二氧化碳排泄不畅，堆积之后又伤害细胞，造成恶性循环，影响健康。

第三节　主要豆科牧草栽培与利用

一、红豆草栽培与利用技术

红豆草为豆科红豆草属多年生草本植物，又名驴食豆，是适于旱农区栽培的主要饲草及环保作物品种之一(图 2-5)。

图 2-5　红豆草　(旱农寿阳试验区)

(一)植物学特征

红豆草是古老的栽培牧草之一。红豆草喜温暖干燥气候,在年平均温度 12℃～13℃、年降水量 350～500 毫米的地区生长最好;在年降水量 200 毫米的地区于雨季播种或在冬灌地春播,仍能生长旺盛。红豆草的抗旱性比紫花苜蓿强,是干旱地区的一种很有前途的栽培牧草。红豆草对土壤要求不严,最适宜生长在富含石灰质的沙性土或微碱性土壤上。

(二)生物学特性

红豆草为豆科多年生草本植物。寿命 2～7 年或更长,根系强大,主根入土深度达 3 米以上;侧根发达,根瘤多。分枝自根颈或叶腋处生出。茎直立、圆柱形、粗壮、中空、具纵条棱,株高 60～80 厘米。奇数羽状复叶,有小叶 13～27 片;小叶长椭圆形。穗状总状花序,花瓣红色至深红色,部分粉红色。荚果半圆形、扁平、褐色,表面有突起的网状脉纹,边缘有锯齿或无锯齿。荚果成熟时不开裂,每夹含种子 1 粒。种子肾形,光滑,暗褐色。千粒重 16.2 克,带荚种子千粒重 21 克。一般带荚播种(图 2-6)。

(三)栽培技术

红豆草是北方干旱地区轮作中的一种优良牧草。它根系强大、入土深,根瘤量大,种植后能给土壤中留下大量的有机质和氮素。所以,它是各种禾谷类作物的良好前作。在干旱及半干旱地区具有极大的潜力。红豆草的寿命虽然较长,但其最高产量出现在生长的2～4年,因此它在轮作中的年限一般不超过4年。红豆草不宜连作,1次种植之后,需间隔5～6年后方可再种。

图2-6　红豆草

1. 植株　2. 花序　3. 荚果
4. 荚果内种子

红豆草的种子较大、发芽出土快,播种后3～4天即可发芽、6～7天出苗。播种前应精细整地,施足基肥。基肥应选用农家肥、磷肥、钾肥,亦可施少量氮肥。播种时间春、秋季皆可。冬季寒冷地区宜春播,冬季温暖的地区可秋播。无论春播还是秋播,均应把握宜早不宜迟的原则,尽量早播。春播时间以3月下旬至4月中旬最佳,秋播以8月份为好。以条播为主,行距25～30厘米,带荚播种,每667米^{2}播种量5～6千克。播种深度3～4厘米。在干旱多风地区,播种后要及时镇压保墒。

红豆草除单播外,还可混播。目前常与紫花苜蓿、无芒雀麦、苇状羊茅和冰草混播建立高产人工草地。

红豆草为子叶出土型。因此,播种后出苗前不能灌溉。播种后出苗前若遇大雨、土壤板结,须及时进行耙耱或镇压破除板结,否则会严重影响出苗。红豆草播种当年，特别是幼苗期生长缓慢，容易受杂草危害，应及时锄草。

红豆草虽然耐旱耐瘠薄，但在生长发育过程中，仍应注意浇水和追肥。红豆草生长初期及每次刈割之后，都应追施氮、磷、钾、石灰等肥料。红豆草对氮肥比较敏感，追施氮肥能提高根瘤的固氮活性和固氮能力，能提高产草量20%～30%。有灌溉条件的地区，追肥与浇水同时进行，效果更好。一般浇水应结合刈割、施肥进行，春旱严重地区，浇越冬水和返青水十分必要。

红豆草抗寒能力不及紫花苜蓿。为保证其安全越冬和翌年返青，上冻之前追施磷肥和钾肥，并进行冬灌。春季土壤刚刚解冻后，进行耙地是十分必要的，对提高红豆草越冬率和促进返青十分有利。

红豆草每年可刈割收获2～3次，通常旱作区每667米^{2}产干草500～1 000千克。青饲应在现蕾期至开花期刈割，晒制干草时宜在盛花期刈割收获。刈割留茬高度以5～7厘米为宜。红豆草种子落籽性强，一般在花序下中部荚果变褐时即可采收。第一年种子产量较低，第三、第四年每公顷产量达900～1 050千克。

(四)饲料化开发利用

1. 红豆草的营养成分 红豆草不论是青草还是干草，都是养牛的优等饲草。红豆草适口性良好，牛、羊等动物均喜食。红豆草营养丰富，富含蛋白质及维生素和矿物质元素。其不同生育期营养成分列于表2-8。

2. 红豆草的利用 红豆草粗蛋白质产量略低于紫花苜蓿，介于紫花苜蓿和三叶草之间。

红豆草干物质消化率高于紫花苜蓿，低于三叶草。红豆草干物质的消化率在开花至结荚期一直较高。红豆草每年可刈割2～3次，每667米^{2}可产干草500～1 000千克。青饲宜在现蕾期至开花期刈割。晒制干草时，宜在盛花期刈割，刈割留茬高度5～7厘

表 2-8　红豆草不同生育期的营养成分　（%）

生育期	粗蛋白质	粗脂肪	粗纤维	无氮浸出物	粗灰分
营养期	24.75	2.58	16.1	46.01	10.56
孕蕾期	14.45	1.60	30.28	43.73	9.94
开花期	15.12	1.98	31.5	42.97	8.43
结荚期	18.31	1.45	33.48	39.18	7.58
成熟期	13.58	2.35	35.75	42.90	7.62

米。红豆草的最后一茬再生草及收获种子以后的再生草，可放牧利用。

3. 红豆草饲料化开发利用的比较优势　红豆草的粗蛋白质含量稍低于紫花苜蓿和三叶草。但由于其单位面积干物质产量较高、特别是反刍动物对红豆草的消化率较高、一般保持在75%以上。进入成熟期以后，消化率才降低至65%以下。

红豆草在结荚期及成熟期的干草适口性和利用率均高于同时期的紫花苜蓿。

与紫花苜蓿和三叶草相比，红豆草有4个方面的优点：①红豆草各个生育阶段茎叶均含有高度浓缩的单宁，奶牛、肉牛采食红豆草时，不论采食量多少都不会引起瘤胃臌胀病；②红豆草茎秆中空，调制干草比较容易，调制干草过程中叶片损失较少；③红豆草春季返青较早，播种当年生长较快；④红豆草抗逆性强，病虫害较少。

(五)红豆草种植与生态建设

红豆草的根瘤菌寿命较短，固氮活性较差。但根瘤数量大，因此单位面积和单位时间内固定的氮素并不比紫花苜蓿少。与苜蓿一样可以通过固氮作用增加土壤氮素营养，改善土壤结构，促进土壤团粒结构的形成。

红豆草主根入土较深，侧根发达、毛根多、纵横伸展，可固结土壤，防止雨水冲刷。红豆草枝叶繁茂，覆盖能力强。在水土流失较严重的黄土高原和风沙较大的西北部荒漠、半荒漠地区种植，能起到防止土壤风蚀和耕地、农田沙化的作用。

红豆草花色鲜艳，开花早、花期长，是一种很好的观赏和蜜源植物（图 2-7）。

图 2-7 红豆草(开花期)

二、小冠花栽培与利用技术

小冠花又名多变小冠花。原产于南欧和东地中海地区，北美、亚洲西部、非洲北部都有栽培。我国 20 世纪 70 年代引进，在南京、北京、山西、陕西、辽宁等地试种，生长良好。小冠花的主要特点是抗逆性、生命力强，是农区主要的水土保持和牧草作物，同时又是公路、铁路和堤坝的良好护坡植物（图 2-8）。

（一）生物学特性

小冠花为多年生草本植物。根系粗壮，侧根发达，横向走串。根系主要分布在 0～40 厘米的土层中，主根和侧根上都可长出不定芽，生活力极强，可形成新的株丛和新的地下茎，侵占性强。茎中空、有棱、质软而柔嫩，匍匐或半匍匐生长，长为 90～150 厘米。草丛高度一般 60～80 厘米。奇数羽状复叶，着生小叶 11～27 片，

图 2-8　小冠花(开花期)

子叶长卵圆形或倒卵圆形。伞形花序、腋生，大多有 14 朵粉红色小花、环状排列于花梗顶端，呈明显冠状。荚果细长如指状，长 2～3 厘米。荚果分为多节，成熟后易于节处断裂成单节，每节有种子 1 粒。种荚不易开裂，种子为细长形、褐红色，种皮坚硬，硬实率较高，千粒重 4.1 克(图 2-9)。

图 2-9　小冠花

1. 根系　2. 植株　3. 小花　4. 荚果

小冠花喜温暖干燥气候，宜在年平均温度 10℃左右、年降水量 400～600 毫米气候条件下种植生产。生长最适温度为 20℃～25℃。小冠花抗寒能力强，在北方寒冷地区冬季在 −34℃～−42℃的严寒条件下仍可安全越冬。一般 3 月份气温在 2℃～

3℃、10 厘米地温 5℃时,幼苗就开始萌生。抗寒性与紫花苜蓿相似而稍逊,但优于沙打旺。小冠花抗旱性很强,在轻壤土 0～10 厘米土层内含水量近 5%、土壤容重达 1.5 克/厘米^{3}时,仍能长出幼苗。小冠花对土壤要求不严格,瘠薄的土壤也能生长,适宜的土壤 pH 为 6 左右。幼苗可耐 0.25%～0.28%的盐土,酸性土壤易受抑制。耐湿性差,在排水不良的水渍地,易烂根死亡。

(二)栽培技术

小冠花种子小,硬实率高达 70%～80%,播种前必须进行种子处理。打破小冠花种子硬实的方法主要是擦破种皮、浓硫酸浸种、变温浸种。处理后可提高发芽率 30%以上。由于种子小、硬实率高,播种出苗比较困难。同时,要求精细整地,施足基肥,并保持土壤具有一定墒情,以利于出苗。小冠花苗期生长缓慢,应及时防除杂草,一旦建植成功,即可抑制杂草生长。

小冠花春、夏、秋季均可播种,多采用条播或穴播,穴播效果好于条播,每 667 米^2 播种量为 0.3～0.5 千克,株、行距通常控制在 30～50 厘米,播后覆土深度 1～2 厘米。播种前可用根瘤菌接种,通常在早春或雨季播种。

除种子繁殖外,小冠花还可以用地下茎和枝条扦插繁殖。根插时,将地下根茎及侧根挖出,分成带有 3～5 个根茎芽的小段(一般 5～10 厘米长),开沟浇水,将根段置于沟内,覆土 3～5 厘米厚,轻轻压实,使根与土壤接触紧实。如气候温暖,插后 5～10 天内不定芽即可生根,长叶出土,成活率可达 80%～100%。茎插时,选用当年生健壮枝条,剪取 10 厘米长、具有 3～4 个腋芽的插枝,采取苗床法扦插。一般株距 5 厘米,行距 15 厘米,插入 5 厘米深,即保持土内有 2 个以上腋芽,插后浇水,并保持湿润。一般 15～20 天即可生根长出新叶。待新苗成为新株后,进行移栽,成活率一般在 70%～80%。于雨季移栽效果较好。

小冠花的花期持续时间长,种子成熟很不一致,而且容易脱粒。生产种子,要及时人工采收。

(三)营养价值与利用

小冠花茎叶繁茂而幼嫩,叶量大,饲喂动物营养价值大,是一种很有前途的饲用植物和水土保持植物。

小冠花产量高,再生能力强,每年可刈割收获 3～4 次,通常每 667 米^2 可产鲜草 4 000～5 000 千克。小冠花茎叶柔嫩,营养丰富,其营养成分与紫花苜蓿相近(表 2-9)。但小冠花茎叶有苦味,适口性比苜蓿差。小冠花茎叶中含有有毒物质 B 硝基丙酸,因而不能用来饲喂单胃动物,而对反刍动物饲用安全。小冠花耐牧性差,应刈割利用为主。而鲜喂适口性差,常以制作青贮或青干草利用。小冠花刈割利用的最佳时期是在初花期收获,为确保后茬产量,建议刈割留茬不低于 10 厘米。

表 2-9　小冠花与紫花苜蓿营养成分比较　(%,以干物质计)

名　称	生育期	粗蛋白质	粗脂肪	粗纤维	无氮浸出物	粗灰分
小冠花	盛花期	22.04	1.84	32.38	34.08	9.66
紫花苜蓿	盛花期	21.04	4.45	31.28	34.38	8.84

小冠花抗旱、耐寒、耐瘠薄,根系发达,无性繁殖力强,覆盖度大。强大的根系可固土保水,是良好的旱区水土保持植物,常用作堤坝、道路边坡保土覆盖植物。小冠花具有根瘤固氮作用,可提高土壤氮素含量,具有培肥土壤之功用。小冠花的花期长,花色鲜艳,又是良好的蜜源植物;同时,也可作为美化养殖场庭院,净化空气环境的观赏植物。

三、沙打旺的栽培与利用技术

沙打旺又名直立黄芪,是黄河流域生长的野生种,经多年的栽培驯化而成的牧草以及环保草种。在我国东北、内蒙古、西北、华北广为栽培，是干旱半干旱地区进行人工种草以及改良天然草地的首选草种之一。对恢复植被、增加牧草产量、维护生态平衡、改变自然面貌、保持水土等促进农牧生产具有重大战略意义（图 2-10）。

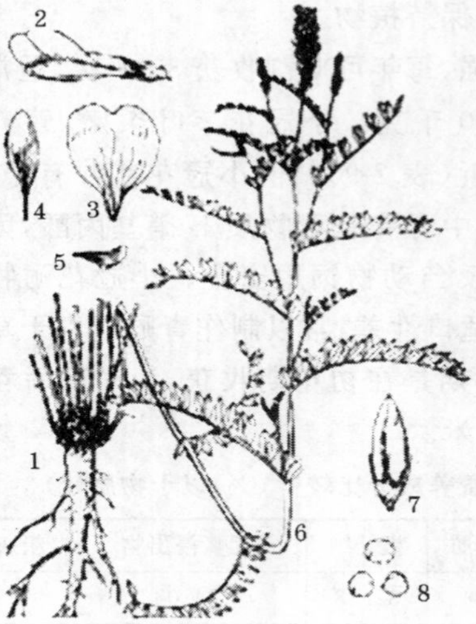

图 2-10 沙打旺

1. 根系 2. 花瓣 3. 旗瓣 4. 翼瓣 5. 龙骨瓣 6. 枝叶 7. 荚果 8. 种子

（一）生物学特性

沙打旺适应性强，具有耐寒、抗旱、耐盐碱、耐瘠薄以及抗风沙能力，在我国北方旱区可安全越冬。在一般杂草和牧草不能生长的瘠薄地上，均可生长。沙打旺喜温暖气候，适于年平均温度 8℃～15℃、年降水量 300 毫米以上的地区种植，在年降水量 250 毫米地区也能生长良好，在气温 20℃～25℃时生长最快。在无霜期不足 150 天的地区不能正常开花结实。沙打旺耐寒性较强，在我国北方播种，当年只要长出 4～5 片真叶，就能耐受－30℃的低温。沙打旺对土壤要求不严，沙丘、河滩、土层很薄的砾石山坡均能生长，但喜高燥的土壤和沙土，最适 pH 为 5～8。而在低洼、潮湿、排水不良以及黏重土壤上生长不良，极易发生根腐病。沙打旺一般生长 4～5年即衰老，应耕翻后重种。在能结实的地区，种子自然落粒，形成新生苗，也可自然更新草地。沙打旺的抗风沙能力极强，在播种当年，只要抓住苗，不被风沙埋住，就能正常生长。翌年一般风刮不倒，沙压不住，是改良荒山、防风固沙的优良牧草。

(二)植物学特征

沙打旺为豆科黄芪属多年生草本植物。主根粗而长,入土深1～1.3米;侧根发达,主要分布在15～30厘米的土层内。根幅1.5～2米,根上着生大量褐色根瘤。茎直立或倾斜向上、丛生,分枝较多,主茎不明显。茎比一般豆科牧草粗、为0.6～1.2厘米、中空,株高1～1.5米。叶为奇数羽状复叶,着生小叶7～23片;小叶叶面上面疏被茸毛,下面密生茸毛,叶长椭圆形。总状花序、多数腋生,花冠紫蓝色,每个花序有小花17～79朵。荚果矩形,顶端有稍向下弯曲的喙。每荚内孕育肾形种子10余粒。种子黑褐色,千粒重1.7～2克(图2-10)。

(三)栽培技术

沙打旺种子比紫花苜蓿种子还小,因而播前要求精细整地,并使用农家肥和磷肥作基肥。沙打旺一年四季均可播种,但以春播或秋播为好。在春旱严重的地区,可采用早春顶凌播种。在春季风大、土壤墒情较差的地区,可在夏季下雨后抢墒播种或秋季播种。也可以在初冬地面开始结冰时进行寄籽播种。

沙打旺一般采用条播,行距为60～70厘米,每667米^{2}播种量0.5千克左右。有条件的地区可采用包衣的方法,有利于出苗。由于沙打旺的种子小,播种深度要浅,覆土厚1厘米左右,随后镇压。大面积种植时,飞机播种效果很好,播前种子处理、丸衣化,播后耙压1次,防止种子裸露地面而不易出苗。沙打旺在幼苗期生长缓慢,易受杂草抑制,要注意及时防除杂草。

沙打旺很耐瘠薄,因为属于豆科植物,故一般不必施氮肥,施肥应注意多施磷肥,磷肥除作基肥外,也可根据土壤肥力情况,于秋末或春季返青时追肥。沙打旺易受根腐病、白粉病、叶斑病或蚜虫危害,且比较严重,要及时防治。另外,种子检疫不彻底时,沙打旺常有菟丝子寄生,如防除不及时,可造成毁灭性危害,如发现病株,应及时拔除并喷洒“鲁宝一号”杀菌剂喷杀。沙打旺除单播外,也可与苜蓿以及其他牧草混播。

沙打旺种子易脱粒，成熟期不一致，在约有 2/3 荚果变黄干枯时刈割，晒干脱粒，每 667 米^2 产种子 15～20 千克。收种后的秸秆仍然是良好的饲草。

(四)营养价值与利用

沙打旺枝叶繁茂，生长速度快，产草量高，营养丰富。特别是抗逆性强，高产、优质。沙打旺含有丰富的蛋白质、碳水化合物、矿物质元素等营养成分(表 2-10)。

表 2-10　沙打旺的主要营养成分　(%)

生育期	粗蛋白质	粗脂肪	粗纤维	无氮浸出物	粗灰分
营养期	18.38	2.30	25.43	42.36	11.54
初花期	17.48	2.74	33.96	37.90	7.92
盛花期	15.99	2.05	37.77	35.50	8.69

沙打旺适口性好，是草食家畜的优质饲草。无论是鲜草、干草，各类家畜都比较喜食。沙打旺的营养成分和适口性虽不如紫花苜蓿，但它具有紫花苜蓿不可比拟的耐瘠、耐寒、抗旱、抗风沙等特点。在一些紫花苜蓿不能正常生长或产草量很低的地方，沙打旺一般都能繁茂生长。放牧利用时，一般苗高 40～50 厘米时开始放牧，间隔 30～40 天放牧 1 次。青刈每年 2～3 次，与玉米秸秆混合青贮，饲喂家畜效果更好。

沙打旺植株高大、粗壮，产草量高于一般牧草。寿命中等，再生能力较强，一次种植，可连续利用 4～5 年。播种当年产草量可达 1 000 千克/667 米^2 以上，第三、第四年产草量可达 5 000 千克/667 米^2 以上。现蕾至开花期，茎叶柔嫩，是刈割利用的最佳时期。刈割留茬高度建议为 7～10 厘米，以保证后茬高产。沙打旺含有硝基化合物，不宜单一大量饲喂单胃动物。而对反刍动物，牛、羊饲用安全性良好。

另外，沙打旺生长快，覆盖度大，是良好的水土保持植物，在旱农区，是治理水土流失的良好草种；沙打旺花期长，花冠颇具魅力，也是干旱地区良好的环境美化和蜜源植物；沙打旺的根还具有一定的药用价值；其根系发达，根瘤多，又是良好的绿肥和土壤改良植物。

四、三叶草栽培技术

三叶草属又名车轴草属，是豆科牧草中分布最广的一类，几乎遍及世界各地，全世界有 300 多种，我国连同引种的主要有 10 余种。其中白三叶、红三叶、地三叶、降丰叶、杂三叶、草莓三叶、丛生三叶、野火球等均为家畜的优良饲草和主要的草坪地被植物。目前主要栽培的有白三叶、红三叶。

三叶草营养丰富，适口性好，可消化蛋白质较苜蓿低，但总消化养分及净热量比苜蓿略高。三叶草常与禾本科牧草混播建立高产人工草地，既可放牧，又可刈割利用，是我国南方诸省及北方温暖湿润地区广为种植的优良豆科牧草。

（一）白三叶

1. 起源及分布　白三叶又名荷兰翘摇、白车轴草。原产于欧洲，为世界上分布最广的豆科牧草，在北极圈边缘至赤道高海拔地区均有分布。16 世纪荷兰首先栽培，17 世纪传入英国，随后传入美国、新西兰，现广泛分布于温带及亚热带高海拔地区。在新西兰、西欧、北欧及北美东部海洋性气候地区，生长尤为适宜。前苏联、英国、美国、澳大利亚、新西兰、荷兰、日本等国栽培面积较大。我国的云南、四川、湖南、湖北、新疆北部的低湿草甸、森林草甸有野生种分布。湖南、湖北、广西、云南、贵州、浙江、江苏等省（自治区）栽培情况良好。长江以南各省均有大面积栽培，是南方广为种植的豆科当家草种。

2. 植物学特征及生物学特性 白三叶为豆科三叶草属多年生草本植物，生长年限为7～8年。主根短，侧根和须根发达，集中分布于15厘米以内的土层中，根部着生有许多根瘤，主茎短，基部分枝多。茎匍匐、长30～60厘米，实心圆形，光滑细软。茎节着地易生根，并长出新的匍匐茎向四周蔓延，侵占性强。草层高度30～40厘米，三出复叶，叶柄细长，小叶倒卵形或心脏形，叶缘有细锯齿，叶面中央有“V”形白斑。头状总状花序，小花白色或粉色。荚果细小而长。每荚有种子3～4粒，种子心脏形、黄色或棕黄色(图2-11)，千粒重0.5～0.7克。

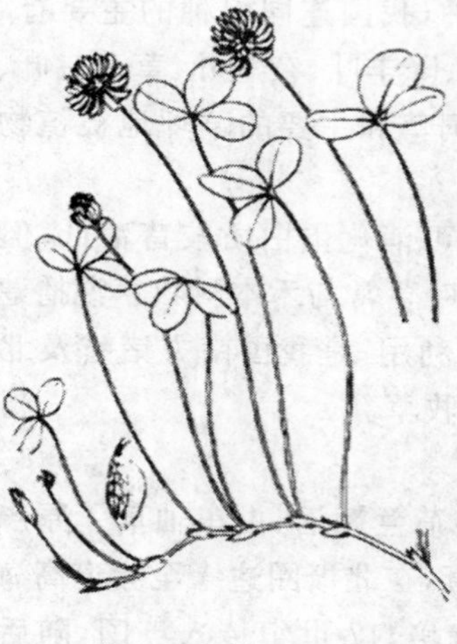

图2-11 白三叶

白三叶喜温暖湿润气候，适宜生长在年平均温度19℃～24℃、年降水量不少于600～800毫米的地区。白三叶适应性比其他三叶草广，耐寒、耐热、耐旱、耐霜能力比红三叶和杂三叶强。种子随落随生，使草层盖度年年增加，为优良的下繁草，耐牧性强。

3. 栽培管理技术 白三叶种子非常小，幼苗生长缓慢，加之根系入土不深。所以，整地务必精细，清除杂草，施足基肥。一般每667米^{2}施有机肥1500～2000千克或磷肥50千克作基肥，并采用根瘤菌拌种。白三叶可春播或秋播，北方宜在3～4月份春播，南方以秋播为宜但不能迟于10月中旬。条播、撒播、飞播均可。条播行距30厘米，播深1～1.5厘米。单播时，每667米^{2}播种量0.3～0.5千克。它最适宜与禾本科牧草(如黑麦草、鸭茅、猫尾草、羊茅、雀稗、牛尾草)混播建立人工草场。混播时,其播种量为每 667 米²0.15～0.3 千克,即禾本科牧草与白三叶种子之比为 2∶1。单播时,多采用条播;混播时,条播、撒播均可。播种前应接种根瘤菌。白三叶播种当年生长不快,应注意加强管理。苗期应及时除草。大雨季节,土壤易板结,应适时中耕松土。干旱过度,应进行灌溉。在混播草地上,应防止禾本科牧草、豆科牧草一方生长过旺,而抑制对方的生长。当禾本科牧草生长过旺时,可采取经常刈割和放牧的办法促进三叶草生长;当白三叶生长过旺时,会引起牛、羊因过食而发生瘤胃臌胀病,可采用肥水来调节豆科与禾本科牧草的比例。如控制浇水,施中性氮肥,则会控制三叶草的生长,促进禾本科牧草生长。为了保证白三叶持续高产,刈割后和入冬前或早春应追施钙镁磷肥或过磷酸钙。

4. 经济价值及利用

(1)饲用价值　白三叶草茎叶细软,叶量丰富,适口性强,营养成分及消化率均高于紫花苜蓿和红三叶(表 2-11)。不同生育阶段其营养成分和利用率都比较稳定,干物质消化率为 75%～80%。各种家畜均喜食,是牛、羊、兔的优质饲草。再生性强,耐践踏,最适于放牧利用,也可刈割。用于放牧时应与禾本科牧草混播,是温暖湿润地区多年生混播种草地上不可缺少的豆科牧草,常与黑麦草混播。白三叶春播当年可刈割 2 次,每 667 米² 产鲜草 1 000 千克左右;从生长第二年起,每年可刈割 3～4 次,一般每 667 米² 产鲜草 2 500～3 500 千克、最高可达 5 000 千克。放牧时应实行轮牧,每次放牧后停牧 2～3 周以利于再生。

表 2-11　白三叶草的营养成分　(%,以干草计)

生育期	水　分	粗蛋白质	粗脂肪	粗纤维	无氮浸出物	粗灰分
现蕾期	8.14	32.49	5.16	11.57	39.30	11.48
盛花期	10.07	21.46	4.37	21.32	42.82	10.07

(2)固氮改土养地作用　白三叶也可作绿肥种植于稻田，是草田轮作的优良作物。它能改善土壤结构、增加土壤肥力、提高后茬作物的产量，是改良土壤的主要牧草。据国外报道，一个含有足够数量三叶草的草场，每年每公顷可固定相当于1吨尿素所含的氮素。

(3)环保价值　白三叶匍匐茎多，各茎节皆能扎根，能固定表土，用于保持水土非常有效，用于保护河堤、路基也很理想。也可用作运动场、飞机场的草皮植物及美化环境铺设草坪等。

(二)红三叶

1. 起源及分布　红三叶亦称红车轴草，原产于小亚细亚及东、南欧。据记载，早在3～4世纪欧洲即已栽培，16世纪传入英国，而后传入美、俄，现广泛种植于世界温带、亚热带地区，是欧洲各国、加拿大、美国东部、新西兰及澳大利亚等海洋气候区最主要的豆科牧草之一。我国新疆、云南、湖北、四川、贵州均有野生种，是南方诸省较有前途的豆科牧草之一。

2. 植物学特征及生物学特性　红三叶为豆科三叶草属多年生草本植物，平均寿命2～6年，为短期多年生牧草。直根系，主根入土较深，侧根发达，大部分集中在30厘米土层中。主茎多分枝、圆形、中空、直立或斜升，高50～140厘米。三出复叶，小叶卵形或椭圆形，叶面有"V"形斑纹，全缘。头状总状花序，花红色。荚果小，每荚有种子1粒，种子肾形或椭圆形，棕黄色或紫色(图2-12)，千粒重约1.5克。

红三叶喜温暖湿润气候，不如紫花苜蓿、红豆草耐旱。适宜生长温度为15℃～25℃，能耐－8℃的低温，不耐热，夏季高温则生长不良。最适宜在年降水量700毫米以上的地区种植，在年降水量400毫米以下的地区必须经过灌溉才能生长良好。红三叶喜排水良好、土质肥沃，并富含钙质的黏壤土。耐盐碱性差，适宜的土壤pH为6～7.5。

3. 栽培管理技术　播前要求精细整地，在瘠薄土壤或未种过三叶草的土地上，每 667 米^2 应施 1 500～2 000 千克厩肥或 30～50 千克氮磷钾复合肥作基肥，并用相应的根瘤菌拌种。春、秋均可播种，在较寒冷的地区如东北、西北、华北等地，以早春播种为好，在夏季高温地区如中南、华南等地区则以秋播为好。条播行距 30～40 厘米，播深 1～2 厘米，单播时每 667 米^2 播种量 0.7～1 千克。与禾本科混播时，每 667 米^2 播种量 0.5～0.7 千克。在较寒冷湿润地区红三叶常与猫尾草混播，在温暖稍干旱地区与鸭茅混播，在温暖湿润地区常与多年生黑麦草混播，混播比例是 1∶1。

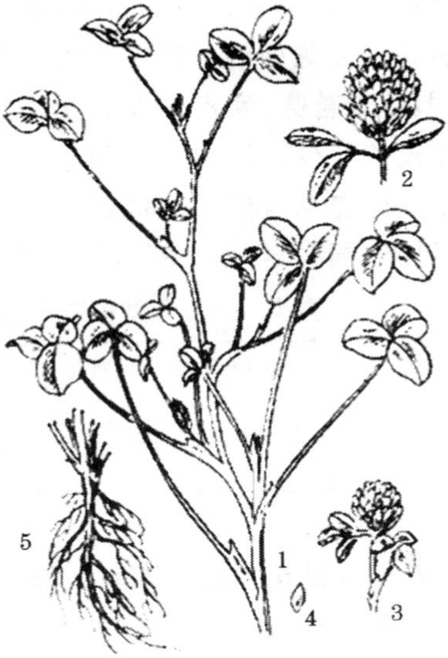

图 2-12　红 三 叶

1. 茎枝　2. 花序　3. 成熟的花序　4. 荚果及种子　5. 根系

红三叶苗期易受杂草危害，应注意防除杂草。病虫害较少。常见的病害为菌核病，早春雨后潮湿容易发生，主要侵染根颈和根系，施用石灰、喷施多菌灵可以防治。红三叶需要大量的磷、钾、钙肥，除播前施入基肥外，在生长过程中每年每 667 米^2 还应追施过磷酸钙 20 千克、钾肥 15 千克。早春返青前以及每次刈割放牧后，要进行耙地，以促进再生长。在干旱地区还应灌溉浇水。

4. 经济价值及利用　红三叶是营养价值很高的一种豆科牧草，生长旺盛，产草量比较高。在 3 月份返青。从 4 月开始利用一直到 10 月底，利用期达 6～7 个月。南方每年可刈割 2～3 次，每 667 米^2 产鲜草 2 000 千克，最佳刈割利用时期为初花至盛花期。

其营养价值(表 2-12)和适口性稍次于紫花苜蓿,但总消化养分和净能高于紫花苜蓿。红三叶茎叶柔嫩,适口性较好,牛、羊、兔均喜食,但略带苦味,家畜不太贪食,放牧牛、羊时发生瘤胃臌胀病的可能性较苜蓿少。红三叶可用于放牧、青饲或调制干草。红三叶与多年生黑麦草、鸭茅、牛尾草等混播的草地,可为养牛提供近乎全价营养的饲料,与禾本科牧草混合青贮效果也较好。

表 2-12　红三叶的营养成分　(%,以干物质计)

生育期	粗蛋白质	粗脂肪	粗纤维	无氮浸出物	粗灰分
分枝期	17.4	3.2	16.7	50.2	12.5
开花期	17.1	3.6	21.5	47.6	10.2

红三叶幼苗茁壮,能耐阴,是草地更新或建立混播草地的主要豆科牧草。红三叶根瘤菌数量多,寿命相对较短,是短期粮草轮作中的一种常用豆科牧草。用作绿肥作物,具有较强的提高土壤肥力、促进后茬作物增产的功效。红三叶侧根发达,茎叶茂盛,也是良好的水土保持作物。

(三)杂三叶

1. 分布及习性　杂三叶又名瑞典三叶草、杂车轴草。原产于瑞典,现广泛分布于欧洲中部和北部,在美国、加拿大、澳大利亚、日本、俄罗斯等国都有栽培。我国适宜在华北、东北湿润地区及南方高海拔地区种植。杂三叶喜凉爽湿润气候,耐寒性和耐热性均强于红三叶,在红三叶不能生长的地方亦能生长。杂三叶耐旱性较差,耐湿性强,在湿地可正常生长,耐短期水淹,较耐酸性或盐碱性土壤,最适宜的土壤 pH 为 6～7。

2. 植物学特征　杂三叶为豆科三叶草属多年生草本植物。寿命中等,平均为 4～5 年。杂三叶是一个独立的种,其形态介于红三叶和白三叶之间,但不是二者的杂交种。根系入土较浅,支根较多，根瘤明显。茎长 30～70 厘米，细软，中空，半直立或趋于匍匐。三出复叶；小叶长圆形、长 3～4 厘米、宽 2～2.5 厘米，叶缘有浅锯齿，叶脉清晰，叶柄长 5～10 厘米，托叶膜质、先端尖锐，叶面无白色“V”形斑纹。头状总状花序，着生于茎梢或叶腋。花小，粉红色。荚果小，每荚含种子 2～3 粒。种子细小，暗绿色，椭圆形或心脏形。千粒重 0.75 克。

3. 栽培技术　杂三叶种子细小，整地要精细。春、秋季皆可播种，以秋播为主但不要过晚。春播极易受杂草危害，且当年产量较低。条播行距 20～30 厘米，播深 1～2 厘米，每 667 $米^2$ 播种量 0.4～0.6 千克。最适与猫尾草、鸭茅、黑麦草及红三叶、白三叶等混播。杂三叶能连续栽种，对土壤中石灰成分的需要不如其他三叶草那样迫切。

4. 营养价值及利用　杂三叶草质柔嫩，营养丰富，适口性好，各种家畜均喜食。叶量丰富，营养稍次于白三叶而优于红三叶。开花期鲜草干物质中含粗蛋白质 17%、粗脂肪 2.5%、粗纤维 26.1%、无氮浸出物 44.4%、粗灰分 10%。适于刈割调制干草或放牧利用，也可与禾本科牧草混合青贮。用杂三叶制成的干草色绿，不粗老，易消化，浪费较少。刈割利用时多在盛花期收割，每年可刈割 2 次。每 667 $米^2$ 可产鲜草 1 500～2 000 千克。杂三叶耐湿、耐淹、耐践踏，结实力强，种子通过家畜消化道后仍能自行繁殖，因而可在放牧场中存活多年、经久不衰，是低温酸性草场中的一种重要豆科牧草。

第四节　主要禾本科牧草栽培与利用技术

一、高粱属牧草栽培技术

高粱属牧草为 1 年生高大草本植物，本属约有 30 种，主要分布于南北两半球热带及亚热带地区。多数种类的籽实可供食用或作为养牛的精饲料，茎叶是草食动物的优质饲料。其中经济价值较高的有高粱、苏丹草、拟高粱等，现分述如下。

(一)苏丹草

1. 起源及分布 苏丹草原产于非洲的苏丹，广泛分布于温带和亚热带，亚洲、非洲、欧洲和大洋洲都有分布。我国东北、华北、西北和西南各省都有栽培。

2. 植物学特征及生物学特性 苏丹草为禾本科高粱属1年生草本植物。须根系，株高2～3米，茎粗0.8～2厘米，分蘖能力强。叶片宽大，长达60厘米，宽约4厘米。圆锥花序松散，种子为颖果、卵形、略扁平，黄色、棕色、褐色或黑色，千粒重9～10克。

苏丹草为喜温植物，种子发芽的最适温度为20℃～30℃、最低温度为8℃～10℃。在适宜的温度条件下播种后4～5天即可出苗。苏丹草不耐霜冻，霜冻后枯死。抗旱能力强，但生长期需水较多。对土壤要求不严，但以排水良好、富含有机质的黑钙土和栗钙土为好，耐酸碱能力较强。

3. 栽培管理技术 苏丹草消耗地力较严重，不宜连作，在饲料轮作中宜安排在谷类作物之后豆科作物之前。播前结合耕翻整地每667米^{2}施有机肥1 500千克。以春播为主，当表土温度稳定在12℃以上时即可播种，条播行距45～50厘米，播深3～4厘米，每667米^{2}播种量1～2千克。苗期注意中耕除草，干旱时适当灌溉。刈割后每公顷追施氮肥150千克左右，以提高再生草产量。常单播，也可与1年生豆科作物混播。

4. 营养价值及利用 苏丹草适口性很好，草食家畜均喜食，其营养成分见表2-13。苏丹草再生能力较强，每年可刈割2～3次，每667米^{2}产鲜草3 000～5 000千克。华中地区每667米^{2}产鲜草可达10 000千克，每667米^{2}产粗蛋白质约300千克。苏丹草适宜青饲、调制干草，也可青贮或放牧。苏丹草苗期含有氢氰酸，放牧或饲喂易引起家畜中毒，应在株高 60 厘米以上时放牧，或刈割后稍加晾晒再饲喂。

表 2-13　苏丹草的营养成分　（%，以干物质计）

生育期	干物质	粗蛋白质	粗脂肪	粗纤维	无氮浸出物	粗灰分
抽穗前	21.6	3.3	0.6	5.6	10.2	1.9
开花期	23.4	1.9	0.4	8.4	10.3	2.4
结实期	28.5	1.7	0.5	9.6	14.6	2.1
花前干草	89.6	11.2	1.5	26.1	41.3	9.6

（二）高　粱

1. 起源及分布　高粱又名蜀黍、茭子。原产于热带，为古老的作物之一。在中国、埃及和印度的古代就有种植，我国的栽培历史约有 4 000 年。它是世界上仅次于小麦、水稻和玉米的第四大谷类作物，主要分布在亚洲、非洲和美洲。我国是第四大高粱种植国，各省（自治区）都有种植，但主要集中于北方的山东、河北、辽宁、吉林、黑龙江、山西、陕西、河南、安徽等省。

2. 植物学特征及生物学特性　高粱为禾本科高粱属 1 年生草本植物。须根系，茎直立，株高 1～5 米。高粱是喜温作物，最适发芽温度为 20℃～30℃，不耐低温及霜冻。高粱根系发达，抗旱能力较强。蒸腾量小、需水较少，但供给充足的水分是获得高产的主要措施。高粱耐涝、耐盐碱，土壤含盐量小于 0.34%时生长正常，含盐量 0.34%～0.4%时生长受抑。高粱对土壤要求不严，可种植于各种不同质地的土壤。此外，高粱还具有耐瘠薄及病虫害少等优点。

3. 栽培管理技术　高粱忌连作，常与浅根系作物及豆科作物轮作。高粱需肥量大，播前应施足基肥，一般每 667 米^2 施有机肥 3 000 千克、过磷酸钙 50 千克。每 667 米^2 播种量 1.5～2.5 千克，条播行距 20～30 厘米，播种深度 3～5 厘米。苗期适时间苗、定苗、除草，每 667 米^2 留苗普通高粱 5 000～7 000 株、多穗高粱 4 000～5 000 株、青刈高粱 10 000～12 000 株。

4. 营养价值和利用 高粱籽粒是重要的酿造原料，也是重要的精饲料。青绿茎叶是草食家畜的优良饲料。其营养成分见表 2-14。高粱籽粒适口性较差，赖氨酸及色氨酸含量较低，一般先进行酿造，然后用其糟粕饲喂家畜。高粱的青绿茎叶，尤其是甜高粱茎叶，是奶牛、肉牛的好饲料，鲜喂、青贮、调制干草均可。高粱幼嫩茎叶中含有氢氰酸，所以不能过早利用、不能直接利用，应调制成干草或青贮饲料待毒性消失后利用。籽粒、饲草兼用高粱在蜡熟期收获，青饲高粱一般在抽穗时刈割利用。

表 2-14 高粱的籽粒及茎叶营养成分 ［占风干物的百分率(%)］

类 别	水 分	粗蛋白质	粗脂肪	粗纤维	无氮浸出物	粗灰分
普通高粱籽粒	13.0	8.5	3.6	1.5	71.2	2.2
多穗高粱籽粒	9.0	8.8	2.5	1.9	75.6	2.2
高粱茎叶(干物质)	0	10.2	5.2	25.1	45.2	14.3

(三)拟高粱

1. 起源及分布 拟高粱原产于我国广东、福建、海南，主要分布在华南地区，1978 年福建省从野生引入栽培成功，现已推广到浙江、广东、广西、云南、贵州等省(自治区)。此外，亚洲东南部也有分布。

2. 植物学特征及生物学特性 拟高粱为禾本科高粱属多年生草本植物。具发达的根茎，茎直立，株高 1～3 米。性喜湿热气候，最适生长温度 25℃～35℃，耐旱性较强，适宜在低海拔疏松的酸性红壤上生长，耐瘠薄。

3. 栽培管理技术 拟高粱播前土地要平整、土块要碎、墒情要好，每 667 米^2 施有机肥 1 000～1 500 千克。宜春播，条播行距

50 厘米，播深 2～3 厘米，每 667 米^2 播种量 0.5～1 千克。播前种子用温水浸泡 24 小时，可促进发芽和出苗。苗期生长缓慢，应注意中耕除草。除种子直播外，还可用根茎和茎秆进行无性繁殖。

4. 营养价值及利用　拟高粱抽茎前茎叶干物质中含粗蛋白质 12%、粗脂肪 2.7%、粗纤维 28.3%、无氮浸出物 46.7%、粗灰分 10.3%。茎叶质地柔嫩、多汁、味甜，适口性好，草食家畜均喜食，是养牛的优质饲料。适宜青饲、青贮或调制干草。幼嫩时茎叶含少量氢氰酸，不宜刈割或放牧利用。当株高达 1～1.2 米时即可刈割，刈割留茬高度 10～20 厘米。每次刈割后每 667 米^2 追施速效氮肥 5 千克，以利于再生。每年可刈割 4～5 次，每 667 米^2 产鲜草 5 000 千克左右。

二、燕麦属及燕麦草属栽培与利用技术

(一)燕　麦

1. 分布　燕麦广布于欧洲、亚洲、非洲等温带地区。我国主要分布在华北、东北和西北的高寒地区。其中内蒙古、河北、甘肃、山西种植面积最大，新疆、青海、宁夏、陕西次之，云南、贵州、四川、西藏也有少量种植。

2. 植物学特征及生物学特性　燕麦又名铃铛麦。我国种植的燕麦有两种：一种为裸燕麦、又名莜麦，以食粮为主，其秸秆作饲料；另一种为燕麦，主要用作饲草、饲料。燕麦为禾本科燕麦属 1 年生草本植物，疏丛型，须根系，茎秆直立，高 100 厘米左右。

燕麦最适于生长在气候凉爽、雨量充足的地区，其幼苗能耐 2℃～4℃的低温，成株遇－3℃～－4℃低温仍能生长，但不耐高温。燕麦耐碱能力较差，抗旱性弱，是需水量较多的饲料作物。

3. 栽培管理技术　燕麦品种很多，品种间生育期差异较大、一般为 90～140 天。燕麦以春播为主，播期较长，通常从 4 月上旬一直可延续到 5 月下旬至 6 月上旬。收获种子或籽实者宜 4 月份

播种，收获饲草者宜在5月份播种。温暖地区可以在夏作收获后复种。燕麦可以单播，也可与豌豆、毛苕子等豆科作物混播。播种量根据水肥条件和利用目的而定，每667米^{2}播种量一般为10～15千克。播种方式以条播为主也可撒播，条播行距15厘米，覆土深度4～5厘米。燕麦多用作轮作倒茬，但忌连作。燕麦播前应深翻、施肥，每667米^{2}施有机肥2 000～2 500千克。苗期及时防除杂草。在有灌溉条件的地方，如果生长过程中降水和土壤湿度适宜并及时浇水并追施氮肥，增产效果十分明显。

4. 营养价值及利用 燕麦是一种营养价值极高的饲用作物，其籽实、秸秆营养成分见表2-15。燕麦籽实是很好的精饲料，秸秆比较柔软、适口性较好。燕麦青饲、晒制干草、青贮均可。以收获籽实为目的时应在穗上部的籽粒达到完熟、下部的籽粒蜡熟时收获。一般每667米^{2}产籽实150～200千克，秸秆200～250千克。青刈燕麦可在拔节至开花期刈割，可以刈割2次，第一次刈割留茬高度5厘米左右，一般每667米^{2}产鲜草1 500～2 000千克。晒制干草或青贮时宜在乳熟期至蜡熟期刈割。

表2-15 燕麦的营养成分 ［占风干物的百分率(%)］

类别	水分	粗蛋白质	粗脂肪	粗纤维	无氮浸出物	粗灰分
籽实	11.0	10.3	3.9	10.1	59.8	4.9
秸秆	14.7	1.4	1.6	33.4	41.0	7.9
青干草	10.2	5.4	2.2	28.2	44.6	9.4

燕麦籽粒除作为动物的优质精饲料外，还可食用。燕麦籽粒加工成的燕麦片是一种营养价值高、易消化的优质食品。

(二)燕麦草

1. 分布 燕麦草又名高燕麦草。主要分布于欧洲和地中海区域，我国温带及暖温带地区均可栽培。

2. 植物学特征及生物学特性　燕麦草系短寿命多年生草本植物。疏丛型上繁草，植株高大，茎高 1～1.5 米。适应的气候条件与鸭茅相同，喜温暖湿润，能耐夏季炎热，但耐寒性不及猫尾草。耐旱能力较强，耐旱性不及无芒雀麦和冰草，而强于其他牧草。对土壤要求不严，宜生长于腐殖质多的沙壤土、黏土及干涸的沼泽地。

3. 栽培管理技术　高燕麦草在南方可秋播，北方宜春播。条播每公顷播种量 37.5～60 千克。行距 15～30 厘米，播深 4～5 厘米，生长期 3～4 年。

4. 营养价值及利用　高燕麦草为高大疏丛型禾本科牧草，主要用以刈割调制干草，刈割次数不宜太多。当土壤肥沃时再生能力很强，每年可刈割 3～4 次，土壤瘠薄时每年只能刈割 1～2 次，最佳刈割时期为开花期。不宜放牧，平均每 667 米^2 产干草 500～1 000 千克。高燕麦草的营养成分(表 2-16) 大致与鸭茅相似。高燕麦草可与其他牧草混播，最宜与鸭茅、牛尾草、杂三叶及红三叶等混播。

表 2-16　高燕麦草的营养成分　(%，以干物质计)

类　别	干物质	粗蛋白质	粗脂肪	粗纤维	无氮浸出物	粗灰分
鲜　草	30.3	2.6	0.9	10.5	14.3	2.0
干　草	88.7	7.5	2.4	30.1	42.7	6.0

三、黑麦草属栽培与利用技术

黑麦草属植物全世界约有 20 种，其中有经济价值的主要有 2 种、即多年生黑麦草和多花黑麦草。黑麦草是具有世界意义的栽培禾本科牧草，新西兰、澳大利亚、英国、美国及西欧温暖地带栽培面积较大，是奶牛、肉牛、羊的主要干草和放牧牧草。

(一) 多年生黑麦草

1. 起源及分布　多年生黑麦草又叫宿根黑麦草、英格兰黑麦草。

原产于欧洲，后来逐渐为各国所栽培利用，成为欧、亚、非和北美等国的主要栽培牧草。我国主要分布在华东、华中及西南地区，在湖北武汉、江苏南京、四川、云南等地生长良好，在北方牧区越冬不良。

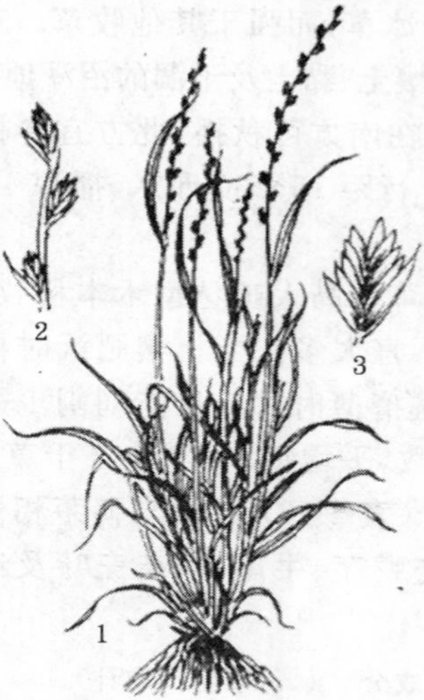

图 2-13　多年生黑麦草
1. 植丛　2. 花序　3. 小穗

2. 植物学特征及生物学特性　多年生黑麦草为禾本科黑麦草属短寿命多年生牧草。一般寿命 3～4 年。须根系，分蘖多，疏丛型，茎秆细，株高 80～100 厘米。叶片长 5～15 厘米，宽 3～6 毫米。穗状花序，长 20～30 厘米（图 2-13）。种子无芒，千粒重 1.5～1.8 克。多年生黑麦草的特点是生长发育速度快，产草量高，适宜在夏季凉爽、冬季不太寒冷的地区生长。最适宜在年降水量 500～1 500 毫米的地区生长，而以 1 000 毫米为宜。生长温度为 20℃～25℃，不耐炎热，35℃以上生长受阻；不耐严寒，难耐－15℃的低温，喜排水良好的壤土和黏土。

3. 栽培管理技术　多年生黑麦草在冬季寒冷地区只能春播，春季干旱地区也可夏播，在长江流域及以南各地春、秋季均可播种。播种方法，条播、撒播均可，行距 15～30 厘米，播深 2～3 厘米，播种量每公顷 15～22.5 千克。根据利用目的不同，可单播，也可混播，常与短期生长的豆科牧草如红三叶、紫云英等混播。多年生黑麦草生长发育快，需肥较多，播前结合整地，每 667 米^2 应施 1 500千克有机肥、30 千克过磷酸钙作基肥，刈割后及时施速效氮肥，每次刈割后每 667 米^2 追施氮肥 10～20 千克。在北方旱作区，生长期间应注意浇水。

4. 营养价值及利用　多年生黑麦草是一种经济价值很高的牧草，营养丰富。茎叶干物质中含粗蛋白质 17%、粗脂肪 3.2%、粗纤维 24.8%、无氮浸出物 42.6%、粗灰分 12.4%。其中钙 0.79%、磷 0.25%。多年生黑麦草茎叶繁茂、幼嫩多汁，各种家畜均喜食。产量高，再生能力强，每年可刈割 3～4 次，每 667 米^2 产青草 3 000～4 000 千克。适于青饲、调制干草，青饲宜在抽穗前或抽穗期刈割，调制干草可延迟至盛花期。刈割留茬高度 5～10 厘米。多年生黑麦草产草量高、草质优良，是我国北方温暖湿润地区及南方诸省（自治区）的主要优良禾草。

（二）多花黑麦草

1. 起源及分布　多花黑麦草也叫意大利黑麦草、1 年生黑麦草。原产于欧洲南部、非洲北部和西南亚，世界温带及亚热带地区广泛栽培。

2. 植物学特征及生物学特性　多花黑麦草为禾本科黑麦草属 1 年生或越年生草本植物。丛生型，茎高 50～120 厘米。叶片宽大，叶片长 10～30 厘米、宽 0.7～1 厘米。种子为颖果，外稃有芒，千粒重 2.2 克。多花黑麦草是一种喜温牧草，抗寒力不强，不耐晚霜，抗旱能力较差，适合在我国长江流域诸省及北方较温暖多雨地区种植，喜肥沃深厚的壤土或沙壤土。多花黑麦草寿命较短。在海拔较高、夏季凉爽的地区，如果管理得当可生长 2～3 年。

3. 栽培管理技术　多花黑麦草生长快，产量高，较适于单播。播种时间春、秋季皆可，但以秋播为主。播前结合整地，每 667 米^2 施有机肥 1 500 千克、过磷酸钙 30 千克。条播行距 15～30 厘米，播深 2～3 厘米，每 667 米^2 播种量 1～1.5 千克。也可与水稻轮作，秋季水稻收获前撒播多花黑麦草，或在水稻收获后立即整地播种。多花黑麦草喜氮肥，每次刈割后每 667 米^2 追施速效氮肥 10～20 千克。每年可刈割 3～6 次，每 667 米^2 产鲜草 4 000 ～5 000 千克。

4. 营养价值及利用 多花黑麦草营养价值高，茎叶干物质中含粗蛋白质 13.7%、粗脂肪 3.8%、粗纤维 21.3%、无氮浸出物 46.4%、粗灰分 14.8%。草质柔嫩多汁，适口性良好，各种家畜均喜食，适宜青饲、调制干草或青贮，亦可放牧，是养牛的优质饲草。适宜刈割时期，青饲为孕穗期或抽穗期，调制干草或青贮为盛花期。

四、羊草栽培与利用技术

羊草系赖草属。赖草属共有 30 多种，分布于北半球寒温带，我国有 9 种，主要分布于东北、西北诸省（自治区）。羊草是其中饲用价值以及商品化交易量最高的草种。

图 2-14 羊 草

1. 植株株丛 2. 鳞片及雌蕊 3. 小穗 4. 小花

1. 起源及分布 羊草又名碱草，广泛分布于欧亚大陆。在贝加尔湖和蒙古的东部、北部，我国的东北平原、内蒙古高原均有大面积分布。

2. 植物学特征及生物学特性 羊草为禾本科赖草属植物。须根系，具发达的横走根茎。茎直立，单生或疏丛状，株高 30～90 厘米，叶片长 7～19 厘米、宽 3～5 厘米。穗状花序，直立，长 12～18 厘米。颖果长椭圆形、深褐色，长 5～7 毫米（图 2-14），种子千粒重 2 克。羊草耐寒、耐旱、耐践踏、耐盐碱，具广泛的适应性。在

—40℃的低温下仍可越冬，能在年降水量300毫米的草原地区生长。喜湿润的沙壤或轻质土壤，能在排水不良的轻度盐化草甸上生长，形成大面积的羊草草甸。羊草返青早、枯黄迟，在内蒙古及东北地区青草期可达200天，利用期可达10～20年。

3. 栽培管理技术 羊草可用种子繁殖，也可用根茎进行无性繁殖。用种子繁殖，播前必须精细整地，做到土壤细碎、地面平整，播期以夏季为主。每667米^{2}播种量3～4千克，条播行距15～30厘米，播深2～4厘米，播后镇压。羊草种子空秕粒多，播前应清选，以提高发芽率。无性繁殖，可将羊草的根茎切成小段、一般长5～10厘米、有2～3个节，按一定株、行距埋入整好的地中，栽后浇水或在雨季栽植，成活率高。种子出苗期长，幼苗生长慢，易受干旱及杂草危害，应注意加强管理，适时浇水、除草、追肥。

4. 营养价值及利用 羊草草群叶量丰富，适口性好，牛喜食，被广大牧民誉为“抓膘植物”。即使是冬、春枯草季节，牛也喜食。其干草营养成分见表2-17。

表2-17 羊草干草的营养成分 [占风干物的百分率(%)]

生育期	水 分	粗蛋白质	粗脂肪	粗纤维	无氮浸出物	粗灰分
分蘖期	8.96	18.53	3.68	32.43	30.00	6.46
拔节期	10.12	16.17	2.76	42.25	22.64	6.06
抽穗期	9.94	13.35	2.58	31.45	37.49	5.19
结实期	14.53	4.25	2.53	28.68	44.49	5.52

栽培羊草主要作为晒制干草，其特点是营养枝比例大。抽穗期调制干草颜色深绿、气味芳香，是养牛的上等青干草。同时，羊草也是很好的放牧植物，其特点是营养期长、枯黄迟、放牧利用时间长，对幼畜的发育、成畜的肥育和繁殖有较好的效果。羊草的最佳刈割时期为抽穗期，每667米^{2}产干草150～300千克、高者可

达500千克。羊草是我国东北地区最主要的饲草资源,其优质干草除供应国内外,还是主要的出口牧草产品之一。

第五节　苋科及其他牧草

一、籽粒苋

苋科植物为一年生或多年生草本植物,共有40多属、400多种,多分布于热带或亚热带,我国有20多种可作为饲料利用。在我国分布较为普遍的有饲用苋菜和野苋菜,以籽粒苋为代表。

(一)起源及分布

饲用苋菜又名千穗谷、西黏谷、西风谷。原产于拉丁美洲,是阿兹克人的主要粮食,历史上墨西哥把苋籽作为向西班牙进贡的贡品之一。苋菜在我国有着悠久的栽培历史和广泛的栽培地区,由南到北都有种植,分布于云南、贵州、广西、湖南、湖北、江苏、安徽、河北及黑龙江等地。它在世界上分布也较广,欧洲、高加索、中亚细亚、亚洲西部、伊朗、印度、日本、澳洲和美洲都有种植。

(二)植物学特征及生物学特性

饲用苋菜为苋科苋属的一年生草本植物(图2-15)。主根粗大,入土深达1～1.5米,茎直立、高大粗壮,株高2～4米、光滑、有条沟棱、呈深绿色或红色。叶片卵状,披针形。花小,单性,圆锥花序腋生或顶生。种子细小,圆形,黄白色、红黑色、粉红色或黑褐色。饲用苋菜喜温暖湿润气候,耐高温,不抗寒。种子在10℃～12℃时发芽较慢,20℃时发芽出苗较快。生长最适温度24℃～26℃。夏季温度适宜,肥水充足,日增长高度可达3～5厘米。抗旱能力较强,整个生长期所需的水量只有玉米的1/3～1/2。抗盐碱,耐瘠薄,对土壤要求不严。但茎叶生长繁茂,需肥多,对地力消耗较大。

(三)栽培管理技术

饲用苋菜对土壤要求不严,适宜在全国各地各种类型的土壤种植,但以肥力中等疏松的沙壤土为最好。苋菜种子细小,播种前要求精细整地、深耕细作、打碎土块,每667米^{2}施2 500～3 000千克有机肥作基肥。北方以春播、夏播为主,播种时地温要稳定在15℃以上。播种时间从4月上旬至5月上旬,最迟不得晚于7月。南方播种期较长,从3月下旬至10月上旬随时都可播种,每公顷播种量7.5千克左右。以条播为主,行距30厘米,覆土深度1～1.5厘米。北方春旱地区,播种后应及时镇压。幼苗生长缓慢,易受杂草危害,必须及时中耕除草。当苗高10～15厘米时开始间苗定苗,株距15厘米。苗期需水量较少。但株高30～40厘米时生长迅速,需水较多应注意灌溉。每次刈割后要中耕松土,追肥浇水,以促进再生,追肥以氮肥为主。

图 2-15　籽粒苋

1　初花期植株上部　2. 雄花

3. 雌花

(四)营养价值及利用

饲用苋菜是一种营养好、产量高、抗逆性强、适应性广的饲用植物,其茎叶及籽粒都是优良饲料,其营养成分见表2-18。饲用苋菜的幼嫩茎叶蛋白质含量较高,蛋白质中的赖氨酸含量较高,可作蔬菜利用。可切碎或打浆后单喂,也可与精饲料混喂。还可制成青贮饲料。饲用苋菜种子营养价值也很高,蛋白质高于一般谷类作物，尤其是赖氨酸含量较高，比小麦、大麦、玉米高出1倍多。此外，苋菜的幼嫩茎叶还可作为蔬菜食用，苋籽可作为粮食加工成食品或食品添加剂。

2-18　饲用苋菜营养成分　［占风干物的百分率(%)］

类　别	水　分	粗蛋白质	粗脂肪	粗纤维	无氮浸出物	粗灰分
茎　叶	12.32	14.41	0.76	18.67	33.77	20.07
籽　实	8.35	15.95	6.12	3.78	62.18	3.62

二、其他牧草作物

我国面积广阔，适于人工栽培的牧草品种繁多，除上述介绍之外还有适于不同区域种植生产的豆科牧草诸如百脉根、胡枝子、草木樨、紫云英、柱花草等，禾本科牧草诸如雀脉属、冰草属、披碱草属、羊茅属、猫尾草属、鸭茅属、碱茅属等。另外，菊科牧草、蓼科牧草、藜科牧草等，都可以作为养牛生产的良好饲草，各地可因地制宜的选种，扩大养牛生产的草料供给。

第三章　牧草的加工调制与贮藏

第一节　牧草的喂前加工

一、切　碎

不论是青刈收获的新鲜牧草还是干制后的牧草，特别是植株高大的牧草，在喂前都应该进行铡切（图 3-1），以利于牛的采食。民谚“寸草切三刀，无料也上膘”即是此意。然而牧草喂牛并不建议粉碎，因为草粉对牛的采食量和消化并无帮助，而粉碎加工必然增加了成本费用。

二、去　杂

图 3-1　牧草的喂前铡切

牧草及农副产品，在收获加工过程中，难免混入一些对牛有害的杂物诸如土石碎块、塑料制品及铁丝、铁钉等。动物采食过多的杂物，会造成消化功能紊乱，特别是铁钉等锐器，会刺伤胃壁，导致网胃心包炎，危及生命。所以，在饲喂前一定要筛选、去杂。

三、去　毒

牧草幼苗期水分含量大，相对营养浓度低，不能满足牛的生长和生产需要，应对其水分进行适当调整后利用。特别是部分牧草如玉米、高粱、三叶草等的幼苗期不仅水分含量高，而且含有一定量的氰苷配糖体，直接饲喂，会导致氢氰酸中毒。对幼苗期的牧草应进行干制，脱水去毒后与其他牧草搭配喂牛。另外，作为蛋白质补充饲料的大豆饼含有抗胰蛋白酶、血细胞凝集素、皂角苷和脲酶，棉籽饼含有棉酚，菜籽饼含有芥子苷，对牛具有一定毒性，应进行去毒处理。

四、搭　配

各种牧草的营养成分不同，适口性也不一致，在利用过程中，应对适口性好的牧草（如紫花苜蓿、燕麦草等）和适口性偏差的牧草（如含有特定芳香味的蒿科牧草）以及质地粗硬的作物秸秆等多种牧草进行搭配饲用，以增进采食量。同时起到营养互补和平衡的作用，民谚“花草花料”喂牛即是此意。

五、碾　青

碾青俗称“染青”，是我国劳动人民在长期的养牛生产过程中创造的一种牧草加工利用方式。即将干制后的秸秆切碎后铺于打谷场上，厚度15～30厘米，其上铺同样厚的切碎的新鲜牧草。然后再覆盖一层秸秆，用畜力或机械带动石磙碾压，使青刈收获的新鲜牧草被压扁、汁液流出而被秸秆吸收。加工后的牧草在夏天经短时间的晾晒，即可贮存。碾青可较快地制成干草，减少营养素的损失使茎叶干燥速度一致，减少叶片脱落损失还可提高秸秆的适口性与营养价值，是有效利用牧草的加工方式。

第二节　青干草的调制技术

青干草是种草养牛，特别是草业产业化发展必备的加工、贮藏与利用技术。青干草的制作方法很多,各地应根据各自的特定条件因地制宜地选用。本书分自然干燥法和人工干燥法简介如下。

一、自然干燥法

自然干燥法不需要设备,操作简单。但劳动强度大,效率低,晒制的干草质量较差,且受天气影响大。为了便于晾晒,在实际生产中还要根据晾晒条件和天气情况适当调整收获期,适当提前或延后刈割,以避开雨季。

(一)田间晒制法

牧草刈割后,在原地或附近干燥地段摊开暴晒,每隔数小时加以翻晒,待水分降至40%～50%时,用搂草机械或手工搂成松散的草垄,也可集成0.5～1米高的草堆,保持草堆的松散通风。天气晴好可倒堆翻晒,天气恶劣时小草堆外面最好盖上塑料布以防雨水冲淋。直到水分降至17%以下即可贮藏。如果采用摊晒和捆晒相结合的方法,可以更好地防止叶片、花序和嫩枝的脱落。

(二)草架干燥法

草架可用树干或木棍搭成。也可以做成组合式三角形草架,架的大小可根据草的产量和场地而定。虽然花费一定的物力,但架上的青草能明显加快干燥速度,干草品质好。牧草刈割后在田间干燥0.5～1天,使其水分降至40%～50%时,把牧草自下而上逐渐堆放或打成直径15厘米左右的小捆,草的顶端朝里,并避免与地面接触吸潮,草层厚度不宜超过70～80厘米。上架后的牧草应堆成圆锥形或屋顶形,力求平顺。由于草架中部空虚,空气可以流通加快牧草水分散失、提高牧草的干燥速度,其营养损失比地面干燥法可减少5%～10%。

(三)发酵干燥法

由于此法干燥牧草营养物质损失较多,故只在连续阴雨天气的季节采用。将刈割的牧草在地面铺晒,使新鲜牧草凋萎,当水分减少至50%时，再分层堆积高3～6米，逐层压实，表层用塑料膜或土覆盖，使牧草迅速发热。待堆内温度上升至60℃～70℃，打开草堆，随着发酵产生热量的蒸散，可在短时间内风干或晒干，制得棕色干草，具酸香味。如遇阴雨天无法晾晒，可以堆放1～2个月，类似青贮原理。为防止发酵过度，每层牧草可撒青草重0.5%～1%的食盐。

二、人工干燥法

人工干燥法虽然投资较大，但干制的牧草营养损失小、品质好，是现代种草养牛以及草业商品化的主渠道。

(一)塑料大棚干燥法

把刈割后的牧草经初步晾晒后移动到塑料大棚里干燥，效果很好。具体做法是把大棚下部的塑料薄膜卷起30～50厘米，把晾晒后含水量40%～50%的牧草放到棚内的架子或地面上，利用大棚的采光增温效果使空气变热，从而达到干燥牧草的目的。这种方式受天气影响小，能够避免雨淋、养分损失少。

(二)常温鼓风干燥法

为了保存营养价值高的叶片、花序、嫩枝，减少干燥后期阳光暴晒对维生素等的破坏，把刈割后的牧草在田间就地晒干至水分达40%～50%时，再放置于设有通风道的干草棚内，用鼓风机、电风扇等吹风装置，进行常温吹风干燥。应用此方法调制干草时只要不受雨淋、渗水等危害，就能获得品质优良的青干草。

利用高速风力，将半干青草所含水分迅速风干，可以看成是晒制干草的一个补充过程，在美国潮湿多雨地区较常采用。通风干燥的青草，事先须在田间将草茎压扁并堆成垄行或小堆风干，使水分下降至35%～40%；然后，在草库内完成干燥过程，草库的顶棚及地面要求密不透风。为了便于排除湿气，库房内设置大的排气孔。干燥的主要设备包括电动鼓风机和一套安置在草库地面上的通风管道，半干的青草疏松地堆放在通风管道上部，厚度一般 3～5 米，自鼓风机送出的冷风或热风通过总管道输入草库内的分支管道，再自下而上通过草堆，即可将青草所含的水分带走。风速的控制要求保证草库内空气湿度不超过 70%～80%，如超过 90%则草堆的表面将变得很湿。通风干燥的干草，比田间晒制的干草含叶较多，颜色绿，胡萝卜素高出 3～4 倍。

（三）低温干燥法

此法采用加热的空气，将青草水分烘干。干燥温度如为 50℃～70℃，需 5～6 小时；如为 120℃～150℃，经 5～30 分钟完成干燥。未经切短的青草置于浅箱或传送带上，送入干燥室（炉）进行干燥。所用热源多为固体燃料。浅箱式干燥机每日生产干草 2 000～3 000 千克，传送带式干燥机每小时生产量 200～1 000 千克。

（四）高温快速干燥法

利用液体燃料或煤气加热的高温气流，可使青草含水量在数分钟甚至数秒钟内由 80%～90%降至 10%～12%。此法多用于工厂化生产草饼、草块。虽然有的烘干机内热空气温度可达到 1 100℃，但牧草的温度一般不超过 30℃～35℃，青草中的养分可以保存 90%～95%，消化率特别是蛋白质消化率并不降低。鲜草在含有可蒸发水分的件下，草温不会上升到危及消化率的程度，只有当已干的草继续处在高温下，才可能发生消化率降低和产品碳化的现象。

三、降低牧草干燥过程损失的方法与措施

干草调制过程的翻草、搂草、打捆、搬运等生产环节，对其营养物质的损失不可低估，而其中最主要的恰恰是富含营养物质的叶片损失最多。减少生产过程中的物理损失是调制优质干草的重要措施。

(一)减少晾晒损失

要尽量控制翻草次数。含水量高时适当多翻,含水量低时可以少翻。晾晒初期一般每天翻2次,半干草可少翻或不翻。翻草宜在早、晚湿度相对较大时进行,避免在一天中的高温时段翻动。

(二)减少搂草打捆损失

搂草打捆最好同步进行,以减少损失。目前,多采取人工1次打捆方式,把干草从草地运到贮存地、加工厂,再行打捆、粉碎或包装。为了作业方便,第一次打捆以15千克左右为宜,搂成的草堆应以此为标准,避免草堆过大、重新分捆造成落叶损失。搂草和打捆也要避开高温、干燥时段,应在早晚进行。

(三)减少运输损失

为了减少在运输过程中落叶损失,特别是豆科青干牧草,一定要打捆后搬运;打捆后可套纸袋或透气的编织袋,减少叶片遗失。

四、青干草的品质鉴定

(一)质量鉴定

1. 含水量及感官判定 青干草的最适含水量应为15%~17%,适于堆垛永久保藏。用手成束紧握时,发出沙沙响声和破裂声。草束反复折曲时易断,搓揉的草束能迅速、完全地散开,叶片干而卷曲。

青干草含水量为17%~19%也可以较好地保存。用手成束紧握时无干裂声,只有沙沙声。草束反复折曲不易断,搓揉的草束散开缓慢,叶片大多卷曲。

青干草含水量为19%~20%堆垛保藏时,会发热甚至起火。用手成束紧握时无清脆的响声,容易拧成紧实而柔韧的草辫,搓拧时不折断。

青干草含水量在23%以上时,不能堆垛保藏。揉搓时没有沙沙响声,多次折曲草束时折曲处有水珠,手插入草中有凉感。

2. 颜色、气味　绿色越深，营养物质损失越少、质量越好，并具有浓郁的芳香味。如果发黄，且有褐色斑点，无香味，列为劣等。如果发霉变质有臭味，则不能饲用。

3. 植物组成　在干草组成中，如豆科草的比例超过5%～10%时为上等，禾本科草和杂草占80%以上为中等，不可食杂草占10%～15%时为劣等，有毒有害草超过1%的不可饲用。

4. 叶量　叶量越多，说明青干草养分损失越少。植株叶片保留95%以上的为优等，叶片损失10%～15%的为中等，叶片损失15%以上时为劣等。

5. 含杂质量　干草中夹杂沙土、枯枝、树叶等杂质量越少，品质越好。

(二)综合感官评定分级

我国尚无统一标准，现就内蒙古自治区干草等级标准介绍如下。

一级：枝叶鲜绿或深绿色，叶及花序损失不到5%，含水量15%～17%，有浓郁的干草香味。但再生草调剂的优良干草，香味较淡。

二级：绿色，叶及花序损失不到10%，有香味，含水量15%～17%。

三级：叶色发黑，叶及花序损失不到15%，有干草香味，含水量15%～17%。

四级：茎叶发黄或发白、部分有褐色斑点，叶及花序损失大于15%，含水量15%～17%，香味较淡。

五级：发霉，有臭味，不能饲喂。

五、青干草的贮藏与管理

合理贮藏干草是调制干草过程中的一个重要环节。贮藏管理不当，不仅干草的营养物质要遭到重大损失，甚至发生草垛漏水霉烂、发热、引起火灾等严重事故，给养牛生产带来极大困难。

(一)青干草的贮藏方法

1. 露天堆垛贮藏 垛址应选择地势平坦干燥、排水良好的地方，同时要求离牛舍不宜太远。垛底应用石块、木头、秸秆等垫起铺平，高出地面40～50厘米，四周有排水沟。垛的形式一般采用圆形和长方形两种。无论哪种形式，其外形均应由下向上逐渐扩大，顶部又逐渐收缩成圆形，形成下狭、中大、上圆的形状。垛的大小可根据需要而定。

(1)长方形草垛 干草数量多，又较粗大，宜采用长方形草垛，这种垛形暴露面积少，养分损失相应地较轻。草垛方向，应与当地冬季主风方向平行。一般垛底宽3.5～4.5米，垛肩宽4～5米，顶高6～6.5米，长度视贮草量而定但一般不宜少于8米。堆垛的方法，应从两边开始往里一层一层地堆积，分层踩实，务使中间部分稍稍隆起，堆至肩高时，使全堆取平，然后往里收缩，最后堆积成45°倾斜的屋脊形草顶，使雨水顺利下流，不致渗入草垛内。

长方形草垛需草量大。如一次不能完成，也可从一端开始堆草，保持一定倾斜度。当堆到肩部高时，再从另一端开始，同样堆到肩高两边取齐后收顶。封顶时可用麦秸或杂草覆盖顶部，最后用草绳或泥土封压，以防大风吹刮。

(2)圆形草垛 干草数量不多，细小的草类宜采用圆垛。与长方形草垛相比，圆垛暴露面积大，遭受雨雪阳光侵袭面也大，养分损失相对较多。但在干草含水量较高的情况下，圆垛由于蒸发面积大，发生霉烂的危险性也较少。圆垛的大小一般底部直径3～4.5米，肩部直径为3.5～5.5米，顶高5～6.5米，堆垛时从四周开始，把边缘先堆齐，然后往中间填充，务使中间高出四周，并注意逐层压实踩紧。垛成后，再把四周乱草理平梳齐，便于雨水下流。

2. 草棚堆垛贮藏 气候潮湿或有条件的地方可建造简易干草棚，以防雨雪、潮湿和阳光直射。这种棚舍只需建一个防雨雪的顶棚，以及防潮的底垫即可。存放干草时，应使棚顶与干草保持一定距离，以便通风散热。草棚堆垛见图3-2。

图 3-2 棚内垛草

（二）防腐剂的使用

要使调制成的青干草达到合乎贮藏安全的指标（含水量17%以下），生产上是很困难的。为了防止干草在贮藏过程中因水分过高而发霉变质，可以使用防腐剂，应用较为普遍的有丙酸和丙酸盐、液态氨和氢氧化物（铵或钠）等。目前，丙酸应用较为普遍。液态氨不仅是一种有效的防腐剂，而且还能增加干草中氮的含量。氢氧化物处理干草不仅能防腐，而且能提高青干草的消化率。

（三）青干草贮藏应注意的事项

1. 防止垛顶漏雨 干草堆垛后2～3周内，一般会发生明显坍陷现象，必须及时铺平补好，并用秸秆等覆盖顶部，防止渗进雨水，造成全垛霉烂。盖草的厚度应达10～15厘米，应使秸秆的方向顺着流水的方向。如能加盖两层草苫则防雨能力更强。

草垛贮存期长，也可用草泥封顶，既可防雨又能压顶，缺点是取用不便。

2. 防止垛基受潮 干草堆垛时，最好选一地势较高地点作垛基。如牛舍附近无高台地，应该在平地上筑一堆积台。台高于地面35厘米，四周再挖35厘米左右深宽的排水沟，以免雨水浸渍草垛。不能把干草直接堆在土台上，垛基还必须用树枝、石块、乱木等垫高15厘米以上，避免土壤水分渗入草垛发生霉烂。

3. 防止干草过度发酵 干草堆垛后，营养物质继续发生变化。影响养分变化的主要因素是含水量，凡是含水量在17%以上的干草,植物体内的酶及外部的微生物仍在进行活动。适度的发酵可以使草垛紧实,并使干草产生特有的香味。但过度的发酵会产生高温,不仅无氮浸出物水解损失,蛋白质消化率也显著降低。干草水分下降至20%以下时堆垛,才不至于有发酵过度的危险。如果堆垛时干草水分超过20%,则垛内应留出通风道,或纵贯草垛,或横贯草垛,20米长的垛留两个横道即可。通风道用棚架支撑,高约3.5米,宽约1.25米。木架应扎牢固,防止草垛变形。

4. 防止草垛自燃 过湿的干草,贮存的前期主要是发酵而产生高温,后期则由于化学作用过程,产生挥发性易燃物质,一旦进入新鲜空气即引起燃烧。如无大量空气进入,则变为焦炭。

要防止草垛自燃,首先应避免含水量超过25%的湿草堆垛。要特别注意防止成捆的湿草混入垛内。过于幼嫩的青草经过日晒后表面上已干燥,实际上茎秆仍然很湿,混入这类草时,往往在垛内成为爆发燃烧的中心。其次要求堆垛时,在垛内不应留下大的空隙,使空气过多。如果在检查时已发现堆温上升至65℃,应立即穿洞降温。如穿洞后温度继续上升,则宜倒垛,否则会导致自燃。

5. 干草的压捆 散开的干草贮存愈久,品质愈差,且体积很大,不便运输,在有条件的地方可用捆草机压成30～50千克的草捆。用来压捆干草的含水量不得超过17%,压过的干草每立方米平均重350～400千克。压捆后可长久保持绿色和良好的气味,不易吸水。且便于运输、喂用,比较安全。

第三节 牧草青贮技术

青贮是利用微生物的发酵作用,长期保存青绿多汁牧草饲料的营养特性,扩大饲料来源的一种简单又经济的方法,是种草养牛生产最基本的饲草加工贮备与利用方法。青贮饲料,可保证长年均衡供给牛的青绿多汁饲料；在各种牧草饲料加工中营养物质损失少(一般不超过10%)，粗硬枯干的牧草也可在青贮过程中得到软化增加适口性，使消化率提高；在密封状态下可以长年保存，制作简便，成本低廉。

一、青贮饲料制作的意义

第一，有效地保存牧草原有的营养成分。牧草作物在收获期及时进行青贮加工保存，营养成分的损失一般不高于10%。特别是青贮加工可有效地保存饲料中的蛋白质和胡萝卜素。如甘薯藤、花生蔓等新鲜时藤蔓上叶片要比茎秆的养分高1～2倍，在调制干草时叶片容易脱落，而制作青贮饲料，富有养分的叶片全部可被保存下来，从而保证了饲料质量。同时，农作物在收获时期，尽管籽实已经成熟，而茎叶细胞仍在代谢之中，其呼吸继续进行，仍然存在大量的可溶性营养物质。通过青贮加工，创造厌氧环境，抑制呼吸过程，可使大量的可溶性养分保存下来，供动物利用，从而提高其饲用价值。

第二，青贮饲料适口性好、消化率高。青贮饲料经过微生物作用，产生具有芳香的酸味，适口性好，可刺激草食动物的食欲、消化液的分泌和肠道蠕动，从而增强消化功能。在青贮保存过程中，可使牧草粗硬的茎秆得到软化，可以提高动物的适口性，增加采食量，提高消化利用率。

第三，制作青贮饲料的原材料广泛。饲料玉米是制作青贮良好的原材料，同时其他禾本科作物如莜麦、燕麦都可以制作良好的青贮饲料，而荞麦、向日葵、菊芋、蒿草等也可以与禾本科混贮生产青贮饲料，因而取材极为广泛。特别是牛不喜食的牧草或作物秸秆，经过青贮发酵后，可以改变形态、质地和气味，变成动物喜食的饲料。在新鲜时有特殊气味的牧草、叶片容易脱落的牧草，制作干草时利用率很低，而把它们调制成青贮饲料，不但可以改变口味，而且可软化茎秆、增加可食部分的数量。制作青贮饲料是广开饲料资源的有效措施。

第四,青贮是保存饲料经济而安全的方法。制作青贮比制作干草占用的空间小。一般1立方米干草垛只能垛70千克左右的干草,而1立方米的青贮窖就能保存青贮饲料450～600千克、折合干草100～150千克。在贮藏过程中,青贮饲料不受风吹、雨淋、日晒等影响,亦不会发生火灾等事故,是贮备饲草经济、安全、高效的方法。

第五,制作青贮饲料可减少病虫害传播。青贮饲料的厌氧发酵过程可使原料中所含的病菌、虫卵和杂草种子失去活力,减少植物病虫害的传播以及杂草对农田的危害,有利于环境保护。

第六,青贮饲料可以长期保存。制作良好的青贮饲料,只要管理得当,可贮藏多年。因而制作青贮饲料,可以保证养牛生产一年四季均衡地供给优良的多汁饲料。

第七,调制青贮饲料受天时影响较小。在阴雨季节或天气不好时,干草制作困难,而对青贮加工则影响较小。只要按青贮条件要求严格掌握,就可制成优良的青贮饲料。

二、青贮饲料制作的技术要点

青贮是利用微生物的乳酸发酵作用,达到长期保存青绿多汁饲料的营养特性的一种方法。青贮过程的实质是将新鲜植物紧实的堆积在不透气的容器中,通过微生物(主要是乳酸菌)的厌氧发酵,使原料中的糖分转化为有机酸——主要是乳酸,当乳酸在青贮原料中积累到一定浓度时,就能抑制其他微生物的活动,并制止原料中养分被微生物分解破坏,从而将原料中的养分很好地保存下来。随着青贮发酵时间的进展,乳酸不断积累而使饲料中的酸度增强,乳酸菌自身亦受抑制而停止活动、发酵结束。由于青贮原理是在密闭并停止微生物活动的条件下贮存的,因此可以长期保存,甚至有几十年不变质的记录。因而在青贮制作过程中要注意以下几点。

(一)排除空气

乳酸菌是厌氧菌,只有在没有空气的条件下才能进行生长繁殖。如不排除空气,就没有乳酸菌存在的余地,而好气的霉菌、腐败菌会乘机孳生,导致青贮失败。因此在青贮过程中原料要切短(3 厘米以下)、压紧和密封严实,排除空气,创造厌氧环境,以控制好气菌的活动,促进乳酸菌发酵。

(二)创造适宜的温度

青贮原料温度在 25℃～35℃时,乳酸菌会大量繁殖,很快便占主导优势,致使其他一切杂菌都无法活动繁殖。若原料温度达50℃时,丁酸菌就会生长繁殖,使青贮饲料出现臭味、以至腐败。因此,除要尽量压实、排除空气外,还要尽可能地缩短铡草装料等制作过程,以减少原材料的氧化产热。

(三)控制好物料的水分含量

适于乳酸菌繁殖的含水量为 70%左右。过干不易压实,温度易升高;过湿则酸度大,动物不喜食。70%的含水量,相当于玉米植株下边有 3～5 片干叶;如果二茬玉米全株青贮,割后可以晾晒半天;青黄叶比例各半,只要设法压实,即可制作成功。而进行秸秆青贮,则秸秆含水量一般偏低,需要适当加入水分。判断水分含量的简易方法为:抓一把切碎的原料,用力紧握,指缝有水渗出,但不下滴为宜。

(四)原料的选择

乳酸菌发酵需要一定的可溶性糖分。原料含糖多的易贮,如玉米秸、瓜秧、青草等;含糖少的难贮,如豆科牧草、花生秧等。对含糖少的原料,可以和含糖多的原料混合贮。也可以添加 3%～5%的玉米面或麦麸等单贮。

(五)时间的确定

饲料作物青贮,应在作物籽实的乳熟期至蜡熟期进行,即兼顾生物产量和动物的消化利用率。玉米秸秆的收贮时间,一看籽实成熟程度,乳熟早、枯熟迟,蜡熟正适时;二看青黄叶比例,黄叶差、青叶好,各占一半就嫌老;三看生长天数,一般中熟品种 110 天就基本成熟,套播玉米在 9 月 10 日左右、麦后直播玉米在 9 月 20 日左右就应收割青贮。粮草兼用玉米秸秆进行青贮,则要掌握好时机。过早会影响籽实的产量,过晚又会使秸秆干枯老化、消化利用率降低,特别是可溶性糖分减少,影响青贮的质量。秸秆青贮应在作物籽实成熟后立即进行,而且越早越好。

三、青贮设施建设

适合我国农村制作青贮的建筑种类很多,主要有青贮窖(壕、池)、青贮塔以及青贮袋、草捆包裹青贮、地面堆贮等。青贮塔和袋式青贮以及草捆青贮一般造价高,而且需要专门的青贮加工和取用设备。地面青贮不易压实,工艺要求严格。而青贮窖造价较低,适于目前广大养殖场户采用。

(一)青贮窖(池、壕)

1. 窖址选择 青贮窖的建设地要选择地势较高、向阳、干燥、土质较坚实且便于存取的地方。切忌在低洼处或树阴下挖窖,还要避开交通要道、粪场、垃圾堆等。同时要求距离畜舍较近,以取用方便。并且四周应有一定的空地,便于贮运加工。

2. 窖形设计 根据地形和贮量及所用设备的效率等决定青贮窖的形状与大小。若设备效率高,每天用草量又大,则采用长方形窖为好;若饲养头数较少,可采用圆形窖。其大小视其所需存贮量而定。一般以长方形窖(图 3-3)较为实用。

3. 建筑形式 建筑形式分为地下窖、半地下窖和地上窖,主要是根据地下水位的高低、土壤质地和建筑材料、存贮与取用设备

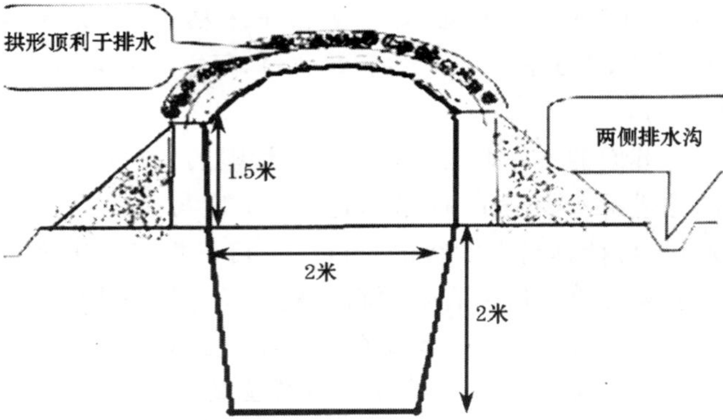

图 3-3　小型青贮窖建筑设计

而定。一般地下水位较低，可修地下窖，加工制作极为方便，但取用需上坡；地上窖耗材较多，密封难度较大；而半地下窖，适合多数地区使用。青贮窖建设见图 3-4。

4. 建筑要求　青贮窖应建成四壁光滑平坦、上大下小的倒梯形。小型窖一般要求深度大于宽度，宽度与深度之比以 1～1.5：2 为宜。要求不透气、不漏水，坚固牢实。窖底部应呈锅底形，与地下水位保持 50 厘米以上距离，四角圆滑。应用简易土窖，应夯实四周，并铺设塑料布。

图 3-4　青贮窖建设

5. 青贮的容重　青贮窖贮存容量与原料重量有关。各种青贮材料在容重上存在一定的差异(表 3-1)。青贮整株玉米，每立方米容重为 500～550 千克；青贮去穗玉米秸，每立方米容重为 450～500 千克；人工种植及野生青绿牧草，每立方米容重为 550～600 千克。

青贮窖截面的大小取决于每日需要饲喂的青贮量。通常以每日取料的挖进量不少于 15 厘米为宜。在宽度与深度确定后，根据需要青贮量，可计算出青贮窖的长度。也可根据青贮窖容积和青贮原料的容重计算出所需青贮原料的重量。计算公式如下：

窖长(米)＝计划制作青贮量(千克)÷{[上口宽(米)＋下底宽(米)] ÷2×深度(米)×每立方米原料的重量(千克)}

亦即：窖长(米)＝计划制作青贮量(千克)÷[平均窖宽(米)×深度(米)×每立方米原料的重量(千克)]

圆形青贮窖容积(米^3)＝3.14×青贮窖半径(米)×青贮窖半径(米)×窖深(米)

长方形窖容积(米^3)＝平均窖宽(米)×窖深(米)×窖长(米)

表 3-1　几种青(黄)贮原料的容重　(千克)

项　目	铡切细碎的		铡切较粗的	
	存贮时	取用时	存贮时	取用时
叶菜与根茎	600～700	800～900	550～650	750—850
藤蔓类	500～600	700～800	450～550	650～750
玉米整株	500～550	550～650	450～500	500～600
玉米秸秆	450～500	500～600	400～450	450～550

(二)青 贮 塔

青贮塔是现代规模养殖场利用钢筋水泥砌制而成的永久性青贮建筑物。一次性投资大，但占地少，使用期长，且制作的青贮饲料养分损失小，适用于规模青贮，便于机械化操作。青贮塔呈圆筒形，上部有锥顶盖，防止雨水淋入。塔的大小视青贮用料量而定，一般内径3～6米，塔高10～14米。塔的四壁要根据塔的高度设2～4道钢筋混凝土圈梁，四壁墙厚度为36～24～18厘米，由下往上分段缩减，但内径平直，内壁用厚2厘米水泥抹光。塔一侧每隔2米高开1个0.6米×0.6米的窗口，装时关闭，取空时敞开，原料全部由顶部装入。装料与取用都需要专用的机械作业。青贮塔见图3-5。

(三)地面堆贮

这是最为简便的方法，选择干燥、平坦的地方，最好是水泥地面。四围用塑料薄膜盖严，也可以在四周垒上临时矮墙，铺一塑料薄膜后再装填青贮料。一般堆高1.5～2米，宽1.5～2米，堆长3～5米。顶部用泥土或重物压紧。地面堆贮多用于临时贮草，贮量也可大可小，比较灵活，但需要机械镇压和严实密封。制作技术要求严格。地面堆贮见图3-6。

图3-5　青贮塔

图3-6　地面堆贮(取用期)

(四)塑料袋贮

这种方法比较灵活，是目前国内外正在推行的一种方法。小型青贮袋能容纳几百千克。大的长100米，容纳量为数百吨。我国尚未有这种大袋，但有长、宽各1米、高2.5米的塑料袋，可装750～1 000千克玉米青贮。一个成品塑料袋能使用2年，在这期间内可反复使用多次。塑料袋的厚度最好在

1毫米以上，袋边袋角要封黏牢固，袋内青贮沉积后，应重新扎紧。如果塑料袋是透明膜应遮光存放，并避开畜禽和锐利器具，以防塑料袋被咬破、划破等。塑料袋青贮，不需要永久性建筑。但大型塑料袋青贮需要配备专用青贮加工设备。塑料袋青贮见图3-7。

图3-7 塑料袋青贮

四、青贮饲料的制作技术

（一）贮前的准备

1. 设施准备 选择或建造相应容量的青贮容器。若用旧窖（壕），则应事先进行清扫、补平。

2. 机械准备 备齐铡草机、碾压机械、收割装运机械等，装好电源，并准备好密封用塑料布等。

（二）制作步骤与方法

要制作良好的青（黄）贮饲料，必须切实掌握好收割、运输、铡短、装实、封严等环节以及做到随收、随运、随切、随装窖。有条件的养殖场可采用青贮联合收割机，收获、铡切一步完成。

1. 原料适时刈割收获 青贮原料过早刈割，水分多，不易贮存；过晚刈割，营养价值降低。收获玉米后的玉米秸应尽快青贮，不应长期放置。一般收割宁早勿迟。几种常用青贮原料适宜收割期见表3-2。含水量超过70%时，应将原料适当晾晒至含水60%～70%时加工。

表 3-2　常用青贮原料适宜收割期

青贮原料种类	收获适期	含水量(%)
全株玉米(带果穗)	乳熟后期	65
收玉米后秸秆	籽粒成熟后立即收割	50～60
豆科牧草及野草	现蕾期至初花期	70～80
禾本科牧草	孕穗至抽穗期	70～80
甘薯藤	霜前或收薯前 1～2 天	86
马铃薯茎叶	收薯前 1～2 天	80

2. 运输、切碎　如果具备联合收割机最好在田间进行青贮原料的切铡，再由翻斗车拉到青贮窖，直接装窖青贮，可以提高青贮质量。中小型牛场常在窖边边铡边贮。应在短时间内将青贮原料收到青贮地点，不要长时间在阳光下暴晒。切短的长度，细茎牧草以 7～8 厘米为宜，而玉米等较粗的作物秸秆最好不要超过 3 厘米。青贮铡切加工见图 3-8。

3. 装窖与压紧　装窖前在窖的底部和四周铺上塑料布防止漏水透气。将青贮饲料逐层装入，每层 15～20 厘米，装一层，踩实一层，边装边踩实。大型窖可用拖拉机镇压，装入一层，碾压一层，直至高出窖口 0.5～1 米。秸秆黄贮在装填过程中要注意调整原料的水分含量。装填选择晴好的天气进行，尽量一窖当天装完，一般不得超过 2～3 天，以防止变质和雨淋。青贮塔青贮可适当延长，但越快越好(图 3-9)。

图 3-8　青贮铡切加工

图 3-9　大型窖采用机械镇压，小型窖脚踩压实

4. 密封严实　青贮原料装满(一般应高出窖口 50～100 厘米)以后，上面要用厚塑料布封顶，四周要封严，防止漏气和雨水渗入。在塑料布的外面用 10 厘米左右的泥土压实。同时，要经常检查，如发现下沉、裂缝，要及时加土填实(图 3-10)。

图 3-10　地面堆贮(发酵贮存期)

青贮塔青贮。把铡短的原料迅速用机械送入塔内，利用物料自然沉降将其压实。

地面堆贮。先按设计好的堆形用木板隔挡四周，地面铺 10 厘米厚的湿麦秸，然后将铡短的青贮原料装入，并随时踏实。达到要求高度、制作完成后，拆去围板。

塑料袋青贮。用专用机械将青贮原料切短，喷入(或装入)塑料袋，排尽空气并压紧后扎口即可。如无抽气机，应装填紧密，加重物压紧。

5. 整修与管护　青贮原料装填完后，应立即封埋。窖顶做成隆凸圆顶，四周挖排水沟。封顶后2～3天，在下陷处填土覆盖，使其紧实隆凸。

五、特殊青贮饲料的制作

(一)苜蓿青贮制作技术

制作青贮，可以减少苜蓿在田间的脱水时间，减少了对气象条件的依赖；同时也降低了苜蓿在刈割后的植物呼吸、细胞氧化等在收获期的营养损失；可以在其生育早期即养分含量最高的时期收获，也便于草地管理。要制作pH为4～4.5、具有酸甜香味、而不发黑（热害）和腐败的优质青贮饲料，可采用接种青贮的方法进行生产。

1. 调整水分含量　青贮苜蓿原料的水分含量，可根据青贮设备的不同而异。采用青贮窖、地面堆贮等进行青贮，原料苜蓿的水分含量应控制在60%～70%；采用青贮塔青贮时，原料苜蓿的水分含量应掌握在50%～65%，以减少渗出损失；苜蓿在限氧建筑物内青贮时，含水量应控制在40%～50%；青贮原料水分含量小于40%时，可使热危害的可能性降低到最低限度。

2. 加快发酵进程　苜蓿在收获切割后，尽快调整好水分含量，进行青贮的填窖装塔。尤其是不能在收运车上停留时间过长。在收运车上停留，将会因植物细胞呼吸导致苜蓿中碳水化合物氧化而降低质量，同时下层发热，使乳酸菌活性降低。

3. 青贮接种　苜蓿青贮的接种剂可以是活的微生物，也可以是酶制剂。接种可以促进青贮料的发酵进程。尤其是对自然乳酸发酵菌群数量偏低而作物碳水化合物保存良好的青贮原料进行接种是有益的。在苜蓿原料的干燥时间不超过48小时实施接种青贮是有很大益处的。活菌制剂必须在低温下保存，否则会降低活性甚至失活。要重视青贮接种剂的合理贮藏，保存其活力。接种量，一般要求提供青贮原料每克大于10万个乳酸菌（如乳酸杆菌属)群单位。为确保接种有效,菌种必须均匀地接入青贮原料之中。干粉制剂可通过切割接入,而液剂则通过喷洒接种。

4. 切段长度 青贮苜蓿原料的切割长度,可选用其理论切割长度为1厘米的青贮切割机,同时掺入15%～20%(以干物质为基础)3.8厘米长的草段,是理想的切割长度。较短的草节,便于堆存青贮,可以排出较多的空气,利于青贮发酵,但切割投资费用较高。另外,如果切割得太短,则会减少牧草中的有效纤维素的含量。要选用适当的机械进行切割加工。

奶牛日粮中纤维素的一定长度是维持反刍动物瘤胃机能正常、刺激反刍和咀嚼所必需的。因而,青贮原料的切碎程度并非越短越好。研究表明,奶牛每天需要550～600分钟的咀嚼时间(采食和反刍),1厘米长的草段,既可维持奶牛瘤胃的正常功能,同时也满足了青贮要求的堆积踏实的条件,保证了青贮制作过程的正常发酵,是理想的青贮切割长度。

(二)半干青贮制作技术

半干青贮的调制方法与一般青贮的主要区别是青贮原料刈割后不立即铡碎,而要在田间晾晒至半干状态。晴朗的天气一般晾晒24～55小时,即可达到45%～55%的含水量。有经验者可凭感官估测,如苜蓿青草当晾晒至叶片卷缩至筒状、小枝变软不易折断时其水分含量约为50%。当青贮原料已达到所要求的含水量时即可青贮。其青贮方法、步骤与一般青贮相同。但由于半干青贮原料含水量低,所以原料要铡得更细碎,压得应更紧实,封埋得应更严实、更及时。一定要做到连续作业,必须保证青贮高度密封的厌氧条件,才能获得成功。

半干青贮料制作的基本原理是,原料含水少,造成对微生物的生理干燥。青饲料刈割后,经风干至水分含量为45%～50%时,植物细胞的渗透压达55～60个气压。这样的风干植物对腐败细菌、酪酸菌以至乳酸菌,均造成生理干燥状态,使其生长繁殖受到限制。因此，在青贮过程中，微生物发酵微弱，蛋白质不被分解，有机酸形成数量少。虽然霉菌在风干植物体上仍可大量繁殖，但在切短镇压紧实的青贮厌氧条件下，其活动亦很快停止。

苜蓿蛋白质含量高，作为乳酸菌发酵基质的可溶性糖分相对不足，制作青贮的条件要求严格，因而可制作半干青贮又称低水分青贮。

苜蓿刈割后首先在田间晾晒至半干状态，晴朗的天气约 24 小时、一般不超过 36 小时，使水分迅速降到 55%～45%，然后进行铡切、装窖、镇压、密封保存。含水量的感官评定要凭经验。参照的标准为：当苜蓿晾晒至叶片卷缩、出现筒状、未脱落，同时小枝变软不易折断时，水分一般为 50%左右。

半干青贮主要优点：①扩大了制作青贮原料的范围，一些原来被认为难以青贮的豆科植物，均可调制成优良的半干青贮料；②与制作干草相比，制半干青贮的优点是叶片损失少（指豆科），不易受雨淋影响，一般在收割期多雨的地区推广半干青贮；③与一般青贮相比，半干青贮由于水分含量低，发酵过程缓慢微弱，可抑制蛋白质的分解，气味芳香，酸味不浓，丁酸含量少，适口性好，采食量大。

缺点是制作半干青贮技术要求严格。如果密封较差，则比一般青贮更易变坏。

（三）拉伸膜青贮

这是草地就地青贮的最新技术，全部用机械化作业。操作程序为：

割草→打捆→出草捆→缠绕拉伸膜

其优点主要是不受天气变化影响，保存时间长（一般可存放 3～5 年），使用方便。缺点是需要专用机械操作，拉伸膜等投资也较大（图 3-11）。

图 3-11　拉伸膜青贮

六、青贮饲料添加剂

为了提高青贮饲料的品质，可在制作青贮饲料的调制过程中，加入青贮饲料添加剂。用以促进有益菌发酵或者抑制有害微生物，常用的青贮饲料添加剂有微生物类、酸类防腐剂以及营养物质等。青贮饲料添加剂的应用，显著地提高了青贮特别是黄贮效果，明显地改进了黄贮饲料的品质，但同时也增加了成本。因而建议在技术人员的指导下，根据实际需要，有针对性地采用不同的青贮添加剂及其应用方法，以切实有效地利用青贮添加剂，获取更大的经济效益。

（一）微生物青贮饲料添加剂

青贮饲料能否调制成功，在很大程度上取决于原料中乳酸菌能否迅速而大量地增殖（发酵）。这一过程之所以能得以正常进行，首先是作物的茎叶表面必须有一定的乳酸菌群，这是不言而喻的。一般青绿作物叶面上天然地存在着大量的微生物，既有有益菌群（乳酸菌等），也有有害微生物。而通常认为有害微生物与有益微生物的数量之比为 10∶1。正常青贮加工过程中，我们并不加入任何添加剂，而且能够取得成功，是由于人为地创造了乳酸菌群发酵适宜的环境条件、即厌氧环境和适宜的水分含量。因而，研究认为，青贮制作的生物化学过程，若任其自然，便会由于有害微生物的作用，使青贮原料中的营养物质损失过多，尤其是在有相当空气存在的青贮调制过程的初期。因此，采用人工加入乳酸菌种的方法，使青贮原材料中的乳酸菌群在数量上占到优势，加快发酵过程，迅速产生大量的乳酸，尽快降低原材料的 pH，从而抑制有害菌的活动。乳酸菌的不同菌株，在显微镜下看起来十分相似，但其生物化学能力，却有很大不同。而且特定的菌株，只有在特定的 pH 下才具有活力。因而，筛选、培养最适合需要的菌株，作为青贮添加剂，添加于青贮原料中，具有一定的应用价值。一般添加量为每吨青贮原料加乳酸培养物 0.5 升或乳酸剂 450 克。

(二)酶制剂类青贮饲料添加剂

酶制剂(淀粉酶、纤维素酶、半纤维酶等)可使青贮料中的部分多糖水解成单糖，有利于乳酸发酵，不仅能增加发酵糖的含量，而且能改善饲料的消化率。豆科牧草青贮，按青贮原料的 0.25%添加酶制剂，如果酶制剂添加量增加至 0.5%，青贮原料中含糖量可高达 2.48%，可有效地保证乳酸生产。

乳酸菌发酵需要一定浓度的可溶性糖分作为其营养物质，即通过糖的发酵产生乳酸。一般认为，制作青贮的原材料中应含有不低于 2%的可溶性糖分。如果原材料中可溶性糖分含量不足 2%时，就有必要加入一些可溶性糖(如糖蜜等)。当然，除直接加入可溶性糖外，也可加入一些淀粉和淀粉酶，淀粉酶能促使原材料中的淀粉水解为糖，供乳酸菌利用。淀粉酶的种类较多，每一种淀粉酶只有在一定的 pH 范围内方具有最大活性。因而并非只加入一种淀粉酶，而是多种淀粉酶的组合。因而，只有同时加入有益菌群、可溶性糖分或淀粉和淀粉酶，并创造较好的厌氧环境，可使青贮的发酵过程变成一种快捷、低温的科学模式，不仅可以保证制作成功，而且取用饲喂时，稳定性也好。

(三)酸类青贮饲料添加剂

酸类青贮饲料添加剂是应用较早一类青贮饲料添加剂。应用原理是直接加入无机酸或有机酸类物质,直接降低青贮原材料的pH,用以抑制有害菌的活动,减少营养物质的损失量。这类青贮添加剂早在1885年就开始使用。最初多使用无机酸如硫酸、盐酸等,后来演变为有机酸如甲酸、丙酸等。加酸后,青贮材料迅速下沉,易于压实,作物细胞的呼吸作用很快停止,有害微生物的活动迅速得到控制,减少了青贮制作过程早期的发热和营养损失,有利于青贮饲料的保存,不失为一种简单而有效的技术措施。

然而,直接加入酸类物质,固然简便易行。但直接加入酸类物质后,增加了青贮原材料渗液的可能性,也加大了动物采食后酸中毒的可能性,需要采取相应的补救措施。如降低青贮原材料的含水量,以防止渗液发生。饲喂时添加少量的氢氧化钙、碳酸钙或小苏打,用以中和酸性。另外,加酸还有一个缺点,那就是酸对人和机械都有一定的腐蚀性,操作时,应有一定的防护措施。

一般认为各类酸的加入量为:①甲酸,在禾本科牧草添加0.3%,豆科牧草添加0.5%,一般不用于玉米青贮;②苯甲酸,一般按青贮原料的0.3%添加,通常需用乙醇溶解后添加;③丙酸,按青贮原料的0.5%～1%添加,对二次发酵有良好的预防作用。

(四)防腐剂类青贮饲料添加剂

常用的防腐类青贮添加剂主要有亚硝酸钠、硝酸钠、甲酸钠以及甲醛等。防腐类青贮饲料添加剂并不改善发酵过程,但对防止青贮饲料的变质具有一定的效果。

部分防腐剂如亚硝酸盐,具有一定的毒性,要权衡利弊,只有确实必要时,方可利用,一般不建议应用。

据报道,有些植物组织如落叶松针叶等,含有植物杀菌素,有较好的防腐效果,又没有毒性,可因地制宜地发掘使用。

另外,甲醛(其35%～40%水溶液称为福尔马林)不仅具有较好的防腐作用，还可以保护饲料蛋白质在反刍动物瘤胃内免受降解，增加青贮饲料蛋白质的过瘤胃率，被认为是一种有价值的青贮饲料防腐添加剂。甲醛作为青贮饲料的防腐添加剂，一般用量为0.3%～1.5%，可与甲酸合用。

（五）营养性青贮饲料添加剂

针对制作青贮饲料原材料中营养素的丰缺，以补充青贮饲料中某些营养成分的不足、起营养平衡作用的一类添加剂称为营养性青贮饲料添加剂。部分青贮饲料营养添加剂同时具有改善青贮发酵过程的功用。

青贮饲料虽然是一种良好的反刍动物粗饲料，但某些营养成分含量与动物的营养需要相比仍有相当的差距。以饲养奶牛为例，大部分青贮饲料，除与豆科作物混合青贮外，粗蛋白质的含量均不能满足营养需要，钙、磷含量不足，其他营养成分也有类似现象。因此，有必要向青贮饲料中添加某些营养成分，使其营养成分趋于平衡是必要的。常用的营养性青贮饲料添加剂主要有如下几种：

1. 非蛋白氮素　在青贮饲料中加入非蛋白氮素如尿素、双缩脲等，能够在青贮的发酵过程中为微生物蛋白质的合成提供氮素，起到蛋白质的补充作用。这类添加剂多采用以尿素为主的农用氮肥，来源广泛，价格相对较低，而蛋白当量高、经济实用。

尿素和磷酸脲是最常用的氮素添加剂，可以直接饲喂，也可以加入青贮饲料中。尿素在反刍动物瘤胃内分解出氨，而后会由瘤胃中的细菌合成菌体蛋白质，最终被动物利用。据资料介绍，美国每年用作饲料的尿素超过100万吨，相当于600万吨豆饼所提供的氮素(图3-12)。这样大量的饼类蛋白质饲料，就可以省下来饲喂单胃动物。

尿素作为青贮饲料添加剂利用，一般认为安全可靠、经济实用。通常在制作青贮饲料时，按青贮原料重量加入0.3%～0.5%的尿素，青贮饲料的蛋白质含量相应提高4%(以干物质计算)。玉米青

图 3-12 添加非蛋白氮(尿素)青贮

贮添加 0.5% 尿素后,粗蛋白质含量可由原来的 6.5% 提高至 11.7%,可大体满足育成牛的蛋白质需要。在青贮料原料中添加 0.35～0.4 的磷酸脲,不仅增加了青贮原料中的氮、磷含量,并可使青贮原料的 pH 快速达到 4.2～4.5,有效保存青贮原料中的养分。

2. 碳水化合物 为乳酸菌发酵提供能源,促进青贮饲料的发酵进程,用以充分保护青贮原料中的营养成分。常用的主要是糖蜜、谷实类以及淀粉和淀粉酶。这类添加剂本身就是一种营养物质,同时具有改善青贮饲料发酵过程的功用,因而应用比较广泛。

糖蜜是制糖工业的副产品,其一般加入量为禾本科青贮原料 4%、豆科青贮原料 6%。

谷实类一般含有 50%～55% 的淀粉以及 2%～3% 的可发酵糖。淀粉不能直接被乳酸菌利用,但在淀粉酶的作用下水解为糖可为乳酸菌利用。例如,大麦粉在青贮过程中,可产生相当于自身重量 30% 的乳酸,每吨青贮饲料中可加入 30～50 千克大麦粉。

玉米粉在青贮过程中,经淀粉酶的作用,同样产生大量的可溶性糖粉,为乳酸菌发酵提供能源,具有维护乳酸菌发酵之功能。

一般来说,青绿的禾本科青贮原材料中含有足够的可溶性糖分以及乳酸菌群,通常情况下,并不建议采用青贮饲料添加剂。只要严格制作过程，就完全可以生产出优质的青贮饲料。而农区大多是利用收获籽实后的农作物秸秆，生产青贮饲料（或称黄贮饲料），由于作物茎叶的老化，特别是其中的可溶性糖分含量减少，为确保青贮饲料制作成功，建议根据作物秸秆的老化程度，适量加入碳水化合物类添加剂。

3. 矿物质类　该类青贮饲料添加剂，主要是指一些动物生长和生产所必需的矿物质盐类。如石灰石、食盐以及微量元素类（图3-13）。

图 3-13　青贮营养盐添加剂

青贮原料中添加石灰石，不但可以补充钙源，而且可以缓和饲料的酸度。每吨青贮原料中碳酸钙的一般加入量为 2.5～3.5 千克。

添加食盐可以提高渗透压。丁酸菌对较高渗透压非常敏感，而乳酸菌则较为迟钝。青贮原料中添加2%～3%的食盐，可使乳酸含量增加、醋酸减少、丁酸更少。从而使青贮饲料品质改善，适口性增强。

可用作青贮饲料添加剂的其他矿物质类及其在每吨青贮饲料中的加入量通常为：硫酸铜 2.5 克，硫酸锰 5 克，硫酸锌 2 克，氯化钴 1 克，碘化钾 0.1 克。

值得强调的是，青贮饲料添加剂多种多样，尽管每一种青贮饲料添加剂都有在特定条件下应用的理由。然而，并不能由此得出结论：只有使用青贮饲料添加剂，青贮才能获得成功。事实上，只要严格操作规程，满足青贮饲料制作所需的条件，即可制作出优质的青贮饲料。通常情况下，无须使用添加剂。是否使用青贮添加剂，主要取决于用于制作青贮饲料的作物是否容易调制青贮。简单地用一个指标来衡量，那就是作物本身所含的可发酵糖与蛋白质的比值。不同作物的这一比值不同，列于表3-3，供生产中参考。

表3-3 不同青贮作物所含可发酵糖分与蛋白质的比值

青贮作物种类	紫花苜蓿	三叶草	禾本科牧草	甜菜叶	乳熟玉米
糖分与蛋白质的比值	0.2～0.3	0.3	0.3～1.3	0.7～0.9	1.5～1.7

需要说明的是，同一作物在不同生长阶段或季节，可发酵糖和蛋白质的含量不同，这一比值也发生变化。一般而言，这一比值越高越容易制作青贮。若比值大于0.8，作物含水量在70%左右，就没有必要使用添加剂来促进发酵。

七、青贮饲料的品质评定

青（黄）贮饲料的品质评定分感官鉴定和实验室鉴定，实验室鉴定需要一定的仪器设备。除特殊情况外，一般只进行感官鉴定，即从色、香、味和质地等几个方面评定青（黄）贮饲料的品质。

（一）颜　色

因原料与调制方法不同而有差异。青（黄）贮料的颜色越近似于原料颜色，质量越好。品质良好的青贮饲料颜色呈黄绿色、黄褐色，褐绿色次之，褐色或黑色为劣等。

（二）气　味

正常青贮饲料有一种酸香味，以略带水果香味为佳。凡有刺鼻的酸味，则表示含醋酸较多，品质次之；霉烂腐败并带有丁酸（臭）味者为劣等，不宜饲用。换言之，酸而喜闻者为上等，酸而刺鼻者为中等，臭而难闻者为劣等。

（三）质　地

品质良好的青贮饲料，在窖里非常紧实，拿到手里却松散柔软，略带潮湿，不黏手，茎、叶、花仍能辨认清楚。若结成一团发黏、分不清原有结构或过于干硬，均为劣等青贮饲料。

总之，制作良好的青贮饲料，应该是色、香、味和质地俱佳，即颜色黄绿、柔软多汁、气味酸香，适口性好。玉米秸秆青贮则带有很浓的酒香味。玉米青贮饲料质量鉴定等级列于表 3-4。

表 3-4 玉米青贮饲料品质鉴定指标

等级	色泽	酸度	气味	质地	结构	饲用建议
上等	黄绿色、绿色	酸味较多	芳香味浓厚	柔软稍湿润	茎叶分离、原结构明显	大量饲用
中等	黄褐色、墨绿色	酸味中等	略有芳香味	柔软而过湿或干燥	茎叶分离困难、原结构不明显	安全饲用
下等	黑色、褐色	酸味较少	具有醋酸臭味	干燥或呈黏结块	茎叶黏结、具有污染	选择饲用

随着市场经济的发展，青贮饲料逐步走向商品化，在市场交易过程中，其品质与价格正相关，对其品质评定要求数量化，因而农业部制定了青贮饲料品质综合评定的百分标准，列于表 3-5。

表 3-5 青贮玉米秸秆质量评分标准

项目	pH	水分	气味	色泽	质地
总分值	25	20	25	20	10
优等 72～100	3.4(25) 3.5(23) 3.6(21) 3.7(19) 3.8(18)	70%(20) 71%(19) 72%(18) 73%(17) 74%(16) 75%(14)	苷酸香味 (25～18)	黄亮色 (20～14)	松散、微软、不黏手 (10～8)
良好 39～67	3.9(17) 4.0(14) 4.1(10)	76%(13) 77%(12) 78%(11) 79%(10) 80%(8)	淡酸味 (17～9)	褐黄色 (13～8)	中间 (7～4)

续表 3-5

项目	pH	水分	气味	色泽	质地
一般 31～5	4.2(8)4.3(7) 4.4(5)4.5(4) 4.6(3)4.7(1)	81%(7) 82%(6) 83%(5) 84%(3) 85%(1)	刺鼻酒酸味 (6～1)	中间 (7～1)	略带黏性 (3～1)
劣等 0	4.8(0)	85%以上(0)	腐败味、 霉烂味(0)	暗褐色(0)	发黏结块 (0)

优质青贮秸秆饲料应是颜色黄、暗绿或褐黄色，柔软多汁、表面无黏液、气味酸香、果酸或酒香味，适口性好。青贮饲料表层如果发生腐败、霉烂、发黏、结块等变质，为劣质青贮饲料，应及时取出废弃，以免引起家畜中毒或其他疾病。

八、青贮饲料的利用

(一)取　用

青贮饲料装窖密封，一般经过6～7周的发酵过程，便可开窖取用饲喂。如果暂时不需用，则不要开封，什么时候用什么时候开。取用时，应以“暴露面最少以及尽量少搅动”为原则。长方形青贮窖只能打开一头，要分段开窖，逐层取用。取料后要盖好，以防止日晒、雨淋和二次发酵，避免养分流失、质量下降或发霉变质。发霉、发黏、发黑及结块的不能饲用(图 3-14)。

图 3-14　青贮饲料的取用

青贮饲料在空气中容易变质，一般要求随用随取，一经取出，便尽快饲喂。

(二)喂 量

青贮饲料的用量,应视动物的种类、年龄、用途和青贮饲料的质量而定。除高产奶牛外,一般情况可作为唯一的粗饲料使用。开始饲喂青贮饲料时,要由少到多,逐渐增加,给动物一个适应过程。习惯后,再逐渐增加喂量。通常日喂量为成母牛 20～30 千克、育成牛 10～20 千克。青贮饲料具有轻泻性,妊娠母牛可适当减少喂量。饲喂青贮饲料后,要将饲槽打扫干净,以免残留物产生异味。

(三)注意事项

青贮饲料具有特定的气味,因而饲喂奶牛时应注意以下几点:①不要在牛舍内存放青贮饲料,每次饲喂量也不宜过多,使奶牛能够尽快吃完为原则。②有条件的奶牛场,采用挤奶厅挤奶,挤奶与饲喂分开进行。避免青贮饲料气味对乳品的影响。必须在牛舍挤奶的养殖场,可在挤完奶后饲喂青贮饲料。③定期打扫牛舍,保持舍内清洁卫生;加强通风换气,减少舍内的青贮气味。④饲用青贮饲料,要求每次饲喂后,都应打扫饲槽。特别是夏季,气温较高,饲槽中若有剩余的青贮料,会霉变,产生异味,影响舍内环境和动物健康。⑤保持挤奶设备以及饲喂用具的清洁。挤出的牛奶应立即进行冷却。

另外,青贮饲料的营养成分,取决于青贮作物的种类、收获期以及存贮方式等多种因素。青贮饲料的营养差异很大。一般青贮玉米的钙、磷含量不能满足育成牛的需要,应适当补充。而与豆科牧草特别是紫花苜蓿混贮,钙、磷基本可以满足。秸秆黄贮,营养成分含量较低,需要适当搭配其他饲料成分,以维护牛群健康以及满足其生长和生产需要。

第四节 农作物秸秆饲料加工利用技术

在种草养牛生产中，农作物秸秆的利用是饲草资源的有效补充，也是降低生产成本有效措施。而农作物秸秆质地粗硬，适口性差，营养成分含量低，必须进行科学的加工调制，以提高其饲用效果。氨化处理以及微贮技术是提高秸秆饲料饲用价值的有效方法和途径。

一、秸秆氨化技术

秸秆氨化的主要作用在于破坏秸秆类粗饲料纤维素与木质素之间的紧密结合，使纤维素与木质素分离，达到被草食动物消化吸收的目的。同时，氨化可有效地增加秸秆饲料的粗蛋白质含量。实践证明，秸秆类粗饲料氨化后消化率可提高20%左右，采食量也相应提高20%左右。氨化后秸秆的粗蛋白质含量提高1～1.5倍，其适口性和牛的采食速度也会得到改善和提高，总营养价值可提高1倍以上、达到0.25～0.4个饲料单位。因而氨化处理可以作为养牛生产中粗饲料的主要加工形式。

(一)氨化饲料的适宜氨源及其用量

实践中氨化处理秸秆的主要氨化剂有液氨、氨水、碳铵和尿素等。硝铵不能作氨化剂，因硝酸在瘤胃微生物的作用下，会产生亚硝酸盐，导致家畜中毒。各种氨化剂的含氮量不同，因而使用量不同(表3-6)。在氨化前首先要根据氨化秸秆的数量，准备适量的氨化剂。

用尿素作氨化剂时，先将尿素溶于少量的温水中，再将尿素溶液倒入用于调整秸秆含水量的水中，然后再均匀地喷洒到秸秆上。这样既可使秸秆氨化均匀，又可避免局部尿素含量偏高所造成的尿素中毒。

表 3-6　氨化秸秆的氨化剂及用量

氨化剂	尿素 $CO(NH_2)_2$	氨水(NH_3-H_2O)浓度(%)				液氨 (NH_3)	碳铵 (NH_4HCO_3)
		25	22.5	20	17.5		
用量(占风干重%)	3～5	12	13	15	17	3～5	4～6

用氨水作氨化剂时，盛放氨水必须有专门的容器(设备)。运输时要使用专用运输车，以防发生意外。氨水的用量因浓度变化而不同，所以购买氨水时要根据氨化秸秆的数量和氨水的浓度确定购买量。氨化时，要将氨水中所含的水计入秸秆氨化时的适宜含水量之中。如氨化 100 千克小麦秸，需加 25%的氨水 12 升。小麦秸原始含水量为 10%，氨化时适宜含水量为 35%，假设应向小麦秸中加水 x 升。其计算式应为：

$$(100\times10\%+X+12\times75\%)\div(100+X+12)=35\%,$$

解方程得：X＝29.46 (升)。

无水氨或液氨是制造尿素和碳铵的中间产物，且有毒，生产中很少应用。

碳铵一般用量为 4%～6%，若超过 6%，会增加秸秆的咸苦味，影响适口性。应用碳铵氨化秸秆的成本低于尿素，但氨化效果不如尿素。碳铵易挥发，所以操作时必须迅速。加碳铵的方法如下。

1. 以液体形式加入　将碳铵加入用于调整秸秆含水量的水中溶解，均匀地洒到秸秆上，然后迅速密封；

2. 以固体形式加入　碳铵不用水溶解，直接分层撒入秸秆中，层与层间距为 0.5 米，使碳铵逐渐挥发而发生氨化作用。

(二)影响氨化效果的因素

影响氨化效果的因素主要有温度、处理时间、秸秆水分、氨化剂及用量、秸秆种类等。

1. 温度 氨水和无水氨处理秸秆要求较高的温度，温度越高氨化速度越快，氨化效果越好。液氨注入秸秆垛后，温度上升很快，在2～6小时就达到最高峰。温度的上升取决于开始的温度、氨的剂量、水分含量和其他因素，但一般变动范围在40℃～60℃。最高温度在草垛的顶部，1～2周后下降到接近周围的温度。周围的温度对氨化起重要作用。所以，氨化时间应选择在秸秆收割后不久气温相对较高的时候进行。但尿素处理秸秆温度不宜过高，故夏日尿素处理秸秆应在荫蔽条件下进行。

2. 时间 氨化时间的长短要依据气温而定。气温越高，完成氨化所需要的时间越短；相反，氨化时气温越低，氨化所需时间就越长（表3-7）。

表3-7 气温与氨化时间的关系

氨化时气温(℃)	<5	5～10	10～20	20～30	>30
氨化所需时间(天)	>56	28～56	14～28	7～14	5～7

尿素处理还有一个分解成氨的过程，一般比氨水处理延长5～7天。因为尿素首先在脲酶的作用下，水解释放氨的时间约需5天。当然脲酶作用的时间与温度高低有关。温度高，脲酶作用的时间短。只有释放出氨后才能真正起到氨化的作用。

3. 秸秆水分 水是氨的“载体”。氨与水结合成氢氧化铵（NH_4OH），其中NH_4^+和OH^-分别对提高秸秆的含氮量和消化率起作用。因而，必须有适当的水分，一般以25%～35%为宜。含水量过低，水都吸附在秸秆中，没有足够的水充当氨的“载体”，氨化效果差；含水量过高，不但因开窖后需延长晾晒时间，而且因氨的浓度降低会引起秸秆发霉变质。再者，秸秆含水量过高氨化效果没有明显的作用（表3-8）。

表 3-8　不同含水量小麦秸秆的氨化效果

处理指标	氨化秸秆含水量						未氨化秸秆含水 10%
	20%	25%	30%	35%	40%	50%	
粗蛋白质(%)	9.50	10.15	10.33	12.19	11.29	11.15	4.27
中性洗涤剂纤维(%)	64.30	63.87	62.50	62.00	64.24	65.35	66.00
开窖后期霉变情况	无	无	无	无	略有发霉	发霉	无

含水量是否适宜，是决定秸秆氨化饲料制作质量乃至成败的重要条件。秸秆含水量是指在单位秸秆重量中，含水分的重量占单位秸秆重量的百分比。处理前秸秆的重量，是秸秆干物质重量加秸秆中自然保持水分的重量之和，这时秸秆的含水量是自然保留水分的重量占处理前秸秆重量的百分比，这个百分比也叫做自然含水量。处理后秸秆的重量，是处理前重量加处理时加水的重量之和，则这时秸秆的含水量，是自然含水量的重量及加水重量之和占处理后秸秆重量的百分比，这个百分比也就是要达到的含水量。一般秸秆的含水量为 10%～15%，进行氨化时不足的部分加水调整。加水时可将水均匀地喷洒在秸秆上，然后装入氨化设施中；也可在装窖时洒入，由下向上逐渐增多，以免上层过干、下层积水。

4. 被处理秸秆的类型　目前适用于旱农区氨化处理的原料秸秆主要是禾本科作物的秸秆，如麦秸（小麦秸、大麦秸、燕麦秸）、玉米秸、高粱秸、谷秸、黍秸及老芒麦秸等。所选用的秸秆必须是没有发霉变质，最好是将收获籽实后的秸秆及时进行氨化处理，以免堆积时间过长而发霉变质。也可根据利用时间确定制作氨化秸秆的时间。秸秆的原来品质直接影响到氨化效果。影响秸秆品质的因素很多，如种、品种、栽培的地区和季节、施肥量、收获时的成熟度、收割高度、贮存时间等。一般来说，原来品质差的秸秆，氨化后可明显提高消化率，增加非蛋白氮的含量。

(三)氨化方法与工艺流程

秸秆氨化方法可遵循因地制宜、就地取材、经济实用的原则。目前国内外流行的是堆垛氨化法、塑料袋氨化法和窖贮氨化法。旱农区一般地下水位低、土层厚,采用氨化池进行秸秆氨化经济实用。以尿素为氨化剂,其氨化方法与工艺流程(图 3-15)简述如下。

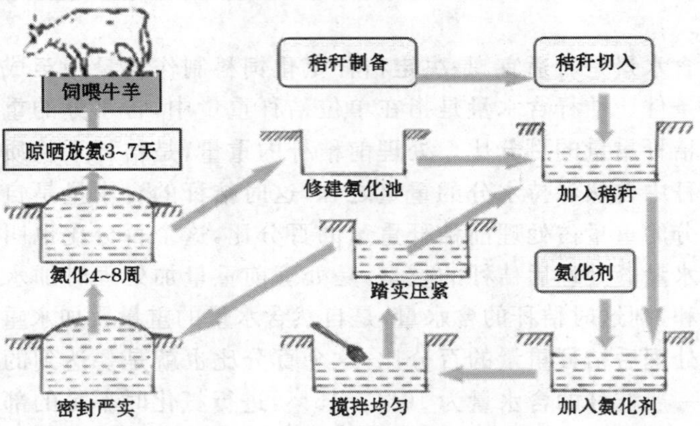

图 3-15 秸秆氨化饲料生产工艺流程示意

1. 原料处理 先将优质干燥秸秆切成 2～3 厘米碎段,含水量控制在 10%以下。粗硬的秸秆(如玉米秸)最好用揉搓机揉碎。

2. 氨化容器准备 可制作氨化窖(与青贮窖基本相同)、氨化袋(与青贮袋相同)、氨化坑(池)及密封用塑料薄膜等。

3. 尿素配制 将尿素配制成 6%～10%的水溶液,秸秆很干燥时采用 6%的尿素溶液;反之,尿素的浓度要高一些。为了加速尿素的溶解,可用 40℃的温水溶解尿素。为提高氨化秸秆的适口性,最好采用 0.5%的食盐水配制尿素溶液。

4. 均匀混合 将配制好的尿素溶液和切碎或揉碎的氨化原

料搅拌均匀。每100千克秸秆喷洒尿素水溶液30～40升。根据秸秆含水量和尿素的浓度而定。使尿素含量为每100千克秸秆中为2～3千克。边喷洒边搅拌，使秸秆与尿素均匀混合。

尿素溶液喷洒的均匀度是保证秸秆氨化饲料质量的关键。

5. 密封腐熟　把搅拌好的氨化饲料放入氨化池(不透气的水泥窖)内，压实密封。密封方法与青贮相同。密封时间夏季10天，春、秋季15天，冬季30～45天即可腐熟使用。

(四)氨化饲料的品质鉴定

氨化秸秆在饲喂之前，要进行品质检验，以确定能否用以喂牛。

1. 质地　良好的氨化秸秆应质地柔软蓬松，用手紧握没有明显的扎手感。

2. 颜色　不同秸秆氨化后的颜色与原色相比都有一定的变化。经氨化后的麦秸颜色为杏黄色，未氨化麦秸的颜色为灰黄色；氨化后的玉米秸为褐色，其原色为黄褐色。如果呈黑色或棕黑色，黏结成块，则为霉败变质的特征。

3. pH　氨化秸秆偏碱性，pH为8左右；未经氨化的秸秆偏酸性，pH为5.7左右。

4. 发霉情况　一般氨化秸秆不易发霉，因加入的氨具有防霉杀菌作用。有时氨化设备封口处的氨化秸秆有局部发霉现象，但内部的秸秆仍可用作饲喂牛、羊。

5. 气味　一般成功的氨化秸秆有糊香味和刺鼻的氨味。氨化玉米秸的气味略有不同，既具有青贮的酸香味，又具有刺鼻的氨味。

(五)氨化饲料的利用

氨化设备开封后，经品质鉴定合格的氨化秸秆，需放氨2～5天，消除氨味后方可饲用。放氨时，应将刚取出的秸秆放置在远离牛舍和住所的地方，以免释放出的氨气刺激人、畜的呼吸道和影响人的健康和牛的食欲。若秸秆湿度较小、天气寒冷、通风时间应稍长,应为3~7天,以确保饲用安全。取喂时,应将每天计划饲喂数量的氨化秸秆于饲喂前2~5天取出放氨,其余的再封闭起来,以防放氨后含水量仍很高的氨化秸秆在短期内饲喂不完而发霉变质。氨化秸秆饲喂牛、羊,应由少到多,少给勤添。刚开始饲喂时,可与谷草、青干草等搭配,7天后便可全部饲喂氨化秸秆。应用氨化秸秆饲喂牛、羊,可适当搭配一些含碳水化合物较高的精饲料,并配合一定数量的矿物质和青贮饲料饲喂,以便充分发挥氨化秸秆的作用,提高利用率。如果发现动物中毒现象,可及时灌服食醋500~1 000毫升解毒。

二、秸秆微贮加工技术

对收获籽实后不宜制作青贮的干枯作物秸秆,可采用微贮技术加工利用。

秸秆微贮饲料就是在揉碎或铡碎的作物秸秆中加入秸秆发酵活干菌,放入密封的容器(如水泥池、塑料袋等)内,经一定的发酵过程,使农作物秸秆变成具有酸香味、草食家畜喜食的饲料。微贮饲料具有易消化、适口性好、制作方便、成本低廉等特点,是污染少、效率高、利于工业化生产的秸秆饲料化加工方法之一。

(一)秸秆微贮加工的意义

1. 成本低 微贮饲料较之尿素氨化饲料成本低,仅为尿素氨化饲料的20%。

2. 可提高消化率和营养价值 微贮饲料含有丰富的蛋白质、维生素、矿物质、有机酸,而且纤维素少,适口性好,易于咀嚼。同时,微贮饲料还可利用牛、羊瘤胃可利用有机酸这一功能,加上所含的酶与菌素的作用,激活牛、羊瘤胃微生物区系,在提高对秸秆消化利用率的同时,又提高了对精饲料的消化利用率。经微贮处理过的秸秆能量有较大的提高,3千克微贮秸秆相当于1千克玉米的营养价值。

3. 改善了秸秆的适口性 没经处理的秸秆中粗纤维、木质素含量高、消化率低、采食量少，而经微贮处理过的秸秆，由于发酵过程中高效活性菌种的作用，使硬秸秆变软，变成牛、羊喜食的酸香型饲料，刺激牛、羊的食欲，从而提高其采食量。一般采食速度可提高 43%，采食量可增加 20%，长期饲养无毒、无害、安全可靠。

4. 能解决部分地区养牛业与农业争化肥的矛盾 氨化饲料一般要在秸秆中加入 4%左右的尿素，即每吨秸秆需用 40 千克尿素，而微贮饲料每吨秸秆仅需加入 3 克高效活性秸秆发酵活干菌。

5. 饲料来源广 麦秸、稻草、黄干玉米秸、甘薯藤蔓、青玉米秸、树叶、野草等，无论干秸秆或青秸秆都可用微贮方法变成优质饲料。

6. 久存不坏，经济安全 微贮饲料不但保存时间长，而且存取方便，随需随取随喂，不须晾晒。

7. 作业季节长 微贮发酵温度适应范围广，室外平均气温 10℃～40℃均可处理发酵。无论干、青秸秆都能处理。因此，在我国北方地区除冬季外，春、夏、秋都可制作微贮饲料，南方部分省（自治区）全年都可制作微贮饲料。

（二）秸秆微贮加工的原理

在微贮饲料过程中，由于加入高活性发酵菌种，使饲料中能分解纤维的菌数大幅度提高，发酵菌在适宜的厌氧环境下，分解大量的纤维素、木质素转化为糖类，糖类又经有机酸发酵菌转化为乳酸、醋酸和丙酸，使 pH 降至 4.5～5，加速了微贮饲料的生物化学作用，抑制了丁酸菌、腐败菌等有害菌的繁殖。

微贮饲料的含水量为 60%～65%，最少不低于 55%。当含水量过多时，则会造成秸秆中的糖和胶状物浓度变稀，达不到产酸菌所要求的浓度，使产酸菌不能正常生长，饲料中有害菌生长迅速，导致饲料腐烂变质；而含水量过少时，秸秆不易被压实，使饲料中残留的空气过多，保证不了厌氧发酵条件，使产酸菌发酵不够，而有害菌种大量繁殖，容易霉烂。不同含水量玉米秸微贮试验表明，玉米秸的营养价值，随自然含水量的上升而提高。含水量50%的玉米秸秆微贮效果很好。

(三)制作微贮饲料的关键技术要点和步骤

1. 微贮设施的准备 微贮可用水泥池、土窖，也可用塑料袋。水泥池是用水泥、黄沙、砖为原料在地下砌成的长方形池子，最好砌成几个相同大小的，以便交替使用。这种池子的优点是不易进气进水，密封性好，经久耐用，成功率高。土窖的优点成本低、方法简单、贮量大，但要选择地势高、土质硬、向阳干燥、排水容易、地下水位低的地方。在地下水位高的地方，不宜采用。水泥池和土窖的大小根据需要量设计建设，深度以2～3米为宜。

2. 菌种复活 将秸秆发酵活干菌铝箔袋剪开，将菌种倒入250毫升水中，充分溶解。有条件的情况下，可在水中加糖2克（不能多加），溶解后，再加入活干菌，这样可以提高复活率，保证微贮饲料质量。然后在常温下放置1～2小时使菌种复活，成为复活好的菌种。现用现配，配好的菌剂一定当天用完。

3. 菌液的配制 将复活好的菌剂倒入充分溶解的1%食盐水中拌匀。食盐水及菌液量根据秸秆的种类而定，1 000千克稻、麦秸秆加3克活干菌、12千克食盐、1 200升水；1 000千克黄玉米秸加3克活干菌、8千克食盐、800升水；1 000千克青玉米秸加1.5克活干菌，水适量，不加食盐（表3-9）。

4. 秸秆切短 用于微贮的秸秆以粉碎或揉搓加工为好。不具备揉搓条件者，切段长度不得超过3厘米，这样便于压实和提高微贮窖的利用率及保证微贮料制作质量。

表 3-9　菌种的配制

微贮秸秆的种类	秸秆重量（千克）	活干菌用量（克）	食盐用量（千克）	自来水用量（升）	贮料含水量（%）
麦秸或稻草	1000	3.0	9～12	1200～1400	60～70
黄玉米秸秆	1000	3.0	6～8	800～1000	60～70
青玉米秸秆	1000	1.5		适量	60～70

5. 喷洒菌液　将切短的秸秆铺在窖底，厚为 20～25 厘米。均匀喷洒菌液。压实后，再铺 20～25 厘米秸秆，再喷洒菌液，压实。直至高于窖口 50 厘米以上，最后用塑料布封口。分层压实的目的是为了迅速排出秸秆空隙中存留的空气，给发酵菌繁殖造成厌氧条件。如果当天装填窖没装满，可盖上塑料薄膜，第二天装窖时揭开塑料薄膜继续装填。

微贮后的秸秆含水率要求达到 60%～65%。由于这些秸秆本身含水率很低，需要补充含有菌剂的水分。可配备一套由水箱、水泵、水管和喷头组成的喷洒设备。水箱的容积以 1 000～2 000 升为宜，水泵最好选潜水电泵，水管选用软管。小规模生产，可用喷壶直接喷洒。

青玉米秸微贮，因本身含水量较高（一般在 70%左右），微贮时不需补充过多的水分，只要求将配备好的菌剂水溶液均匀地喷洒在贮料上。可用小型背式或杠杆式喷雾器喷洒。

6. 加入辅料　为进一步提高微贮料的营养价值，实践中常在制作微贮过程中，根据自己具备的条件，加入 5%的玉米粉、麸皮或大麦粉，为菌种的繁殖提供一定的营养物质，以提高微贮料的质量。加大麦粉或玉米粉、麸皮时，铺一层秸秆撒一层粉，再喷洒一次菌液。

7. 贮料水分控制与检查　微贮饲料的含水量是否合适，是决定微贮饲料优劣的重要条件之一。因此在喷洒和压实过程中，要随时检查秸秆的含水量是否合适，各处是否均匀一致，特别要注意层与层之间水分的衔接，不要出现夹干层。含水量的检查方法是：抓取秸秆试样，用双手扭拧，若有水往下滴，其含水量为80%以上；若无水滴、松开后看到手上水分很明显，为60%左右；若手上有水分(反光)，为50%～55%；感到手上潮湿，为40%～45%；不潮湿则在40%以下。微贮饲料含水量要求在60%～65%最为理想。

8. 严格密封 当秸秆分层压实到高出窖口50厘米以上时，再充分压实后，在最上面一层均匀撒上食盐粉，再压实后盖上塑料薄膜。食盐的用量为250克/米^2，其目的是确保微贮饲料上部不发生霉坏变质。盖上塑料薄膜后，在上面撒20～30厘米厚的秸秆，覆土15～20厘米，密封。密封的目的是为了隔绝空气与秸秆接触，保证微贮窖内呈厌氧状态。

9. 维护管理 秸秆微贮后，窖池内贮料会慢慢下沉，应及时加盖土使之高出地面，并在周围挖好排水沟，以防雨水渗入。

10. 开窖取用 一般经过30天发酵后，即可揭封取用。取料时从一角开始，从上到下逐渐取用。要随取随用，取料后应把口盖严。尽量避免与空气接触，以防二次发酵和变质。

秸秆微贮成败的关键就在于压实、密封以及根据饲喂动物的种类和数量来决定微贮设施的大小。

压实和密封是关系到成败的重要一环，密封不好，微贮秸秆上部会霉烂变质，造成浪费。窖的大小以制作一窖微贮饲料，动物可在1～2个月内吃完为宜。如常年使用，可建2～3个微贮窖，以便交替使用。开窖后，按时用完。

(四)秸秆微贮饲料质量的鉴别

封窖30天左右可完成发酵过程。可根据微贮饲料的外部特征，用看、嗅和手感的方法鉴定微贮饲料的好坏。

1. 看 优质微贮青玉米秸色泽呈橄榄绿，稻、麦秸呈金黄褐色。如果变成褐色或墨绿色则质量低劣。

2. 嗅　优质秸秆微贮饲料具有醇香味和果香气味，并具有弱酸味。若有强酸味，表明醋酸较多，这是由于水分过多和高温发酵所造成；若有腐臭味、发霉味，则不能饲喂。这是由于压实程度不够和密封不严，由有害微生物发酵所造成的。

3. 手感　优质微贮饲料拿到手里感到很松散，且质地柔软湿润。若拿到手里发黏，或者黏在一块，说明青贮饲料开始霉烂；有的虽然松散，但干燥粗硬，也属于不良饲料。

(五)秸秆微贮饲料的饲喂方法

微贮饲料可以作为牛、羊的主要粗饲料，饲喂时可以与其他草料搭配，也可以与精饲料同喂。开始时，牛、羊对微贮有一个适应过程，应循序渐进，逐步增加微贮饲料的饲喂量。喂微贮料的牛、羊，补喂的精饲料中不需要再加食盐。微贮饲料的日喂量，一般每头羊日喂量以1.5～2.5千克为宜。每头肉牛每天应控制在5～12千克，成年奶牛每头每天喂量应控制在15～20千克，并搭配其他草料饲喂。微贮饲料在饲喂前最好再用高湿度茎秆揉碎机进行揉搓，使其成细碎丝状物，以便进一步提高动物的消化利用率。

三、秸秆黄贮技术

黄贮是相对于青贮而言的一种秸秆饲料发酵贮存办法。黄贮的原料多为收获籽实后的玉米秸秆，茎叶多为黄色，特称黄贮。由于黄贮原料来源广泛、成本低廉，因此近两年来在我国秸秆资源丰富的玉米产区发展很快。玉米秸秆黄贮的原理与青贮一致，是利用玉米秸秆内部的糖分和汁液在厌氧条件下进行乳酸发酵。所以，与制作玉米青贮的方法基本一样。其不同之处在于：①玉米青贮是在玉米籽实蜡熟前期收获加工，而秸秆黄贮是在玉米籽实成熟收获后进行加工。②玉米青贮是连同玉米籽实一起加工贮存，乳酸菌的发酵基质——可溶性碳水化合物丰富。而黄贮则是收获籽粒后的纯秸秆，供乳酸菌发酵的可溶性碳水化合物相对较少，因而在加工制作过程中可适当添加玉米粉等，补充部分发酵基质，促进发酵进程。③玉米秸秆黄贮，在玉米完全成熟后进行，此期间玉米秸秆的含水量相对不足，制作秸秆黄贮时，需适当加入水分，调整原料含水量为65％左右。其加工调制技术与注意事项完全类同于青贮饲料的制作。④生产优质黄贮饲料，要求在玉米籽实成熟收获后立即进行制作，以减轻秸秆的枯干老化程度。特别是乳酸菌发酵必备的可溶性碳水化合物，随着秸秆的枯干老化进程而减少，影响黄贮饲料的制作效果和品质。

第四章　养牛常用草料及特性

牛的生产水平，一般认为30％受遗传因素的影响，而70％则决定于外界因素，如饲料的品质和种类以及加工方法、管理技术水平、环境和气候条件等。其中饲料是最主要的因素。饲料是养牛生产成本费用最大的部分，通常占到55％以上。饲料的质与量直接影响到牛的生产水平与健康。因而要成功地经营养牛生产，加强对饲料的选择、管理和开发利用是至关重要的。

牛的饲料按其营养特性和传统习惯分为粗饲料和精饲料两大类。而根据国际饲料命名及分类原则，分为粗饲料、青绿饲料、青贮饲料、能量饲料、蛋白质饲料、矿物质饲料、维生素饲料以及添加剂饲料等八大类。

在国际饲料分类的基础上，结合我国的饲料条件，实践中将饲料分成青绿饲料类、青贮饲料类、块根块茎瓜果类、干草类、农作物秸秆类、谷实类、糠麸类、豆类、饼粕类、糟渣类、草籽类、动物性饲料类、矿物质饲料类、维生素饲料类、添加剂及其他饲料类。现就各类饲料的营养特性分述如下。

第一节　青、粗饲料

一、青绿饲料

青绿饲料系指刈割后立即饲喂的绿色植物。其含水量大多在60％以上，部分含水量可高达80％～90％。包括各种豆科和禾本科以及天然野生牧草，人工栽培牧草，农作物的茎叶、藤蔓、叶菜、野菜和水生植物以及枝叶饲料等。

青绿饲料含有丰富、优质的粗蛋白质和多种维生素，钙、磷丰富，粗纤维含量相对较低。研究表明，用优良青绿饲料饲喂泌乳牛，可替代一定数量的精饲料(谷实类能量饲料和饼粕类蛋白质饲料的混合饲料)。

青绿饲料的营养价值随着植物生长期的延续而下降，而干物质含量则随着植物生长期的延续而增加，其粗蛋白质相对减少，粗纤维含量相对增加，粗蛋白质等营养成分的消化率也随生长期的延续而递降，因而青绿饲料应当适期收获利用。研究认为，兼顾产量和品质，应当在拔节期到开花期利用较为合理。此时产量较高、营养价值丰富、动物的消化利用率也较高。青绿饲料，虽然养分和消化率都较高，但由于含水量大，营养浓度低，不能作为单一的饲料喂牛。实践中，常用青绿饲料与干草、青贮饲料同时饲喂牛，效果优于单独饲喂，这是因为干物质和养分的摄入量较大且稳定的缘故。

常用的青绿饲料主要有豆科的紫花苜蓿、红豆草、小冠花、沙打旺等牧草，禾本科的苏丹草、黑麦草、细茎冰草、羊草以及青刈玉米等，蔬菜类主要有饲用甘蓝、胡萝卜茎叶等。

二、粗 饲 料

干物质中粗纤维含量在18%以上，或单位重量含能值较低的饲料统称为粗饲料，如可饲用农作物秸秆、青干草、秕壳类等。

粗饲料中蛋白质、矿物质和维生素的含量差异很大。优质豆科牧草适期收获干制而成的干草其粗蛋白质含量可达20%以上，禾本科牧草粗蛋白质含量一般在6%～10%，而农作物秸秆以及成熟后收获、调制的干草粗蛋白质含量为2%～4%。其他大部分粗饲料的蛋白质含量为4%～20%。

粗饲料中的矿物质含量变异更大。豆科类干草是钙、镁的较好来源，磷的含量一般为中低水平，钾的含量则相当高。牧草中微量元素的含量在很大程度上取决于植物的品种、土壤、水和肥料中微量元素的含量多少。

秸秆和秕壳类粗饲料虽然营养成分含量很低，但对于牛等草食动物来说，是重要的饲料来源。农区可饲用农作物秸秆资源丰富，合理利用这一饲料资源，是一个十分重要的问题。科学加工调制可使其营养含量以及消化利用率成倍提高，详情见粗饲料加工调制章节。

三、青贮饲料

青贮饲料是将铡碎的新鲜植物通过微生物发酵和化学作用，在密闭条件下调制成的可以常年保存、均衡供应的青绿饲料。青贮饲料不仅可以较好地保存青饲料中的营养成分，而且由于微生物的发酵作用，产生了一定数量的酸和醇类，使饲料具有酒酸醇香味，增强了饲料的适口性，改善了动物对青饲料的消化利用率。玉米蜡熟期，大部分茎叶还是青绿色，下部仅有 2～3 片叶片枯黄，此时全株粉碎制作青贮，养分含量多，可作为养牛的主要粗饲料，常年供应。

近年来，由于青贮技术的发展，人们已能用禾本科、豆科或豆科与禾本科植物混播牧草制作质地优良的青贮饲料，并广泛应用于养牛生产中，收到了较好的效果。目前青贮方法、青贮添加剂、青贮设备等方面都有了明显的改进和提高。

第二节　能量饲料

饲料干物质中，粗纤维含量低于 18%、粗蛋白质含量低于 20%的饲料统称为能量饲料。能量饲料包括谷物籽实、糠麸、糟渣、块根、块茎以及糖蜜和饲料用脂肪等。对于牛，其日粮中必须有足够的能量饲料，用来供应瘤胃微生物发酵所需的能源，以保持瘤胃中微生物对粗纤维和氮素的利用等正常的消化功能。

能量饲料中的粗蛋白质含量较少、一般为10%左右，且品质多不完善，赖氨酸、色氨酸、蛋氨酸等必需氨基酸含量少，钙及可利用磷也较少。除维生素 B_1 和维生素E丰富外，维生素D以及胡萝卜素也缺乏，必须由其他饲料组分来补充。常用的能量饲料有以下几类。

一、谷 实 类

谷实类饲料系指禾本科作物包括玉米、高粱、稻谷、小麦、大麦、燕麦等成熟的种子，是养牛生产中精饲料的主要组成部分。其主要营养成分含量列于表4-1。

表4-1 常用谷物饲料的主要养分含量

名 称	干物质(%)	粗蛋白质(%)	粗脂肪(%)	钙(%)	磷(%)	奶牛能量单位(NND)
玉 米	88.4	8.6	3.5	0.08	0.21	2.76
高 粱	89.3	8.7	3.3	0.09	0.28	2.47
小 麦	88.1	12.1	1.8	0.11	0.36	2.56
稻 谷	89.5	8.3	1.5	0.13	0.28	2.39
大 麦	88.8	10.8	2.0	0.12	0.29	2.47
燕 麦	90.3	11.6	5.2	0.15	0.33	2.45

谷实类饲料的主要营养特点是：①淀粉含量高。谷类籽实干物质中无氮浸出物含量为60%～80%，主要成分是淀粉，产奶净能在7.5千焦/千克以上。②蛋白质含量中等且品质差。谷类籽实的蛋白质含量一般在10%左右，而且普遍存在氨基酸组成不平衡的问题，尤其是含硫氨基酸和赖氨酸含量低。在各种谷物中，大麦、燕麦的蛋白质质量相对较好。大麦蛋白质的赖氨酸含量为

0.6%。③物质不平衡。各种谷物饲料普遍存在矿物质含量低，钙含量只有0.1%左右，而且钙少磷多，数量和质量都与牛需求差距较大。

在各种谷物中，玉米是世界各国应用最普遍的能量饲料，能量浓度最高。黄玉米的叶黄素含量丰富，平均为22毫克/千克（以干物质计）。我国每年高粱的产量在400万吨左右，高粱含有0.2%～0.5%的单宁，对适口性和蛋白质的利用率有一定的影响，所以应用数量受到一定限制。小麦的矿物质、微量元素含量优于玉米。稻谷在饲用前应先去壳，即以糙米的形式利用。我国大麦的年产量只有300万吨左右，其蛋白质质量在谷物类中是最好的。

二、糠麸、糟渣类

糠麸和糟渣类农副产品是牛日粮精饲料的又一组成部分，其应用量仅次于谷实类饲料。其主要营养成分列于表4-2。

表4-2　常用糠麸及糟渣类饲料的主要养分含量

品　名	干物质(%)	粗蛋白质(%)	粗脂肪(%)	钙(%)	磷(%)	奶牛能量单位(NND)
米　糠	90.2	12.1	15.5	0.14	1.04	2.62
麸　皮	88.6	14.4	3.7	0.18	0.78	2.08
玉米皮	88.2	9.7	4.0	0.28	0.35	2.07
豆腐渣	11.0	3.3	0.8	0.05	0.03	0.34
玉米粉渣	15.0	1.8	0.7	0.02	0.02	0.46
土豆粉渣	15.0	1.0	0.4	0.06	0.04	0.33
玉米酒糟	21.0	4.0	2.2	0.09	0.17	0.47
高粱酒糟	37.7	9.3	4.2	0.12	0.01	1.09
啤酒糟	23.4	6.8	1.9			0.52
甜菜渣	12.2	1.4	0.1			0.25

糠麸类饲料是粮食加工的副产品，包括米糠、麸皮、玉米皮等。米糠是加工小米时分离出来的种皮和糊粉层的混合物，可消化粗纤维含量高，其能量低于谷实，但蛋白质含量略高。小麦麸是加工面粉的副产品，是由小麦的种皮、糊粉层以及少量的胚和胚乳组成。麸皮含粗纤维较高，粗蛋白质含量也较高，并含有丰富的B族维生素；体积大，重量较轻，质地疏松，含磷、镁较高，具有轻泻性，具有促进消化功能和预防便秘的作用。特别是在母牛产后喂以麸皮水，对促进消化和防止便秘具有积极的作用。玉米皮主要是玉米的种皮，营养价值相对较低，不易消化。糠麸类饲料，以干物质计，其无氮浸出物含量为45%～65%，略低于籽实；蛋白质含量为11%～17%，略高于籽实。米糠粗脂肪含量在10%以上，能值与玉米接近，具有较高的营养价值；但易酸败、容易变质，影响适口性。在日粮中，米糠的用量最好控制在10%以内。麸皮的蛋白质、粗纤维含量高，质地疏松，矿物质、维生素含量也比较丰富，属于对牛健康有利的饲料，在牛日粮中的比例可以达10%～20%。

糟渣类饲料的共同特点是水分含量高，不易贮存和运输。湿喂时，一定要补充碳酸氢钠和食盐。糟渣类饲料经过干燥处理后，一般蛋白质含量为15%～30%，是属于比较好的饲料。玉米淀粉渣干物质的蛋白质含量可达15%～20%，而薯类粉渣的蛋白质含量只有10%左右。豆腐渣干物质的蛋白质含量高，是喂牛的好饲料。但湿喂时容易使牛腹泻，因此最好煮熟后饲喂。甜菜渣含有大量有机酸，饲喂过量容易造成牛腹泻，必须根据粪便情况逐步增加用量。酒糟类饲料的蛋白质含量丰富，粗纤维含量比较高，但湿酒糟由于残留部分酒精，不宜多喂，否则容易导致流产或死胎。总之，糟渣类饲料在牛日粮干物质中的比例不宜超过20%。

三、块根块茎

块根块茎类饲料的营养特点是水分含量为70%～90%，有机物富含淀粉和糖，消化率高，适口性好，但蛋白质含量低。以干物质为基础，块根块茎类饲料的能值比籽实还高，因此归入能量饲料。与此同时，这些饲料主要鲜喂，因此也可以归入青绿多汁饲料。常用的块根块茎类饲料包括甘薯、甜菜、胡萝卜、马铃薯、木薯等。

甘薯的主要成分是淀粉和糖，适口性好。甘薯的干物质含量为 27%～30%。干物质中淀粉占 40%，糖分占 30%左右，而粗蛋白质只有 4%。红色和黄色的甘薯含有丰富的胡萝卜素，含量在 60～120 毫克/千克，缺乏钙、磷。甘薯味道甜美，适口性好，煮熟后喂牛效果更好，生喂量大了容易造成腹泻。需要注意带有黑斑病的甘薯不能喂牛，否则会导致气喘病甚至致死。

木薯含水分约 60%，晒干后的木薯干含无氮浸出物 78%～88%，蛋白质含量只有 2.5%左右，铁、锌含量高。木薯块根中含有苦苷，常温条件下，在 β-糖苷酶的作用下可生成葡萄糖、丙酮和有剧毒的氢氰酸。新鲜木薯根的氢氰酸含量在 15～400 毫克/千克，而皮层的含量比肉质高 4～5 倍。因此，在实际利用时，应注意去毒处理。日晒 2～4 天可以减少 50%的氢氰酸，沸水煮 15 分钟可以去除 95%以上，青贮只能去除 30%。

胡萝卜含有较多的糖分和大量胡萝卜素（100～250 毫克/千克），是牛最理想的维生素 A 来源，对繁殖泌乳牛和育成、育肥牛都有良好的效果。胡萝卜以洗净后生喂为宜。另外，也可以将胡萝卜切碎，与麸皮、草粉等混合后贮存。

马铃薯的淀粉含量相对较高。但发芽的马铃薯特别是芽眼中含有龙葵素，会引起牛的胃肠炎，因而发芽的马铃薯不能用来喂牛。

第三节 蛋白质饲料

按干物质计算，蛋白质含量在 20%及其以上、粗纤维含量低于 18%的饲料统称为蛋白质饲料。包括植物性蛋白质饲料、动物性蛋白质饲料和微生物蛋白质饲料。对养牛而言，鱼粉、肉粉等动物性蛋白质饲料不允许使用，而非蛋白氮则可以归入蛋白质饲料中。

一、豆类籽实类饲料

在养牛生产中，常用的豆类籽实主要包括大豆、蚕豆、棉籽、花生、豌豆等。豆类籽实的营养特点是蛋白质含量高(20%～40%)，品质好。大豆、棉籽、花生的脂肪含量也很高，属于高能高蛋白质饲料。

大豆约含35%的粗蛋白质和17%的粗脂肪，赖氨酸含量在豆类中居首位。大豆蛋白质的瘤胃降解率较高，粉碎生大豆的蛋白质80%左右在瘤胃被降解。钙含量比较低。黑豆又名黑大豆，是大豆的一个变种，其蛋白质含量比大豆高1%～2%，而粗脂肪低1%～2%。大豆含有胰蛋白酶抑制因子、脲酶、外源血凝集素、致肠胃胀气因子、单宁等多种抗营养因子，生喂时要慎重，防止出现瘤胃臌胀、腹泻等疾病。豆类籽实经过烘烤、膨化或蒸汽压片处理后，可以消除大部分抗营养因子的影响；同时，增加过瘤胃蛋白的比例和所含油脂在瘤胃的惰性。

豌豆风干物质中约含粗蛋白质24%、粗脂肪2%。豌豆中含有比较丰富的赖氨酸，但其他氨基酸特别是含硫氨基酸的含量比较低，各种矿物质的含量也偏低。豌豆中同样含有胰蛋白酶抑制因子、外源血凝集素和致肠胃胀气因子，不宜生喂。

风干蚕豆中含粗蛋白质22%～27%，粗纤维8%～9%，粗脂肪1.7%。蚕豆中赖氨酸含量比谷物高6～7倍，但蛋氨酸、胱氨酸含量低。蚕豆含有0.04%的单宁，种皮中达0.18%。

棉籽中含粗脂肪较高，常在高产牛特别是奶牛的泌乳盛期和肉牛的强度育肥期日粮中添加棉籽，以提高日粮营养浓度，补充能量、蛋白质的不足。

二、饼粕类饲料

饼粕类饲料是榨油工业的副产品，蛋白质含量在30%～40%，属于养殖业中最主要的蛋白质补充料。常用的饼粕类饲料包括大豆饼(粕)、棉籽饼(粕)、花生饼(粕)、菜籽饼(粕)、胡麻饼(粕)、葵花籽饼(粕)、芝麻饼(粕)等。通常压榨取油后的副产品称为饼，而浸提取油后的副产品称为粕。

大豆饼中残油量5%～7%，蛋白质含量40%～43%；大豆粕残油量1%～2% ，蛋白质含量43%～46%。因此，大豆饼的能量价值略高于大豆粕，而蛋白质略低于大豆粕。大豆饼(粕)的质量变异较大，主要与取油加工过程中的温度、压力、时间等因素有关。大豆饼(粕)是牛优良的瘤胃可降解蛋白质来源，其在饲料中的比例可达20%。

菜籽饼中含有35%～36%粗蛋白质、7%粗脂肪；菜籽粕中含有37%～39%粗蛋白质，1%～2%粗脂肪。菜籽饼(粕)中富含铁、锰、锌。传统菜籽饼(粕)中含有一种称为致甲状腺肿素的抗营养因子和芥子酸，再加上微苦的口味，其添加量受到限制，一般要求在牛精饲料中的用量不能超过10%。目前培育的双低油菜籽解决了抗营养因子的问题，在牛饲料中的用量可以不受限制。

棉籽饼风干物质的残油量为4%～6%，粗蛋白质38%；棉籽粕中的残油量在1%以下，蛋白质40%。棉籽饼的含硫氨基酸含量与豆饼相近，而赖氨酸含量只有豆饼的一半。一般棉籽仁中含有对动物有害的物质棉酚，经过加工后棉籽饼(粕)的棉酚含量有所下降，但棉籽饼高于棉籽粕。由于瘤胃微生物对棉酚具有脱毒能力，因此棉籽饼(粕)在牛日粮中的用量可以达到10%～20%。

花生仁饼是以脱壳后的花生仁为原料，经取油后的副产品。花生仁饼和花生仁粕中的粗蛋白质含量分别约为45%和48%，比豆饼高3%～5%。但蛋白质的质量不如豆饼，赖氨酸含量仅为豆饼的一半，精氨酸以外的其他必需氨基酸的含量均低于豆饼。花生饼中一般残留4%～6%粗脂肪、高的达11%～12%，含能值较高。但由于残脂容易氧化，不易保存。

胡麻籽饼(粕)的营养价值受残油率、仁壳比、加工条件的影响较大，粗蛋白质含量为32%～39%。胡麻饼(粕)中有时含有少量菜籽或芸薹子，对动物有致甲状腺肿作用。但在添加量不超过20%时，可以不予考虑。亚麻中含有苦苷，经酶解后会生成氢氰酸，用量过大可能会对动物产生毒害作用。

葵花籽饼(粕)受去壳比例影响较大，一般葵花籽饼(粕)中含有30%～32%的壳，饼的蛋白质含量平均为23%，粕的蛋白质含量平均为26%，但变动范围很大(14%～45%)。由于含壳较多，其粗纤维含量在20%以上，因此属于能值较低的饲料。

养牛常用蛋白质饲料的主要养分含量见表4-3。

表4-3　常用蛋白质饲料的主要养分含量

品　名	干物质(%)	粗蛋白质(%)	粗脂肪(%)	钙(%)	磷(%)	奶牛能量单位(NND)
蚕　豆	88.0	24.9	1.41	0.15	0.40	2.25
大　豆	88.0	37.0	16.2	0.27	0.48	2.76
黑　豆	92.3	34.7	15.1	0.27	0.60	2.83
菜籽饼	92.2	36.4	7.8	0.84	1.64	2.33
豆　饼	90.6	43.0	5.1	0.32	0.50	2.64
胡麻籽饼	92.0	33.1	7.5	0.58	0.77	2.44
花生籽饼	89.9	46.4	6.6	0.24	0.52	2.71
棉籽饼(去壳)	89.6	32.5	5.7	0.27	0.81	2.34
葵花籽饼(带壳)	92.5	32.1	1.2	0.29	0.84	1.57
葵花籽饼(去壳)	92.6	46.1	2.4	0.23	0.35	2.17
芝麻饼	90.7	41.1	9.0	2.29	0.79	2.40

芝麻饼中的残脂为8%～11%，粗蛋白质含量在39%左右；芝麻粕的残脂为2% ～ 3%，粗蛋白质为42%～44% ，粗纤维含量为6%～10%。芝麻饼的蛋白质质量较好，蛋氨酸、赖氨酸含量均比较丰富。

玉米蛋白粉的蛋白质含量为25%～60%。其氨基酸组成特点是蛋氨酸含量高，赖氨酸含量低，是常用的非降解蛋白质补充料。由于相对密度大，应与其他大体积饲料搭配使用。

三、单细胞蛋白质饲料

单细胞蛋白质饲料包括酵母、真菌和藻类。饲料酵母的使用最普遍，蛋白质含量为40%～60%，生物学效价较高。酵母饲料在牛日粮中的用量以2%～5%为宜，不得超过10%。

市场上销售的酵母蛋白粉，大多数是以玉米蛋白粉等植物蛋白质作为培养基，接种酵母，只能称为含酵母饲料。绝大多数蛋白质是以植物蛋白质的形式存在，与饲料酵母相比差别很大、品质很差，使用时要慎重，一般不得超过牛精饲料的5%。

四、非常规饲料

反刍动物可以利用非蛋白氮作为合成蛋白质的原料。一般常用的非蛋白氮饲料包括尿素、磷酸脲、双缩脲、铵盐、糊化淀粉尿素等。由于瘤胃微生物可利用氨合成蛋白质，因此饲料中可以添加一定量的非蛋白氮，但数量和使用方法需要严格控制。

目前利用最广泛的是尿素。尿素含氮47%，是碳、氮与氢化合而成的简单非蛋白质氮化物。尿素中的氮折合成粗蛋白质含量为2.88%。尿素的全部氮如果都被合成蛋白质，则1千克尿素相当于7千克豆饼的蛋白质当量。但真正能够被微生物利用的比例不超过1/3。由于尿素有咸味和苦味，直接混入精饲料中喂牛，牛开始有一个不适应的过程，加之尿素在瘤胃中的分解速度快于合成速度，就会有大量尿素分解成氨进入血液，导致中毒。因此，利用尿素替代蛋白质饲料饲喂牛，要有一个由少到多的适应阶段，还必须是在日粮中蛋白质含量不足10%时方可加入，且用量不得超过日粮干物质的1%。成年牛以每头每日不超过200克为限。日粮中应含有一定比例的高能量饲料，充分搅匀，以保证瘤胃内微生物的正常繁殖和发酵。饲喂含尿素日粮时必须注意：①尿素的最高添加量不能超过干物质采食量的1%，而且必须逐步增加；②尿素必须与其他精饲料一起混合均匀后饲喂，不得单独饲喂或溶解到水中饮用；③尿素只能用于6月龄以上、瘤胃发育完全的牛；④饲喂尿素只有在日粮瘤胃可降解蛋白质含量不足的时候才有效，不得与含脲酶高的大豆饼（粕）一起使用。

为防止尿素中毒，近年来开发出的糊化淀粉尿素、磷酸脲、双缩脲等缓释尿素产品，其使用效果优于尿素，可以根据日粮蛋白质平衡情况适量应用。

另外，近年来氨化技术得到广泛普及，用3%～5%的氨处理秸秆，氮素的消化利用率可提高20%，秸秆干物质的消化利用率可提高10%～17%。牛对秸秆的采食量，氨化处理后与未处理秸秆相比，可增加10%～20%。

第四节　矿物质饲料

矿物质饲料系指一些营养素比较单一的饲料。牛需要矿物质的种类较多，但在一般饲养条件下，需要量很小。但如果缺乏或不平衡则会影响牛的生产性能，以至导致营养代谢病以及胎儿发育不良、繁殖障碍等疾病的发生。

牛在生长发育和生产过程中需要多种矿物质元素。一般而言，这些元素在动、植物体内都有一定的含量，在自然牧食情况下，牛可采食多种饲料，往往可以相互补充而得到满足。但由于集约化饲养限制了牛的采食环境，特别随着生产力的大幅度提高，单从常规饲料已很难满足其高产的需要，必须另行添加。在养牛生产中，常用的矿物质饲料有以下几类。

一、食　盐

食盐的主要成分是氯化钠。大多数植物性饲料含钾多而少钠。因此，以植物饲料为主的牛必须补充钠盐，常以食盐补给。可以满足牛对钠和氯的需要，同时可以平衡钾、钠比例，维持细胞活动的正常生理功能。在缺碘地区，可以加碘盐补给。

二、含钙的矿物质饲料

常用的有石粉、贝壳粉、蛋壳粉等，其主要成分为碳酸钙。

这类饲料来源广，价格低。石粉是最廉价的钙源，含钙38%左右。在母牛产犊后，为了防止钙不足，也可以添加乳酸钙。

三、含磷的矿物质饲料

单纯含磷的矿物质饲料并不多，且因其价格昂贵，一般不单独使用。这类饲料有磷酸二氢钠、磷酸氢二钠、磷酸等。

四、含钙、磷的饲料

常用的有骨粉、磷酸钙、磷酸氢钙等，它们既含钙又含磷，消化利用率相对较高，且价格适中。故在牛日粮中出现钙和磷同时不足的情况下，多以这类饲料补给。

五、微量元素

矿物质饲料通常分为常量元素和微量元素两大类。常量元素系指在动物体内的含量占到体重的0.01%以上的元素，包括钙、磷、钠、氯、钾、镁、硫等；微量元素系指含量占动物体重0.01%以下的元素，包括钴、铜、碘、铁、锰、钼、硒和锌等。饲养实践中，通常常量元素可自行配制，而微量元素需要量微小，且种类较多，需要一定的比例配合以及特定机械搅拌，因而建议通过市售商品预混料的形式提供。

第五节　维生素和添加剂饲料

一、维生素饲料

维生素饲料系指人工合成的各种维生素。作为饲料添加剂的维生素主要有维生素 D_3、维生素 A、维生素 E、维生素 K_3、硫胺素、核黄素、吡哆醇、维生素 B_{12}、氯化胆碱、烟酸、泛酸钙、叶酸、生物素等。维生素饲料应随用随买，随配随用。不宜与氯化胆碱以及微量元素等混合贮存，也不宜长期贮存。

维生素分为脂溶性维生素和水溶性维生素两大类。对于牛而言，脂溶性维生素需要由日粮提供，而绝大多数水溶性维生素牛的瘤胃微生物可以合成。随着牛产量的提高，目前高产牛日粮中添加烟酸的情况也日趋普遍。胆碱通常被归类于B族维生素。在牛营养中，胆碱的作用包括将脂肪肝的发病率降至最低、改善神经传导和作为甲基的供体等。牛日粮添加胆碱有效的主要机制是，当游离脂肪酸在泌乳早期从脂肪组织动员出来形成脂蛋白时，胆碱在甘油从肝脏的转移过程中发挥作用，因为这一过程需要含有胆碱的磷脂的参与。添加胆碱还具有节省蛋氨酸的作用，否则饲料中的蛋氨酸将用于胆碱的合成。10 克胆碱可以提供 44 克蛋氨酸所具有的甲基当量。使用低蛋氨酸日粮，可以通过补加 30 克瘤胃保护的胆碱得到纠正。由于胆碱在瘤胃中破坏程度高，因而应用前必须采取保护措施。

二、添加剂饲料

(一)添加剂饲料的分类与应用

添加剂饲料主要是化学工业生产的微量元素、维生素和氨基酸等饲料，通常分为营养性添加剂和非营养性添加剂两大类。营养性添加剂包括微量元素、维生素和氨基酸等，常以预混料的形式提供；非营养性添加剂包括抗氧化剂（如 BHT、BHA 等）、促生长剂（如酵母等）、驱虫保健剂（如吡喹酮）、防霉剂（如丙酸钙、丙酸钠等）以及调味剂、香味剂等。这一类添加剂，虽然本身不具备营养作用，但可以延长饲料保质期、具有驱虫保健功能或改善饲料的适口性、提高采食量等功效。在应用过程中，必须考虑符合无公害食品生产的饲料添加剂使用准则。最好应用生物制剂，或无残留污染、无毒副作用的绿色饲料添加剂。泌乳期奶牛一般禁用抗生素添加剂，同时要严格控制激素、抗生素、化学防腐剂等有害人体健康的物质进入乳品中，严禁使用禁用药物添加剂，以保证乳品质量。

(二)养牛常用的饲料添加剂

1. 维生素与微量元素（预混料）　按照牛的不同生长发育与生产阶段、生产水平的营养需要，在配制日粮时需要添加一定数量的维生素与微量元素添加剂。日粮中一般按剂量添加维生素 A、维生素 D 和维生素 E 以及铁、锌、铜、硒、碘、钴等微量元素。微量元素常用的化合物有硫酸亚铁、硫酸铜、氯化锌、硫酸锌、硫酸锰、氧化锰、亚硒酸钠、碘化钾等。几种微量元素化合物的分子式和元素含量列于表 4-4。

牛日粮中的维生素与微量元素，由于需要特殊的工艺加工和混合，一般养殖场户自行配制难度较大。建议以购置证照齐全的饲料生产厂家的预混料的形式供给，且随用随购，在有效期内使用，不宜长期存贮。

表 4-4 微量元素添加物的元素含量

元素名称	化合物	分子式	元素含量(%)
铁	7 水硫酸亚铁	$FeSO_4 \cdot 7H_2O$	20.1
铜	5 水硫酸铜	$CuSO_4 \cdot 5H_2O$	25.4
锰	氧化锰	MnO_2	77.4
锰	硫酸锰	$MnSO_4$	22.1
锌	硫酸锌	$ZnSO_4$	22.7
锌	氧化锌	ZnO	80.0
锌	氯化锌	$ZnCl_2$	48.0
碘	碘化钾	KI	76.4
硒	亚硒酸钠	Na_2SeO_3	30.0

2. 氨基酸类添加剂 近年来的研究表明,无论是肉牛还是奶牛,与生产需求相比,小肠氨基酸也存在不平衡的问题。赖氨酸、蛋氨酸常常是最受限制的氨基酸,而通过改变小肠氨基酸模式,可以提高反刍动物的生产表现和蛋白质的利用效率。

由于瘤胃微生物对氨基酸的降解作用,给牛补充氨基酸必须选择经过保护处理的。目前,市场上已经有过瘤胃保护赖氨酸和蛋氨酸产品。蛋氨酸羟基类似物在化学性质上与蛋氨酸一样,但能抵抗瘤胃微生物的降解。多数研究结果认为,添加蛋氨酸羟基类似物能够增加乳脂率和提高校正奶的产量。研究表明,每日每头奶牛添加 7 克保护性赖氨酸和 5 克保护性蛋氨酸,可使日产奶量从 26.58 千克增至 29.01 千克。

3. 瘤胃缓冲剂 在精饲料比例高、酸性青贮饲料和糟渣类饲料用量大等情况下,牛的瘤胃 pH 容易降低,导致微生物发酵受到抑制,健康受到影响。在这种情况下,添加瘤胃缓冲剂可以使瘤胃保持更利于微生物发酵的内环境,使牛的生产与健康正常。常用的缓冲剂是碳酸氢钠和氧化镁，乙酸钠近年也有应用。

碳酸氢钠是缓冲剂的首选，一般认为添加量占干物质采食量的1%～1.5%，对提高产奶量和乳脂率具有良好的效果。对于高产牛，在添加碳酸氢钠的基础上，可以再添加0.3%～0.5%的氧化镁，其效果比单独使用碳酸氢钠更好。对于低产牛，没有必要添加氧化镁。乙酸钠、双乙酸钠进入瘤胃后，可以分解产生乙酸根离子，为乳脂合成提供前体，同时也对瘤胃具有缓冲作用。成年牛每天的理想添加量为50～300克。

4. 生物活性制剂　生物活性制剂包括饲用纤维素酶制剂、酵母培养物、活菌制剂等。

(1)饲用纤维素酶制剂　它是粗酶制品，主要来自真菌、细菌和放线菌等。纤维素酶的多酶复合物中除含有纤维素酶外，还含有半纤维素酶、果胶酶、淀粉酶和蛋白酶等。在单胃动物猪、鸡饲粮中，添加纤维素酶制剂可以补充内源酶活性的不足，提高纤维素和其他养分的消化率。由于反刍动物瘤胃微生物能降解外源蛋白质和其他多种成分，纤维素酶作为蛋白质可能被微生物降解掉。另一方面，瘤胃微生物能分泌充足的纤维素降解酶以消化饲料中的纤维素成分。所以，饲料中再添加外源纤维素酶制剂可能是多余的。

20世纪末，美国学者通过糖基化方法制成了瘤胃中稳定的纤维素酶制剂，使外源纤维素酶在反刍动物饲料中的使用成为可能。添加瘤胃稳定的酶制剂使干物质和六碳糖的体外消化率提高，挥发性脂肪酸产生量增加。给产奶牛每天饲喂15克瘤胃稳定的纤维素酶，使产奶量提高了7%～14%。乳蛋白含量没有改变，但乳脂率略有下降。

(2)酵母培养物　它是包括活酵母细胞和用于培养酵母的培养基在内的混合物。酵母培养物经干燥后，有益于保存酵母的发酵活性。另外，酵母产品也可以来源于啤酒或白酒酵母。米曲霉和酿酒酵母是目前国内外制备酵母培养物的常用菌种。在牛饲料中添加酵母培养物，能够提高产奶量1～1.5千克，乳脂率和乳蛋白率也有不同程度的提高。

（3）活菌制剂　可直接饲喂微生物，是一类能够维持动物胃肠道微生物区系平衡的活微生物制剂。活菌制剂在牛应激或发病情况下具有明显的效果。活菌制剂维持牛胃肠道生物区系的机制十分复杂，目前还不完全清楚。一般可作为活菌制剂的微生物主要有芽孢杆菌、双歧杆菌、链球菌、拟杆菌、乳杆菌、消化球菌和其他一些微生物菌种。活菌制剂的剂型包括粉剂、丸剂、膏剂和液体等。活菌制剂在产奶牛上的应用效果是可提高产奶量3%～8%、减少应激和增强抗病能力。

5. 脲酶抑制剂　牛体内尿素循环到达瘤胃的尿素和日粮外源添加的尿素，首先在脲酶的作用下水解为氨，然后供微生物合成蛋白质时利用。由于尿素分解的速度很快，而微生物利用的速度较慢，导致尿素分解产生的氨利用率低。脲酶抑制剂可以适度抑制瘤胃脲酶的活性，从而减缓尿素释放氨的速度，使氨的产生与利用更加协调，改善微生物蛋白质合成的效率。

目前，我国批准使用的反刍动物专用脲酶抑制剂为乙酰氧肟酸。在牛日粮中的添加量为25～30毫克/千克（按干物质计），可以使瘤胃微生物蛋白质的合成效率提高15%以上，每头奶牛日增鲜奶1～2千克。

6. 异位酸　包括异丁酸、异戊酸和2-甲基丁酸等，为瘤胃纤维素分解菌生长所必需。瘤胃发酵过程产生的异位酸量可能不足。所以，在牛日粮中添加异位酸能提高瘤胃中包括纤维分解菌在内的微生物数量，改善氮沉积量，提高纤维消化率，进而提高产奶量和乳脂率。给奶牛每天添加85克异位酸，可以提高产奶量2.7千克。在产犊前2周至产后225天期间内，添加异位酸效果较好。

7. 蛋氨酸锌　它是蛋氨酸和锌的络合物，具有抵制瘤胃微生物降解的作用。与氧化锌相比，蛋氨酸锌中的锌具有相似的吸收率，但吸收后代谢率不同，以至于从尿中的排出量更低，血浆锌的下降速度更慢。在奶牛日粮中添加蛋氨酸锌能够提高产奶量，并降低奶中体细胞数。在生产条件下，蛋氨酸锌还具有硬化蹄面和减少蹄病的作用。蛋氨酸锌的添加量，一般每头牛每天5～10克，或占日粮干物质的0.03％～0.08％。

8. 离子载体　莫能霉素和拉沙里霉素是用以改变瘤胃发酵类型的常用离子载体，最早应用于肉牛，可以提高日增重和饲料转化率。在育成牛和初产母牛所做的试验表明，莫能霉素可以提高增重6％～14％，而对繁殖性能、产犊过程和犊牛初生重等无任何不良影响。由于生长速度加快，青年母牛可提前配种、产犊，因而节省了大量饲料费用。不过，莫能霉素在饲喂初期可能会有影响采食量的情况。拉沙里霉素的作用效果与莫能霉素相同，但拉沙里霉素可以用于体重小于180千克以下的牛，而且开始饲喂时不影响采食量。离子载体提高反刍动物生产性能的机制与其改变瘤胃中挥发酸产生比例和减少甲烷产生量有关，生产上的反应是提高日增重和饲料转化率、节省蛋白质、改变瘤胃充盈度和瘤胃食糜外流速度。

离子载体对于瘤胃发酵的影响必然也会影响到产奶性能。降低乙酸、丁酸、甲烷的产生量，而提高丙酸的产生量，这意味着能量用于产奶效率的提高。丙酸产生量的提高表明动物能够合成更多的葡萄糖，从而直接提供更多的用于乳糖合成的前体物。在产奶牛和肉牛日粮中添加莫能霉素，可以明显提高奶牛的产奶量和肉牛的日增重。莫能霉素作为离子载体目前在泌乳牛饲料中的使用已得到澳大利亚、新西兰、南非等20多个国家的批准，但我国尚未批准莫能霉素在泌乳牛饲料中使用。

9. 牛生长激素(BST)　它是牛脑下垂体前叶分泌的激素。美国孟山都等几家公司已经应用重组 DNA 技术生产出 BST,该产品已于 1994 年由美国食品与药物管理局批准在奶牛生产中使用。BST 用于产奶牛,在不改变牛奶成分的前提下,可以提高产奶量 10%~25%、提高饲料转化率 10%~20%。由于 BST 是一种多肽,在胃肠道内可以完全降解。所以,它不能通过饲喂方式提供给动物。目前,BST 是通过注射方式供给。产奶牛于产后第三至第四个泌乳月开始注射效果较好。在产奶初期牛的能量处于负平衡情况下不宜使用 BST。对于体况较肥(如体况评分超过 4)的牛使用 BST,尤其有良好的效果。产奶牛 BST 的使用剂量为:每 2 周每头牛注射 500 毫克或每 4 周每头牛注射 960 毫克。我国饲料添加剂管理条例目前严格禁止给动物使用激素类产品。

第五章　肉牛饲养管理

第一节　肉牛的营养代谢与日粮配合

一、牛的消化代谢特点

牛属于复胃动物，具有瘤胃、网胃、瓣胃和皱胃等 4 个胃。前 3 个胃的黏膜中无腺体分布，主要起贮存食物和微生物发酵、分解粗纤维的作用，常称为前胃。皱胃黏膜内分布有消化腺，功能同其他动物的单室胃一样，所以又称真胃。

(一)牛胃的构造特点和瘤胃微生物区系

1. 瘤胃　它是第一胃，约占胃总容量的 80%。瘤胃内含有大量的微生物，主要是纤毛虫和细菌。1 克瘤胃内容物中约含细菌 500 亿～1000 亿个和纤毛虫 20 万～200 万个。瘤胃微生物能发酵饲料中的纤维素、淀粉、葡萄糖和其他糖类，最终产生挥发性脂肪酸(主要是乙酸、丙酸和丁酸)、二氧化碳和甲烷。这些挥发性脂肪酸被吸收进入血液内，从而为牛提供约 3/4 的能量。微生物还可利用饲料分解所产生的单糖、双糖合成其本身的多糖贮存于体内，待微生物到达皱胃时，被胃酸杀死，放出多糖，随食糜进入小肠，被分解吸收。瘤胃微生物还可将饲料中 50%～70%的蛋白质分解为氨基酸，只有 30%～50%的蛋白质进入小肠后被消化吸收。氨基酸再进一步分解成氨、二氧化碳和有机酸。一部分氨和氨基酸可被微生物利用合成其本身的蛋白质。到达真胃时，微生物被胃酸杀死，释放出菌体蛋白质，被小肠消化吸收。1 头公牛 1 昼夜可合成约 450 克、母牛约合成 360 克菌体蛋白质，因此一般牛对饲料中的蛋白质品质要求不严格。瘤胃微生物能合成某些B族维生素和维生素K,所以即使日粮缺乏这类维生素也不会影响其健康。但犊牛因瘤胃还未充分发育,瘤胃内微生物区系还没有完全建立,如果日粮缺乏这类维生素,就可能患B族维生素缺乏症。犊牛3月龄后即可建立起强大的瘤胃微生物区系。

反刍是牛的生理特点。当瘤胃充满一定的饲料后便开始反刍,反刍时食糜从瘤胃逆呕到口腔,在口腔咀嚼后,重新咽入瘤胃,再由微生物进一步分解消化,使牛能消化大量的粗饲料。综上所述,由于瘤胃具有庞大的微生物区系,所以就构成了牛在营养上和饲料利用上的一些特点:①瘤胃微生物分泌纤维素、半纤维素分解酶,可以将饲料中的纤维素、半纤维素分解为挥发性脂肪酸(VFA),而被吸收利用;②瘤胃微生物可以将饲料蛋白质和尿素等非蛋白氮(NPN)转化为微生物蛋白质(MCP),瘤胃微生物随食糜进入真胃和小肠,被消化利用;③瘤胃微生物具有合成B族维生素的能力,能够满足需要。因此在肉牛日粮配合时,一般不考虑B族维生素。

2. 网胃 它在4个胃中最小,容积约有8升,占总容积的5%,位于瘤胃的前下方。网胃的黏膜形成网格状的槽,形如蜂窝,故又叫蜂巢胃。网胃的右侧壁上有网胃沟,沟的两侧为隆起的唇。哺乳期的犊牛在吃奶时网胃沟能闭合成管状,乳汁可经网胃沟和瓣胃沟直接流到皱胃。成年牛则闭合不全。

3. 瓣胃 它是第三胃,呈球形,比较坚实,占总容积的7%~8%。黏膜形成百叶皱襞,俗称百叶。它由网瓣口与网胃相通,有瓣皱口与皱胃相通。瓣胃的功能是滤去饲料中的水分,将黏稠部分推入皱胃。

4. 皱胃 又称真胃,是第四胃,占胃总容积的7%~8%,上口较大与瓣胃相接,下口与十二指肠相通。它的功能与其他单胃动物的胃相似,可以分泌消化蛋白质、脂肪、糖类所必需的胃液。食糜离开皱胃后就进入小肠，以后的消化过程与单胃动物相似。

（二）牛的能量代谢

能量是饲料中所含碳水化合物、脂肪、蛋白质各种营养物质所有的热量总称。能量在牛体内的转化概括如图 5-1 所示。

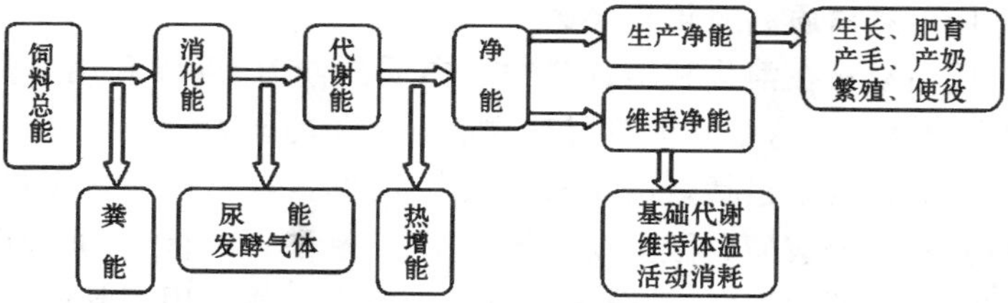

图 5-1　能量在牛体内的转化

饲料总能（GE）：用测热量的仪器直接测定，是饲料在体外完全燃烧所释放的热量。

消化能（DE）：饲料总能减去粪能即为消化能。粪能包括饲料中没有被消化的物质中所含能量和代谢后产生的消化酶、微生物和消化道脱落黏膜等所含能量。

代谢能（ME）：消化能减去尿能和气体能。主要是饲料中养分代谢吸收不完全的残余物、代谢过程中的产物（如肌酸酐），以及消化代谢过程中所产生的能量（如呼出的和肠道产生的二氧化碳气、甲烷气等）。

肉牛由消化能转化为代谢能的效率一般为 82%。

净能（NE）：代谢能减去热增耗（HI）即为净能。所谓热增耗，就是牛只消化代谢、饲料发酵本身所消耗的热和饲料消化代谢时身体所释放的能量，大部分是无效的，少量用于维持体温。净能又分为生产净能（NEP）和维持净能（NEM）两个部分。

生产净能（NEP）：对于肉牛来说就是增重净能，对奶牛即为产奶净能，对役牛为工作净能。增重净能是肉牛生长、肥育时增加体重的能量。

维持净能(NEM):是牛只处于基础代谢时,维持体温和活动的能量消耗。基础代谢是指牛只体重不增不减,保持不变,维持体温,保持生命活动的代谢过程。

(三)蛋白质的消化与代谢

反刍动物在消化利用饲料中蛋白质的同时,可以利用非蛋白质的含氮物质,这是其他单胃动物所不具备的能力。

牛的饲料中包括蛋白质和非蛋白质的含氮物,被食入瘤胃后,蛋白质一部分被瘤胃微生物降解为肽、氨基酸;饲料中的非蛋白态氮和唾液中的内源氮,被分解为氨。瘤胃微生物利用氨基酸、氨和瘤胃发酵生成的挥发性脂肪酸等,合成微生物蛋白。瘤胃微生物蛋白质和饲料中未被降解的蛋白质,也称为过瘤胃蛋白质,随着食糜进入真胃和小肠,被动物胃肠分泌的消化液消化吸收利用。

消化代谢过程中,多余的氨、氨基酸被吸收部分进入肝脏被合成为尿素再次进入唾液参加再循环;一部分经肾脏,从尿液排出体外。代谢的产物氮、未被消化的饲料氮进入粪便中被排出体外。

二、肉牛的营养需要

营养需要是指每头肉牛每天对能量、蛋白质、矿物质及维生素等营养成分的需要量。牛对各种营养物质的需要,因其品种、年龄、性别、生产目的、生产性能不同而有所差异。牛的营养需要可通过消化试验、饲养试验和屠宰试验等方法测得,营养需要也是肉牛饲养标准的主要内容。

(一)肉牛的干物质采食量

干物质采食量是配制肉牛日粮的重要参数。肉牛的干物质采食量受体重、日增重、饲料能量浓度、日粮类型、饲料加工、饲养方式和气候条件等因素的影响。在实际生产中,可结合草料资源条件,参照饲养标准,科学搭配青、干草料,调整日粮水分含量和营养浓度，满足肉牛的干物质需要。

（二）肉牛的能量需要

能量是肉牛维持生命活动以及生长、繁殖、生产等所必需的。牛需要的能量来自饲料中的碳水化合物、脂肪和蛋白质，但主要是碳水化合物。碳水化合物包括粗纤维、脂肪和无氮浸出物，它在牛瘤胃中被微生物分解为挥发性脂肪酸、二氧化碳、甲烷等，挥发性脂肪酸被瘤胃壁吸收，成为牛能量的主要来源。

1. 肉牛的能量体系　牛的饲料种类很多，从营养价值高的谷物到营养价值低的秸秆都是牛的常用饲料。各种饲料对于牛的能量价值是不一样的，不仅能量的消化率相差很大，而且从消化能或代谢能转化为净能的过程中，能量的损耗差异也较大，代谢能转化为增重净能和维持净能的效率也是不一样的。若用消化能或代谢能评定饲料，计算繁琐，所以目前世界上多数国家在牛的饲养上都采用净能体系。

2. 肉牛能量单位　我国现行的肉牛饲养标准采用的是综合净能值，也称净能体系，即综合净能＝维持净能＋增重净能，用肉牛能量单位（RND）来表示。以玉米作为能量饲料，1 千克中等玉米的综合净能值为 8.08 兆焦，以其为 1 个肉牛能量单位（RND），即 RND＝每千克饲料的综合净能值为 8.08 兆焦。

采用肉牛能量单位，即综合净能值把维持净能和增重净能结合起来综合评定，便于计算和生产中推广应用。其具体需要量可查阅肉牛饲养标准。

（三）肉牛的蛋白质需要

近年来对反刍动物氮代谢的研究，提出许多新的认识，在此基础上各国提出了一些新的蛋白质体系，如可代谢蛋白体系、小肠可消化蛋白体系等。鉴于降解蛋白质新体系还正处在研究阶段，我国肉牛饲养标准暂时仍采用粗蛋白质体系。具体需要量可查阅肉牛饲养标准。

三、肉牛的日粮配合

肉牛的日粮是指肉牛每昼夜所采食的精饲料和粗饲料的总量。

(一)日粮配合原则

1. 满足营养需要 依据肉牛饲养标准的规定，按照肉牛的不同性别、年龄、体重、日增重和所处不同生理阶段对各种营养物质的要求，搭配草料、满足需要。

2. 因地制宜、就地取材 选择饲料种类要从当地饲料资源出发，因地制宜，就地取材，兼顾营养需要和饲养成本。

3. 日粮组成多样化 尽可能多种草料搭配，营养齐全。青、干饲草搭配，既要提高日粮适口性、增加采食量，又有利于营养互补和提高营养浓度。

4. 原料新鲜、卫生 组成肉牛日粮的饲料要新鲜，保证品质好，没有发霉、腐败变质，没有农药和其他有害物质污染，严禁从疫区选购饲料。

5. 有利于提高产品质量 在配合肥育牛日粮时，所选用的饲草料要考虑对牛肉、牛奶品质的影响，特别是对肌肉、脂肪颜色等品质的影响。

(二)日粮配合示例

配合日粮的方法有试差法、对角线法、电脑法和凑数法等。为便于基层群众在生产中运用，现以凑数法为例，列举于下。

以生长肥育牛体重 400 千克，在气温 15℃的条件下，舍饲肥育，预期日增重 1 千克，现有饲料为青干杂草、苜蓿干草、玉米青贮、玉米、麦麸等。日粮配制过程如下。

第一步：在“肉牛饲养标准”的肉牛营养需要表中查出生长肥育牛体重 400 千克、日增重 1 千克的各种营养需要，列于表 5-1。

表 5-1　生长肥育牛体重 400 千克日增重 1 千克的各种营养需要

干物质(千克)	综合净能(兆焦)	粗蛋白质(克)	钙(克)	磷(克)
8.58	50.63	866	33	20

第二步:在"肉牛常用饲料成分及营养价值表"中查出现有各种可利用饲草料的营养成分(表 5-2)。

表 5-2　现有饲料的营养成分

饲料名称	干物质(%)	综合净能(兆焦/千克)	粗蛋白质(%)	钙(%)	磷(%)
野干草	85.2	4.03	8.0	0.48	0.36
苜蓿干草	92.4	4.83	18.2	2.11	0.30
玉米青贮	22.7	4.40	7.0	0.44	0.26
玉　米	8804	9.12	9.7	0.09	0.24
麦　麸	88.6	6.61	16.3	0.20	0.88

第三步:根据营养需要和现有饲料营养成分,按照表 5-1 的营养要求,先按照饲草与精饲料的干物质比例 7∶3 进行日粮饲草试差配合(表 5-3)。

表 5-3　饲草营养提供量计算

饲料名称	数　量(千克)	干物质(千克)	综合净能(兆焦)	粗蛋白质(克)	钙(克)	磷(克)
野干草	4	3.408	13.7	272.6	16.36	12.27
苜蓿干草	1	0.924	4.46	168.2	19.59	2.78
玉米青贮	10	2.27	9.99	158.9	9.99	5.90
合　计	15	6.602	28.15	599.7	45.94	20.95

各种营养物质需要量减去粗饲料供给的营养物质,余下的部分需用混合精料来满足(表 5-4)。

表 5-4　混合精料应提供的营养量

项　目	干物质（千克）	综合净能（兆焦）	粗蛋白质（克）	钙（克）	磷（克）
需要量	8.56	50.63	868	33	20
粗饲料含量	6.602	28.15	599.7	45.94	20.95
需用精料供给	1.958	22.48	268.3	－12.94	－0.95

按照现有精饲料玉米、麸皮的能量和蛋白质含量，估测玉米和麸皮的用量，并进行推算（表 5-5）。

表 5-5　确定精饲料用量

饲料名称	数　量（千克）	干物质（千克）	综合净能（兆焦）	粗蛋白质（克）	钙（克）	磷（克）
玉　米	2.5	2.21	20.16	214.37	1.99	5.304
麦　麸	0.5	0.443	2.93	72.21	0.89	3.9
合　计	3.0	2.653	23.09	286.58	2.88	9.204

混合饲草与混合精饲料的营养成分综合为日粮，计算结果列于表 5-6。

表 5-6　体重 400 千克生长肥育牛日增重 1 000 克日粮配合结果

饲料名称	数　量（千克）	干物质（千克）	综合净能（兆焦）	粗蛋白质（克）	钙（克）	磷（克）
野干草	4.0	3.408	13.7	272.6	16.36	12.27
苜蓿干草	1.0	0.924	4.46	168.2	19.59	2.78
玉米青贮	10.0	2.27	9.99	158.9	9.99	5.90
玉　米	2.5	2.21	20.16	214.37	1.99	5.304
麦　麸	0.5	0.443	2.93	72.21	0.89	3.90
合　计	18.0	9.255	51.24	886.28	48.82	30.154

精、粗饲料总计：总饲料量 18 千克，干物质 9.23 千克，综合净能 51.24 兆焦，粗蛋白质 886.28 克，钙 48.8 克，磷 30.15 克。

上述配合结果，干物质、综合净能和粗蛋白质均达到要求。矿物质钙、磷业已满足。

第四步：根据饲养标准要求和饲养实际，对配合日粮中的营养成分进行以下的调整：①按照上述日粮中精饲料量的 2%添加食盐，以满足钠和氯的需要。②钙和磷已满足，比例基本恰当，不需调整。③适当添加肉牛专用饲料添加剂，以满足肉牛对微量元素等营养物质的需要。

四、肉牛生产典型日粮配方

随着种草养牛业的发展，各地对肉牛饲粮配方进行了较为深入的研究，并筛选出了许多实用配方。现将部分选录如下，以供生产中参考。

(一)犊牛饲料配方

①玉米 50%，麸皮 12%，熟豆饼 30%，酵母粉 5%，磷酸氢钙 1%，碳酸钙 1%，食盐 1%。

随母哺乳，早期补饲上述犊牛料和优质青饲料、优质苜蓿干草，1～6 月龄平均日增重 600 克以上。

②玉米 45%，熟豆饼 17%，苜蓿草粉 10%，麸皮 24%，牡蛎粉 2.5%，食盐 1.5%。

日采食 1.25 千克，鲜奶(含干物质 12.3%)5.3 千克，喂 150 天。外加苜蓿干草、玉米青贮，自由采食。6 月龄内平均日增重 607 克，12 月龄体重 273 千克，18 月龄体重 360 千克。

③熟豆饼 22%，玉米 40%，高粱 20%，麸皮 15%，牡蛎粉 2%，食盐 1%。

日喂 2 千克，鲜奶 5.67 千克，喂 90 天，外加苜蓿干草、青贮玉米，自由采食。6 月龄内平均日增重 549 克，12 月龄体重 268 千克,18月龄体重360千克。

(二)体重300千克 以下肥育肉牛典型日粮配方

为方便应用,以下各配方中各种饲料(用量)均为自然重。

①黄玉米17.1%,棉籽饼19.7%,饲料化处理鸡粪8.2%,玉米青贮(带穗)17.1%,小麦秸25%,杂干草11.6%,食盐0.3%,石粉1%。

②黄玉米15%,胡麻籽饼13.6%,玉米黄贮35%,青干草5%,白酒糟31%,食盐0.4%。

③黄玉米19%,胡麻籽饼13%,玉米黄贮17.6%,青干草5%,白酒糟45%,食盐0.4%。

以上各配方,母头牛日干物质采食量均为7.2千克,预计日增重平均900克。

(三)体重300~400千克肥育肉牛典型日粮配方

①黄玉米10.4%,棉籽饼32.2%,饲料化处理鸡粪4.1%,玉米秸9.1%,玉米青贮(带穗)13.4%,白酒糟30%,石粉0.5%,食盐0.3%。

②黄玉米8.6%,玉米黄贮36%,白酒糟48%,胡麻籽饼7%,食盐0.4%。

③黄玉米11%,玉米黄贮25%,玉米秸5%,白酒糟50%,胡麻籽饼8.6%,食盐0.4%。

以上各配方,每头牛日干物质采食量均为8.5千克,预计日增重均为1100克。

(四)体重400~500千克肥育肉牛典型日粮配方

①黄玉米16.7%,棉籽饼24.7%,玉米秸9.5%,玉米青贮(带穗)37.4%,石粉1%,食盐0.7%,白酒糟10%。

②黄玉米21.1%,棉籽饼29.2%,玉米秸9.1%,玉米青贮(带穗)34.5%,白酒糟4.0%,石粉1.5%,食盐0.6%。

③黄玉米38.6%,玉米黄贮22%,胡麻籽饼9%,青干草4%,

白酒糟 26%，食盐 0.4%。

以上配方，每头牛日干物质采食量均为 9.8 千克，预计日增重均为 1 000 克。

(五)体重 500 千克以上肥育肉牛典型日粮配方

①黄玉米 42.6%，大麦粉 5%，杂草 7%，玉米青贮(带穗)28.5%，苜蓿草粉 11.5%，食盐 0.4%，白酒糟 5%。

②黄玉米 41%，大麦粉 5%，杂草 7%，玉米青贮(带穗)39%，苜蓿草粉 6.6%，食盐 0.4%，石粉 1%。

③黄玉米 27%，大麦粉 5%，胡麻籽饼 8.6%，玉米黄贮 19%，玉米秸 6%，白酒糟 34%，食盐 0.4%。

以上配方，每头牛日干物质采食量 10.4 千克，预计日增重均为 1 100 克。

第二节　犊牛的饲养管理

按照习惯，以 6 月龄作为分界线，6 月龄以前的牛称为犊牛。加强犊牛的培育和饲养管理是提高牛群质量、保证全活全壮、扩大肉牛养殖效益的重要环节。30 日龄以内的犊牛应以母乳为营养来源，饲养好母牛，保证母牛乳汁多、质量好，犊牛生长发育必然就好。犊牛生长发育快，单位体重的营养需要比成年高。其饲养管理要点如下。

一、初生期护理

(一)消除新生犊牛体表黏液

犊牛娩出后，要尽快擦出鼻腔及体表黏液，一般正常分娩，母牛会及时舔去犊牛身上的黏液，这一行为活动具有刺激犊牛呼吸和加强血液循环的作用。而特殊情况下，则需用清洁毛巾擦除黏液。避免犊牛受凉受冻，尤其要注意及时去除犊牛口鼻中的黏液，防止呼吸受阻。若已造成呼吸困难，要尽快使其倒挂，并拍打胸部使黏液流出、呼吸畅通。

(二)断脐与脐带处理

通常情况下，随着犊牛的娩出，脐带会自然扯断。出现脐带未扯断时，要用消毒剪刀在距腹部 6～8 厘米处剪断脐带，将脐带中残留的血液和黏液挤净，采用 5%碘酊浸泡消毒 2～3 分钟。但不要将药液灌入脐带内，以免因脐孔周围组织充血、肿胀而继发脐炎。断脐不要结扎，以自然脱落为好。

另外，剥去犊牛软蹄。犊牛想站立时，应帮助其站稳。

二、哺食初乳

初乳是指母牛分娩后 7 日龄内分泌的乳汁。初乳的营养丰富，尤其是蛋白质、矿物质和维生素 A 的含量比常乳高。在蛋白质中含有大量的免疫球蛋白，对增强犊牛的抗病力具有重要作用。初乳中镁盐较多，有助于犊牛排出胎粪。初乳中还含有溶菌酶，具有杀灭各种病菌功能。同时初乳进入胃肠具有代替胃肠壁黏膜作用，阻止细菌进入血液。初乳也能促进胃肠机能的早期活动，分泌大量的消化酶。从犊牛本身来说，初生犊牛胃肠道对母体原型抗体的通透性在生后很快开始下降，约在 18 小时就几乎丧失殆尽。在此期间如不能吃到足够的初乳，对犊牛的健康就会造成严重的威胁。犊牛出生后应在 0.5～2 小时内吃上初乳，方法是在犊牛能够自行站立时，让其接近母牛后躯，采食母乳。对个别体弱的犊牛可采取人工辅助，挤几滴母乳于洁净手指上，让犊牛吸吮其手指，而后引导到乳头助其吮奶。为保证犊牛哺乳充分，应给予母牛充分的营养。

这一阶段是犊牛体尺、体重增长及胃肠道发育最快的时期，尤以瘤网胃的发育最为迅速。此阶段犊牛的可塑性很大，直接影响成年牛的生产性能。

三、补饲草料

从1周龄开始，在牛栏的草架内添入优质干草(如豆科青干草等)，训练犊牛自由采食，以促进瘤、网胃发育。

青绿多汁饲料如胡萝卜、甜菜等，在20日龄时开始补喂，以促进消化器官的发育。每天先喂20克，逐渐增加补喂量，到2月龄时可增加至1～1.5千克，3月龄为2～3千克。

青贮饲草可在2月龄开始饲喂，每天100～150克。3月龄时1.5～2千克，4～6月龄时4～5千克。应保证青饲贮料品质优良，防止用酸败、变质及冰冻青贮饲料喂犊牛，以免腹泻。

出生后10～15天开始训练犊牛采食精饲料，初喂时可将少许牛奶洒在精饲料上。或与调味品一起做成粥状或制成糖化料，涂抹犊牛口鼻，诱其舐食。开始时日喂干粉料10～20克，到1月龄时每天可采食150～300克，2月龄时可日采食至500～700克，3月龄时可日采食至750～1 000克。犊牛料的营养成分对犊牛生长发育非常重要，可结合当地条件，确定配方和喂量。

常用的犊牛料配方举例如下。①玉米25%，燕麦17%，苜蓿草粉10%，小麦麸10%，豆饼18%，亚麻籽饼10%，酵母粉10%，维生素矿物质3%。②玉米45%，苜蓿草粉10%，豆饼25%，小麦麸12%，酵母粉5%，碳酸钙1%，食盐1%，磷酸氢钙1%(对于90日龄前的犊牛每吨料内加入50克复合维生素)。③玉米40%，苜蓿草粉15%，小麦麸15%，豆饼10%，棉粕13%，酵母粉3%，磷酸氢钙2%，食盐1%，微量元素、维生素、氨基酸复合添加剂1%。

四、犊牛管理

(一)在犊牛管理上要做到“三勤”、“三净”和“四看”

“三勤”，即勤打扫，勤换垫草，勤观察。并做到三观察，即喂奶时观察食欲、运动时观察精神、扫地时观察粪便。

"三净",即饲料净、畜体净和工具净。

"四看",即看饲槽、看粪便、看食相、看肚腹。

看饲槽:如果牛犊没吃净饲槽内的饲料就抬头慢慢走开,说明喂料量过多;如果饲槽底和壁上只留下像地图一样的料渣舔迹,说明喂料量适中;如果槽内被舔得干干净净,说明喂料量不足。

看粪便:牛犊排粪量日渐增多,粪条比吃纯奶时质粗稍稠,说明喂料量正常。随着喂料量的增加,牛犊排粪时间形成新的规律,多在每天早、晚 2 次喂料前排便。粪块呈多团块融在一起的叠痕,像成年牛的牛粪一样油光发亮但发软。如果牛犊排出的粪便形状如粥样,说明喂料过量。如果牛犊排出的粪便像泔水一样稀,并且臀部黏有湿粪,说明喂料量太大或料水太凉。要及时调整,确保犊牛代谢正常。

看食相:牛犊对固定的喂食时间 10 多天就可形成条件反射,每天一到喂食时间,牛犊就跑过来寻食,说明喂食正常;如果牛犊吃净食料后,向饲养员徘徊张望、不肯离去,说明喂料不足;喂料时,牛犊不愿到槽前来,饲养员呼唤也不理会,说明上次喂料过多或有其他问题。

看肚腹:喂食时如果牛犊腹陷很明显,不肯到槽前吃食,说明牛犊可能受凉感冒或患了伤食症;如果牛犊腹陷很明显,食欲反应也强烈,但到饲槽前只是闻闻,一会儿就走开,这说明饲料变换太大不适口或料水温度过高过低;如果牛犊肚腹膨大,不吃食说明上次吃食过量,可停喂 1 次或限制采食量。

(二)犊牛断奶

具体断奶时间应根据当地实际情况和补饲情况而定。肉牛业上实行早期断奶主要是为了缩短母牛产后的发情间隔时间和生产小牛肉时需要;对于饲养乳肉或肉乳兼用牛,产奶量较高,可挤奶出售,因而减少犊牛用奶量、降低成本才是其另一目的。对犊牛实行早期断奶是缩短母牛产后发情间隔时间简便而有效的手段。对于生产小牛肉，早期断奶时间一般建议为 2～3 月龄。

自然哺乳的母牛在断奶前 1 周即停喂精饲料，只给粗饲料和干草、稻草等，使其泌乳量减少。然后把母、犊分离到各自牛舍，不再哺乳。断奶第一周，母牛、犊牛可能互相呼叫，应进行分舍饲养管理或拴系饲养，不让其互相接触。

(三)犊牛的一般管理

1. 防止舐癖　犊牛与母牛要分栏饲养，定时放出哺乳。犊牛最好单栏饲养。其次犊牛每次喂奶完毕，应将犊牛口鼻部残奶擦净。对于已形成舐癖的犊牛，可在鼻梁前套一小木板来纠正。同时避免用奶瓶喂奶，最好使用水桶。犊牛要有适度的运动，随母牛在牛舍附近牧场放牧，放牧时适当放慢行进速度，保证休息时间。

2. 做好定期消毒　冬季每月至少进行一次消毒，夏季每 10 天一次，用苛性钠、石灰水或来苏儿对地面、墙壁、栏杆、饲槽、草架全面彻底消毒。如发生传染病或有死畜现象，必须对其所接触的环境及用具做临时突击消毒。

3. 称重和编号　留作种用的犊牛，称重应按育种和实际生产的需要进行，一般在初生、6 月龄、周岁、第一次配种前应予以称重。在犊牛称重的同时还应进行编号，编号应以易于识别和结实牢固为标准。生产上应用比较广泛的是耳标法，耳标有金属的和塑料的，先在金属耳标或塑料耳标上打上号码或用不褪色的色笔写上号码，然后固定在牛的耳朵上。

4. 犊牛调教　对犊牛从小调教，使之养成温驯的性格。无论对于育种工作，还是成年后的饲养管理与利用都很有利。未经过良好调教的牛，性情怪僻，人不易接近，不仅会给测量体尺、称重等育种工作带来麻烦，甚至会发生牛顶撞伤人等现象。对牛进行调教，首先要求管理人员要以温和的态度对待牛，经常抚摸牛，刷拭牛体，测量体温、脉搏，日子久了，就能养成犊牛温驯的性格。

5. 犊牛去角　一般在生后的 5～7 天内进行，去角的方法如下。

(1)固体苛性钠法　先剪去角基部的毛,然后在外周用凡士林涂一圈,以防药液流出,伤及头部或眼睛。然后用苛性钠在剪毛处涂抹,面积 1.6 厘米^2 左右,至表皮有微量血液渗出为止。应注意的是正在哺乳的犊牛,施行去角手术后 4～5 小时后才能接近母牛,进行哺乳,以防苛性钠腐蚀母牛乳房及皮肤。这种方法是通过苛性钠破坏生角细胞的生长,达到去角之目的。实践中应用效果较好。

(2)电烙器去角　将专用电烙器加热到一定温度后,牢牢地按压在角基部直到其角周围下部组织为古铜色为止。一般烫烙时间 15～20 秒。烙烫后涂以消炎软膏。

6. 犊牛去势　如果是专门生产小白牛肉,公犊牛在没有出现性特征之前就可以达到市场收购体重。因此,就不需要对牛进行阉割。进行成牛肥育生产,一般小公牛 3～4 月龄去势。阉牛生长速度比公牛慢 15%～20% ,而脂肪沉积增加,肉质量得到改善,适于生产高档牛肉。阉割的方法有手术法、去势钳、锤砸法和注射法等。

第三节　育成牛的饲养管理

从断奶之后到第一次产犊之前的母牛以及参加采精、配种之前的公牛统称为育成牛。近年来,为了生产与管理上的方便,部分专家、学者又把这一阶段的母牛分为育成母牛和青年母牛。即:从断奶到配种受孕前称为育成牛,而配种妊娠后到产犊前称为青年母牛;而从断奶到育肥之前的公牛称为生长牛,只把留作种用的公牛称为育成牛。通常又把留作种用的公、母犊牛统称为后备牛。受篇幅限制,本书统称为育成牛。

一、育成公牛的饲养管理

公犊牛绝大多数用作生产牛肉。而牛群中的优秀个体在需要时，也可用作培育后备种公牛。应根据不同的生产目标，选用适宜的饲养管理技术方案。

育成期牛对粗饲料的利用效率较高，作为肉牛，一般在犊牛断奶后就以粗饲料为主，达到一定体重后进行肥育，而培育种公牛或生产小牛肉等特色产品者，应按特定的饲养管理要求和方法进行科学生产。计划留作后备牛的母犊牛以及生产优质牛肉的公、母犊牛，育成阶段的饲养应以降低成本为主要目标，因为牛具有补偿生长的能力，这一时期增重慢，可由后期的快速增长、称作补偿生长来补偿。所以，可不以生长速度高为目标。而在保证健康不受影响的前提下，以价格低廉的粗饲料为主要日粮，在降低生产成本的同时，可强化瘤胃的消化功能和容积，为以后的高效生产奠定良好的基础。

(一)肉用公犊牛育成期的饲养

饲养方式可采取放牧或舍饲，以放牧方式成本最低、牛体质也最好。采用放牧饲养时，要公、母分群，以避免偷配而影响牛群质量。对周岁内的小牛宜近牧或放牧于较好的的草地上。冬、春季应采用舍饲。放牧牛每天应让牛饮水 2～3 次，水饮足才能吃够草，放牧地与饮水处应相距较近。水质要符合卫生标准。放牧牛群组成数量可因地制宜，良好的人工草地以及水草丰盛的草原地区可 100～200 头一群，农区、山区可 50 头左右一群。群大可节省劳动力，提高生产效率，增加经济效益。群小则能方便管理，有利于保持牛群生长发育的一致性。

舍饲饲养时，平均每头牛占用的场地最好能达到 10～20 $米^2$ 或更大一些的活动空间，可使牛运动充分、有利于健康发育。采用散放式的方法饲养，可使牛自由采食粗饲料，从而使其采食量增加。补料时要拴住强牛，以免弱小牛和胆怯的牛因吃不到应得的精饲料而使牛群发育不匀。日粮应以粗料为主，以便促进消化器官的发育。但对 8 月龄以内的幼牛应喂给质量较好的日粮，粗饲料以青草、青贮料、青干草等为主，若喂秸秆，则必须经揉搓、切碎或碾压加工后再喂。块茎及瓜果类饲料也要切得细碎些，以利于采食。精饲料的喂给量随粗饲料的品质而异，根据肉牛的体重和日增重大致为每天1.5～3千克。周岁以内的幼牛应喂给较好的日粮。其精饲料配方依据粗饲料的不同而不同，参考如下：①以各种禾本科青刈饲草和青贮饲料为主要粗饲料时，玉米粗粉61.5%、糠麸类10%、高粱粉5%、贝壳或石粉1.5%、磷酸氢钙1%、食盐1%；②以紫花苜蓿等豆科青草、青干草和青贮饲料为主要粗饲料时，玉米粗粉66.5%、糠麸类15%、高粱粉15%、磷酸氢钙2.5%、食盐1%、维生素添加剂5国际单位/千克；③以禾本科青干草为主要粗饲料时，玉米粗粉47%、糠麸类10%、高粱粉10%、饼粕类25%、食盐1%、维生素添加剂5国际单位/千克；④以农作物秸秆为主要粗饲料时，玉米粗粉57%、糠麸类10%、饼粕类25%、贝壳或石粉2%、食盐1%、维生素添加剂10国际单位/千克。

食盐及矿物质元素准确配合在饲料中，每天每头牛能食入合理的数量则效果最好。放牧牛往往不需补料，或无补料条件，则食盐及矿物质元素的投喂可以采市售“舔砖”来供给。最普通的食盐“舔砖”只含食盐，而功能较全的“舔砖”则含有各种矿物质元素。有的“舔砖”还含有尿素、双缩脲等，可提供一定氮源。通常把舔砖放在放牧牛群喝水的地方或者舍饲牛运动场边，让牛自由舔食，方便易行。

（二）育成种公牛的饲养

育成公牛的饲养比育成肉用公牛的饲养要求严格，公牛生长发育快，因而需要的营养物质较多。尤其需要以补饲精料的形式提供营养，以促进其生长发育和性欲的发展。对育成公牛的饲养，应在满足一定量精料供应的基础上，让其自由采食优质青粗饲料。育成种公牛的日粮中，精、粗料的比例同样依粗料的质量而异。以青草为主时，精、粗料的干物质比例约为55∶45；青干草为主时，其比例为 60∶40。从断奶开始，育成公牛即与母牛分开，专群饲养。育成种公牛的粗饲料不宜选用秸秆、多汁与渣糟类等体积庞大的粗饲料，最好选用优质苜蓿干草。青贮饲料可以选用，但喂量要受到限制。6 月龄后日喂量应以月龄乘以 0.5 千克为准，即 7 月龄时优质青贮喂量应控制在 3.5 千克左右，周岁以上日喂量限量为 8 千克，成年为 10 千克，以避免出现草腹、影响体型和配种能力。

特别是酒糟、粉渣、麦秸以及菜籽饼、棉籽饼等不宜用来饲喂育成种公牛。

维生素 A 对睾丸的发育、精子的密度和活力等有重要影响，要注意补充。冬、春季没有青草时，每头育成种公牛每天可饲喂胡萝卜 0.5～1 千克，日粮中矿物质元素必须满足需要。

(三)育成公牛的管理

1. 分群　严格与母牛分群饲养管理。育成种公牛与育成肉用公牛以及育成母牛的生长发育不同，对管理条件的要求也不同。混群管理，会干扰牛的成长。

2. 穿鼻　力便于管理，要及时对牛进行穿鼻和戴鼻环。穿鼻用的工具是穿鼻钳，穿鼻的部位在鼻中隔软骨最薄的地方。穿鼻时将牛保定好，用碘酊将工具和穿鼻部位消毒，然后从鼻中隔正直穿过。在穿过鼻中隔的孔中塞进绳子或木棍，以免伤口长住。伤口愈合后先带一小鼻环，以后随年龄增长可更换较大的鼻环。不能用缰绳直接拉鼻环，应通过角绊或笼头组合后牵拉，以避免把鼻镜拉豁、失去控制。

3. 刷拭　育成公牛上槽后进行刷拭，每天至少一次，每次不少于 5 分钟，保持牛体清洁。并培养温驯的性格，以便管理。

4. 试采精　从 12～14 月龄后即应进行试采精，开始从每月 1～2 次采精逐渐增加到 18 月龄的每周 1～2 次，检查采精量、精子密度、活力及有无畸形，并试配一些母牛，看后代有无遗传缺陷并决定是否留作种用。

5. 加强运动 育成公牛的运动关系到其体质，对育成公牛每天应进行一定时间的牵拉行走运动，以提高体质、增进健康。

6. 防疫注射 定期对育成公牛进行防疫注射，预防传染病。

7. 防寒防暑 育成公牛要夏防暑、冬防寒，保持健康。

二、育成母牛的饲养管理

育成母牛指断奶后至配种前的母牛。计划留作后备牛的犊牛在4～6月龄时选出，要求生长发育好、性情温驯、省草省料而又增重快，留作本群繁殖用。但留种用的牛不得过胖，应具备结实的体质。

育成牛瘤胃发育迅速。随着年龄的增长，瘤胃功能日趋完善，12月龄左右接近成年水平，正确的饲养方法有助于瘤胃功能的完善。此阶段是牛的骨骼、肌肉发育最快时期，体型变化大。6～9月龄时，卵巢上出现成熟卵泡，开始发情排卵。一般在18月龄左右，体重达成年体重的70%时配种。

为了增加消化器官的容量，促进其充分发育，育成母牛的饲料应以青刈牧草和青贮饲料以及青干草为主，精饲料只作蛋白质、钙、磷等的补充。

（一）育成母牛的饲养

1. 4～6月龄 即刚断奶的犊牛。瘤胃功能还处于正在健全阶段，而生长发育速度较快，需要相应的营养物质，有条件者可采用颗粒饲料。日粮以易消化的优质青干草和犊牛精饲料为主。可采用的日粮配方：犊牛料1.5～2千克，青干草1.4～2.1千克或青贮饲料5～10千克。

2. 7～12月龄 为性成熟期，母牛性器官和第二性征发育很快。体躯向高度和长度方面急剧增长。瘤胃虽已具有了相当的容积和消化青粗饲料能力，而器官本身还处于强烈的生长发育阶段需继续锻炼。因此，为了兼顾育成牛生长发育的营养需要并促进消化器官进一步发育完善，此期饲喂的粗饲料应选用优质青草、青干草、青贮饲料，加工作物秸秆等可作为辅助粗饲料，少量添加。同时还必须适当补充一些精饲料。一般日粮中干物质的75%应来源于青草、青干草等粗饲料，25%来源于精饲料。精饲料可采用如下配方：玉米46%、麸皮31%、高粱5%、大麦5%、酵母粉4%、松针粉3%、食盐2%、磷酸氢钙4%。日喂量：混合料2～2.5千克，青干草0.5～2千克，玉米青贮1～2千克，秸秆类粗饲料自由采食。

在放牧饲养下，如果牧草状况良好，7～12月龄母犊牛日粮中的粗饲料、多汁饲料和大约一半的精饲料可被牧草代替；在牧草生长较差的情况下，则必须补饲青草或青干草。青饲牧草的采食量：7～9月龄母牛为18～22千克，10～12月龄母牛22～26千克。每天青草的采食量可达体重的7%～9%，占日粮总营养价值的65%～75%。此阶段结束，体重应达250千克。

3. 13～18月龄　此阶段育成母牛的消化器官容积增大，消化能力增强。生长强度在18月龄后逐渐进入递减阶段，但日增重在良好的饲养水平条件下仍保持较高的水平。为了促进育成牛性器官的发育，其日粮要尽量增加青贮饲料、块根、块茎饲料的喂量。由于此时母牛既无妊娠负担、又无产奶负担、所以日粮只要保证母牛的生长所需即可。一般情况下，利用好的干草、青贮饲料、半干青贮饲料就能满足母牛的营养需要，使日增重达到0.6～0.65千克，而可不喂精饲料或少喂精饲料（每头牛每日0.5千克左右）；但在优质青干草、多汁饲料不足和计划较高日增重的情况下，则必须每日每头牛加喂1～1.3千克精料混合料。

在放牧条件下，如果牧草生长较差的情况下，也必须给牛补饲青刈牧草。青饲料日喂总量（包括放牧采食量）应达到：13～15月龄育成母牛26～30千克；16～18月龄育成母牛30～35千克。青草返青后开始放牧时，嫩草含水分过多，能量缺乏，必须每天在圈内补饲干草或精饲料，补饲时机最好在牛回圈休息后夜间进行。

夜间补饲不会降低白天放牧采食量，也免除了回圈立即补饲而使牛群回圈路上奔跑所带来的损失。补饲量应根据牧草生长情况而定。冬末春初每头育成牛每天应补 1 千克左右配合料。每天喂给 1 千克胡萝卜或青干草，或者 0.5 千克苜蓿干草，或每千克料配入 1 万国际单位维生素 A。

混合料可参考如下配方：①玉米 35%、苜蓿草粉 22%、豆饼 20%、麸皮 19%、尿素 2%、食盐 1%、预混料 1%。②玉米 30%、葵花籽饼 20%、苜蓿草粉 20%、麸皮 20%、高粱 5%、碳酸钙 1%、磷酸氢钙 2%、食盐 2%。

4. 18～24 月龄 进入繁殖配种期。育成牛生长速度减小，体躯显著向深宽方向发展。日粮以优质干草、青草、青贮饲料和多汁饲料及氨化秸秆作为基本饲料，少喂或不喂精饲料。而到妊娠后期，由于胎儿生长发育迅速，需要较多营养物质，每日补充 2～3 千克精饲料。如有放牧条件，应以放牧为主。在优质草地上放牧，精饲料可减少 20%～40%。

(二)育成母牛的管理

1. 分群 青年牛断奶后根据年龄、体重情况进行分群。首先分群时年龄和体格大小应该相近，月龄差异一般不应超过 2 个月，体重差异低于 30 千克。

2. 穿鼻 犊牛断奶后，特别是对役肉兼用牛，在 7～12 月龄时应根据饲养以及将来使役管理的需要适时进行穿鼻，并带上鼻环。鼻环应以不易生锈且坚固耐用的金属制成，穿鼻时应胆大心细，先将一长 50～60 厘米的粗铁丝的一端磨尖，将牛保定好，一只手的两个手指摸在鼻中隔的最薄处，另一只手持铁丝用力穿透即可。

3. 加强运动 在舍饲条件下，青年牛每天应至少有 2 小时以上的运动。母牛一般采取自由运动；在放牧的条件下，运动时间一般足够。加强育成牛的户外运动，可使其体壮胸阔，心肺发达，食欲旺盛。如果精饲料过多而运动不足，容易发胖，形成体短肉厚个子小，早熟早衰，利用年限短。

4. 刷拭和调教　为了保持牛体清洁，促进皮肤代谢和养成温驯的气质，育成母牛每天应刷拭1～2次、每次5～10分钟，对青年母牛性情的培育是非常有益的。

5. 制定生长计划　根据肉牛不同品种和年龄的生长发育特点及饲草、饲料供应状况，确定不同日龄的日增重幅度，制定出生长计划，一般在初生至初配，活重应增加10～11倍，2周岁时为12～13倍。

6. 育成母牛的初次配种　青年母牛何时初次配种，应根据母牛的年龄和发育情况而定。正常情况下，初次配种应在16～18月龄、体重达到该品种成年体重70%的时期。

7. 放牧管理　采用放牧饲养时，要严格把公牛分出单放，以避免偷配而影响牛群质量。对周岁内的小牛宜近牧或放牧于较好的草地上。冬、春季应采用舍饲。

第四节　繁殖母牛的饲养管理

一、妊娠期母牛的饲养管理

妊娠期母牛的营养需要和胎儿生长有直接关系。妊娠前6个月胚胎生长发育较慢，不必为母牛增加营养。对妊娠母牛保持中上等膘情即可。胎儿增重主要在妊娠的最后3个月，此期胎儿的增重占犊牛初生重的70%～80%，需要从母体吸收大量营养。同时，母牛体内需蓄积一定养分，以保证产后泌乳量。一般在母牛分娩前，至少增重45～70千克，才足以保证产犊后的正常泌乳与发情。

（一）妊娠母牛的舍饲饲养

在禁牧的地区一般采取舍饲方式。这种饲喂方式能够做到按照人的意志合理地调节喂牛的草料量，易于做到按不同的牛给予不同的饲养条件，使牛群生长发育均匀；便于给牛创造一个合理的畜舍环境，以抵御恶劣自然条件的影响；易于实行机械化饲养，降低工人劳动强度，大幅度地提高生产效率。如人工草地割草饲喂可比放牧提高牧草采食率达40％以上，使饲草资源得以节约。山区和牧区在冬季气候恶劣时期，也应舍饲，以利于牛的保暖和提高繁殖成活率。

日粮以青草和青干草、青贮饲料为主，根据牧草的质量适当搭配精饲料的原则，参照饲养标准配合日粮。如果优质牧草缺乏，粗料以麦秸、稻草、玉米秸等干秸秆为主时，必须搭配优质豆科牧草，补饲饼粕类饲料，也可以用尿素代替部分饲料蛋白质。根据膘情补加混合精料1～2千克。其配方参考如下：玉米52％、饼类20％、麸皮25％、石粉1％、食盐1％、微量元素与维生素1％。

在饲料条件较好时，应避免过肥和运动不足。纯种肉用牛难产率较高，尤其初产母牛较高，必须做好助产准备工作。

拴系饲养是农村传统的养牛方式，适合肉牛肥育。但不适合繁殖母牛，繁殖母牛应增设运动场。因为充足的运动可增强母牛体质，促进胎儿生长发育，并可降低难产率。

（二）妊娠母牛的放牧饲养

以放牧为主的母牛，放牧地离牛舍不应超过3 000米。青草季节应尽量延长放牧时间，一般可不补饲。牧草中钾含量多而钠含量少，氯也不足，必须补充食盐，以免缺钠妨碍牛的正常生理功能。缺氯会降低真胃胃酸的分泌，影响消化，因此放牧牛也必须补盐。天天补盐效果最佳，可以在饮水处设矿物质舔食槽，或应用矿物质舔砖（固态矿物补添剂）。地区性缺乏的矿物质（如山区缺磷、沿海缺钙、内陆缺碘，地区性缺铜、锌、铁、硒等）可按应补数量混入食盐中，最好混合制成舔砖应用，免得发生舔食过量。一般补盐量可按每100千克体重每天10克左右计算。

枯草季节，根据牧草质量和牛的营养需要确定补饲草料的种类和数量；特别是在妊娠最后的2～3个月，这时正值枯草期，应进行重点补饲。另外，枯草期维生素 A 缺乏，注意补饲胡萝卜、每头每天 0.5～1 千克，或添加维生素 A 添加剂。另外应补足蛋白质、能量饲料及矿物质的需要。精饲料补量每头每天 1～2 千克。精料配方：玉米 50%，麦麸 10%，豆饼 30%，高粱 7%，石粉 2%，食盐 1%。另加维生素 A 和微量元素。母牛产前 15 天停止放牧。

二、分娩期母牛的饲养管理

分娩母牛的饲养管理，即围产期的饲养管理。因为这段时间母牛经历妊娠至产犊至泌乳的生理变化过程，在饲养管理上有特殊性。

产前 15 天，将母牛移入产房，由专人饲养和看护。发现临产征兆，估计分娩时间，准备接产工作。母牛的分娩征兆包括以下几个方面：在分娩前乳房发育迅速，体积增加，腺体充实，乳头膨胀；阴唇在分娩前 1 周开始逐渐松弛、肿大、充血；在分娩前 1～2 天有透明黏液从阴门流出。妊娠末期，骨盆部韧带软化，臀部有塌陷现象。在分娩前 1～2 天，骨盆韧带充分软化，尾部两侧肌肉明显塌陷，俗称“燕窝塌陷”，这是临产的主要症状。

母牛分娩后，由于大量失水，要立即给母牛以温热、足量的麸皮盐水（麸皮 1～2 千克，盐 100～150 克，碳酸钙 50～100 克，温水 15～20 升），可起到暖腹、充饥、增腹压的作用。同时，喂给母牛优质、嫩软的干草 1～2 千克。为促进子宫恢复和恶露排出，还可补给益母草温热红糖水（益母草 250 克、水 1 500 毫升，煎成水剂后再加红糖 1 千克、水 3 升），每日 1 次，连服 2～3 天。

分娩后阴门松弛，躺卧时黏膜外翻易接触地面。为避免感染，地面应保持清洁，垫草要勤换。母牛的后躯阴门及尾部应用消毒液清洗，以保持清洁。加强监护，随时观察恶露排出情况，观察阴门、乳房、乳头等部位是否有损伤。每日测 1～2 次体温，若有升高及时查明原因进行处理。

三、哺乳期母牛的饲养管理

哺乳母牛的主要任务是多产奶，以供犊牛哺食。母牛在哺乳期所消耗的营养比妊娠后期还多，每产 3 千克含脂率 4%的奶，约消耗 1 千克配合饲料的营养物质。

在泌乳早期(产犊后前 2 个月)，肉用母牛日产奶量可达 7～10 千克或更多，能量饲料的需要比妊娠干奶牛高出 50%，蛋白质、钙、磷的需要量加倍。放牧饲养时，因为早春产犊母牛正处于牧地青草供应不足的时期，为保证母牛产奶量，要特别注意泌乳早期的补饲。除补饲秸秆、青干草、青贮饲料外，每天补喂混合精饲料 2 千克左右，同时注意补充矿物质及维生素，有利于母牛产后发情与配种。

四、空怀期母牛的饲养管理

空怀母牛的饲养管理主要是提高受配率、受胎率，充分利用粗饲料，降低饲养成本。繁殖母牛在配种前应具有中上等膘情，过瘦、过肥往往影响繁殖。在肉用母牛的饲养管理中，容易出现精料过多而又运动不足，造成母牛过肥而不发情。但在营养缺乏、母牛瘦弱的情况下，也会造成母牛不发情而影响繁殖。瘦弱母牛配种前1～ 2 个月加强饲养，应适当补饲精饲料以提高受胎率。

母牛产后开始出现发情平均为产后 34 天(20～70 天)。部分母牛由于哺育犊牛的刺激，产后发情可能出现在 100 天以后。一般母牛产后 1～3 个情期，发情排卵比较正常。随着时间的推移、季节变化，往往母牛膘情变化，发情排卵受到影响。因此，要注意观察母牛的产后发情，及时配种。如果多次错过发情期，则情期受胎率会越来越低。如果出现此种情况，应及时进行直肠检查，摸清情况，慎重处理。

另外，改善饲养管理条件，增加运动和日光浴可增强牛群体质，提高母牛的繁殖能力。牛舍内通风不良、空气污浊、夏季闷热、冬季寒冷、过度潮湿等恶劣环境极易危害牛体健康，敏感的个体很可能停止发情。因此，改善饲养管理条件、实施动物福利，在繁殖母牛的饲养管理中十分重要。

种植优质牧草，禾本科和豆科牧草搭配是空怀母牛的基本饲粮，同时有利于提高母牛的发情率和配种受胎率。基本饲粮应为玉米青贮 15～20 千克、苜蓿干草 2～3 千克、其他禾本科青干草2～5千克、青刈饲草 20～30 千克，秸秆类饲草满足供应。在青贮饲料和青干草不足的情况下，可加大青刈饲草喂量，并适当补充精饲料。

第五节　肉牛肥育技术

一、肉牛肥育的类型与方式

(一)肉牛肥育的类型

肉牛肥育，由于其性能、目的和对象的不同，可分为以下几种类型：

按目标分，可分为普通肉牛肥育和高档肉牛肥育。

按年龄分，可分为犊牛肥育、育成牛(青年牛)肥育、成年牛肥育及淘汰牛肥育。

按性别分，可分为公牛肥育、母牛肥育和阉牛肥育。

按饲料类型分，可分为精料型肥育(持续肥育法)和前粗后精型肥育(后期集中肥育法)。

无论哪种肥育法，为便于规模养殖，一律推行围栏肥育技术。围栏肥育即全舍饲型，把肥育牛散养在围栏内，采用自由采食、自由饮水的方式，每个围栏面积 40～60 米^2，饲养 8～15 头牛。其主要优点有以下五点。

第一，提高了肥育牛日增重。在自由采食、自由饮水条件下，肥育牛根据自身营养需要，随时采食和饮水，以满足营养需要。与拴系饲养方式相比，在单位时间内围栏肥育牛的采食量和饮水量加大，增重必然提高。

第二，提高肥育牛的屠宰成绩。肥育牛的胴体重、屠宰率、净肉重及胴体品质都不同程度地得以提高。

第三，提高了土地利用率。以肥育牛采食、休息占用的面积比较，拴系条件下每头牛需占用 17 米^2，围栏条件下每头肥育牛只需占用 4～5 米^2。

第四，提高了劳动效率。拴系饲养时，每个劳动力可养 20～50 头，而围栏饲养，每个劳动力可养 200～250 头，大幅度地提高了劳动效率。

第五，有利于机械化。提高肉牛肥育的机械化水平，便于规模生产、创造规模效益。

（二）肉牛肥育的方式

肉牛肥育方式因各地条件不同而异，同时还受市场、饲料、价格等因素的影响而有所变化。综合多方面因素，目前适宜采用的肉牛肥育方式一般可分为以下三种。

1. 以青、粗饲料为主的半集约化肥育方式 2 月龄断奶、体重 80 千克左右的秋产犊牛，冬季自由采食干草或青贮饲料，以粗饲料为主，日喂精饲料不超过 1.5 千克。至 6 月龄体重达到 180 千克左右时正值夏季，在山坡草地或人工草场放牧，此期间基本不喂精饲料。至 12 月龄时体重 325 千克左右，再次进入冬季舍饲阶段，自由采食青贮饲料或青干草，日喂 2～3 千克含谷物、蛋白质的饲料、矿物质、维生素的精饲料补充料。用这种方法，一般 18 月龄牛体重可达 480～500 千克。由于肥育期较短，消耗精饲料相对较少，因此在生产中得到广泛应用。

2. 大量饲喂一般牧草的粗放肥育方式 2 月龄断奶体重 80 千克左右的冬产犊牛，首先舍饲，自由采食青贮饲料和青干草，精饲料日喂量不超过 2 千克。至 6 月龄体重 180 千克时正值夏季，在优良的草地上放牧或饲喂青刈饲草至12月龄。体重250千克左右，进入第二个冬季舍饲，自由采食青贮料和青干草，并饲喂氨化秸秆及大量农副产品，日喂精饲料不超过2千克。18月龄体重330～350千克时，进入第二次放牧阶段，在优良的草地上放牧，不补精饲料或稍补精饲料。采用这种肥育方式，24月龄牛的体重达500～550千克。由于这种方式以粗饲料和放牧为主，消耗精料少，肥育牛体重较大，所以在生产中也很受欢迎。

3. 易地肥育方式　在山地丘陵草场及人工草地资源丰富的地区发展母牛，繁殖犊牛及培育生长牛，一般生长牛至体重300千克左右时，易地到精饲料及农副产品丰富的平川农区或城郊区肥育。如山西省已经形成的在太行山区发展繁殖母牛，培育生产架子牛，而后易地到祁县、文水以及太原市郊等地进行肥育生产，就是典型的易地肥育。架子牛购回后，进行4～5个月的强度肥育，肥育期日增重平均1 000克以上，出栏重500千克以上，通常料重比为3～4∶1，经济效益显著。

二、幼牛直线肥育

(一)品种选择

肥育犊牛的品种，应选择夏洛来、西门塔尔、利木赞等改良牛以及荷斯坦奶牛的公犊，都可作为直线肥育的牛源。

(二)早期饲养管理

犊牛的提早补饲至关重要。1周龄时开始训练饮用温水。为促进犊牛瘤胃的发育和补充犊牛所需的养分，提早喂给紫花苜蓿等豆科青干草。精饲料一般在10～20日龄开始训料，开始训料时将精饲料制成粥状，并加入少许牛奶，开始日喂10～20克，逐渐增加喂量；20日龄开始每日给10～20克胡萝卜碎块，以后逐渐增加喂量；30日龄时，栏内设干草篮，诱其采食；60日龄开始加喂青贮饲料，首次喂量为100～150克。随着犊牛采食量的增加而逐渐增加喂量。整个饲养期都必须保证充足的饮水。

犊牛与母牛要分栏饲养，定时放出哺乳。犊牛要有适度的运动，随母牛在牛舍附近牧场放牧，放牧时适当放慢行进速度，保证休息时间。犊牛达100日龄时断奶。

(三)肥育棚舍准备

在犊牛转入肥育舍前，对肥育舍地面、墙壁用2%火碱溶液喷洒，器具用0.1%新洁尔灭溶液或0.1%高锰酸钾溶液消毒。犊牛断奶后转入肥育舍饲养。

肥育舍可建为规范化的棚舍或塑膜暖棚舍，舍温要保持在6℃～25℃范围内，确保冬暖夏凉。夏季搭遮阳棚，保持通风良好，当气温30℃以上时，应采取防暑降温措施。冬季扣上双层塑膜，要注意通风换气，及时排除氨气、一氧化碳等有害气体。

按牛体由大到小的顺序拴系、定槽、定位，缰绳以40～60厘米长为宜。

(四)肥育日粮

所有的牧草、农作物秸秆、青贮饲料、氨化秸秆、微贮秸秆、块根块茎及薯藤、酒糟、甜菜渣、玉米、菜籽饼、高粱、葵花籽饼、麦麸、豆饼、棉籽饼、食盐、矿物质类、添加剂等，均可饲喂肥育犊牛。犊牛转入肥育舍后驯饲10～14日，使其适应环境和饲料并逐渐过渡到肥育日粮。夏季青草茂盛，也是放牧的最好季节，应充分利用种植牧草的营养价值高、适口性好和消化率高的优点，采用放牧或青刈饲草肥育方式。当温度超过30℃，注意防暑降温，可采取早、晚放牧的方式，以充分利用牧草转化为牛肉，降低饲养成本，增加经济效益。春、秋季节白天放牧，夜间补饲一定量青贮饲料、青干草或氨化、微贮秸秆等粗饲料和少量精饲料。冬季要补充一定的精饲料，适当增加能量(玉米、麸皮等)和蛋白质饲料(饼粕类等)，提高犊牛的防寒能力，降低能量消耗比例。肥育牛的日粮配方参考如下：玉米面35.2%、豆饼5.9%、酒糟29.3%、各种青干草

29.3%、食盐 0.3%，另加复合添加剂 1%；或者精饲料 19.6%～22.4%、酒糟 26.4%～27.1%、青干草 8.4%～9.1%、微贮秸秆 42.2%～44.2%，另加复合添加剂 1%。

（五）肥育管理

舍饲肥育犊牛日饲喂 3 次，先喂粗饲料，再喂配合料。要保证充足的饮水。注意禁止饲喂带冰的饲料和饮用冰冷的水，寒冬季节要饮温水。一般在喂后 1 小时内供牛饮水。

肥育牛 10～12 月龄用阿维菌素或左旋咪唑驱虫 1 次。阿维菌素每头口服剂量为每千克体重 0.1 克；左旋咪唑每头牛口服剂量为每千克体重 8 毫克。12 月龄时，用人工盐健胃 1 次，口服剂量为每头牛 60～80 克。日常每日刷拭牛体 1 次，以促进血液循环，增进食欲，保持牛体卫生。饲养用具也要经常洗刷消毒。肥育牛要按时搞好疫病防治，经常观察牛采食、饮水和反刍情况，发现病情及时治疗。

（六）分阶段肥育示例

幼牛开始体重 180～200 千克，肥育全程 380 天，平均日增重 920～930 克，肥育结束体重 530～550 千克，划分不同肥育阶段，采用相应技术措施。

1. 肥育准备期　让犊牛适应肥育的环境条件，并进行驱虫及防疫注射等工作。时间为 60～65 天，日粮中料草比例为 35∶65，粗蛋白质水平 13%，日增重指标为 600 克。

2. 肥育前期　时间为 150 天，日粮料草比例为 35～45∶65～55，粗蛋白水平为 12%～13%，日增重指标为 1 050 克。

3. 肥育中期　时间为 90 天，日粮中料草的比例为 55～60∶45～40，粗蛋白水平 11%～12%，日增重指标 950 克。

4. 肥育后期　时间为 80 天，日粮中料草比例为 65～75∶35～25，粗蛋白质水平为 10%，日增重指标为 900 克。

研究表明，采用此肥育模式肥育地方良种黄牛（晋南牛、秦川牛、鲁西牛、南阳牛等）可生产出品质优良的牛肉。其屠宰率可达63%以上，净肉率达54%以上，产品可供星级涉外饭店，牛肉质量介于美国标准的特等和优等之间，达到日本标准 $A_2 \sim A_3$ 水平。

幼牛直线肥育具有四大好处：一是缩短了生产周期，较好地提高了出栏率；二是改善了肉质，满足市场高档牛肉的需求；三是降低了饲养成本，提高了肉牛生产的经济效益；四是减少了草场载畜量，可获得较高的生态效益。

三、育成牛肥育

育成牛肥育即持续肥育法——精料型肥育模式。

适用于地方良种黄牛及改良牛的肥育生产。肥育开始体重250～270千克，年龄12～14月龄，肥育期要求10～12个月，肥育结束年龄不超过24～26月龄，肥育结束体重为500～580千克，肥育期间日增重要求850克以上。屠宰率63%～66%，牛肉大理石花纹等级达1～2级，胴体等级要求1～2等。

肥育前期：时间为整个肥育期的2/3，以干物质计算料草比例为60～65∶40～35，日增重800克。

肥育后期：时间为整个肥育期的1/3，以干物质计算，料草比例为75～80∶25～20，日增重1 100克。

精饲料的首选品种是玉米（玉米籽实或带穗玉米青贮），其次是棉籽饼、胡麻籽饼、大麦和麸皮。精饲料形状以压扁或粗粒饲料较好，这种饲料通过瘤胃速度慢，便于消化吸收，并可促进瘤胃蠕动，尤其是对活动少的舍饲牛作用更加明显。

粗饲料在精料型肥育模式中，主要是刺激瘤胃的蠕动，促进反刍，防止精饲料造成的酸中毒，维护牛体健康。其首选品种是青干杂草，其次是农作物秸秆——玉米秸、杂粮秸、麦秸。

饲喂方式是围栏肥育法——群养、自由采食、自由饮水。

四、后期集中肥育

后期集中肥育又称架子牛肥育，即前期多喂饲草，精饲料相对集中在肥育后期催肥使用。由于在前期大量应用饲草，锻炼了牛的消化器官，使牛在中后期具有较大的采食量和很强的消化能力，从而可充分发挥补偿生长的特点和优势，获得满意的肥育效果。

前期约 150 天，日粮以优质青干草、氨化秸秆、玉米黄贮等优质牧草为主，视牧草质量而补喂少量精饲料，日增重达 400～500 克即可。

中期 150 天，日增重指标为 1 000 克，此期适当加大精饲料比例，日粮要求蛋白质水平相对较高，而能量水平相对较低，利用牛的补偿生长，饲料报酬高，增重效果好。

后期 150 天，为肉质改善期，日增重拟订为 800 克，日粮蛋白质水平相对降低，能量水平相对提高，以利于脂肪沉积，并渗透于肌纤维间，形成大理石花纹。肥育结束体重 500～600 千克。

五、高档牛肉生产

高档肉牛即生产高档牛肉的牛。高档牛肉在嫩度、风味、多汁性等主要指标需达到规定的等级标准。一般每头高档肉牛可生产高档牛肉 30～40 千克（其他的肉可以作为优质牛肉），每千克高档牛肉的价格可数倍高于普通牛肉。因此，肥育高档肉牛，生产高档牛肉，具有十分显著的经济效益和广阔的发展前景。肥育高档肉牛一般要做到以下 5 点。

第一，严格控制肥育牛的年龄。肥育牛要求挑选 6 月龄断奶的牛犊，体重 200 千克以上，肥育到 18～24 月龄屠宰。

第二，严格要求屠宰体重。肥育牛到 18～24 月龄（即屠宰前）的活重应达到 500 千克以上，没有这样的宰前活重，牛肉的品质达不到“优质”级标准。因此，肥育高档肉牛，既要求控制肥育牛的年龄，又要求达到一定宰前体重，两者缺一不可。

第三，选择优良品种。肥育高档肉牛最好挑选改良牛（如西门塔尔改良牛）或杂交一代牛。因为改良牛和杂交一代牛具有增重快，牛肉品质优良的特点。另外，选用我国优良的地方品种牛如晋南牛、秦川牛等，也可以生产出高档牛肉。

第四，一般肥育期应达到 12 个月，要求分阶段饲养。前 4 个月为肥育准备期，日粮可以优质牧草为主，精饲料占日粮的 25%，日粮中粗蛋白质含量 12%，每头牛日采食干物质 4 千克左右，日增重达到 500 克左右；强度肥育期为 8 个月，如果计划肥育牛到 18 月龄、体重 500 千克左右时屠宰，则日粮安排为：250～300 千克体重阶段，日粮中精饲料比例占 55%，粗蛋白质含 11%，每头牛日采食干物质 6.2 千克，饲养期 65 天，日增重 700 克左右；350～400 千克体重阶段，日粮中精饲料比例占 75%，粗蛋白质含 10.8%，每头牛日采食干物质 7.6 千克，饲养期 55 天，日增重 1.1 千克；450～500 千克体重阶段，日粮中精饲料比例占 75%～80%，粗蛋白质含 10%，每头牛日采食干物质 7.6～8.5 千克，饲养期 120 天，日增重 1.1 千克。

第五，科学规范化的饲养管理。肥育前进行健康检查，驱虫防疫，公牛应去势等；肥育期精饲料配方为玉米 62%、麸皮 10%、豆饼 15%、高粱 10%、预混料 3%，饲草采用新鲜的牧草和豆科青干草，优质青贮以及农作秸秆调制的氨化、微贮饲料为主。肥育牛要求采用舍饲或围栏饲养。舍饲时要一牛一桩固定拴系，缰绳不宜太长；围栏饲养时肥育牛散养在围栏内，每栏 15 头左右，每头牛占有面积 4～5 米^2，自由采食、饮水。日粮中精饲料比例上升至 75%以上时，要注意牛胀肚或腹泻，一旦发病及时治疗。

六、栽培牧草肥育肉牛日粮方案

栽培牧草肥育肉牛，不加任何精饲料，完全可以达到理想的日增重效果。在人工草地上放牧肥育，虽然节约人工，也可获得一定的增重效果，但动物践踏等对牧草资源浪费较大，只有在山坡草地或天然草原以及人工草地牧草收获后的后茬草地上具有经济意义。而栽培牧草应收获、加工调制后利用，并适当补充部分谷实及粮油加工副产品，以获取最佳经济效益。

以始重 200 千克肥育至 500 千克出栏的肉牛肥育模式为例，肥育牛每增重 50 千克为一个阶段，进行栽培牧草肥育管理。假设生产场（户）备有玉米青贮、苜蓿干草及混生青干草、青刈牧草等。

（一）体重 200～250 千克阶段

此期间肥育牛的干物质采食量为 6 千克左右。按照日增重 1 000 克计算，要求肉牛能量单位（RND）3.81、粗蛋白质 726 克左右。其日粮配制以玉米青贮、苜蓿干草为主，其分别占日粮干物质的比例约为 35％和 28％；青杂草作为肥育牛日粮的维生素来源，占日粮干物质的 23％；小麦麸用以平衡日粮营养，占日粮干物质的 14％。其日粮配方参考表 5-7。

表 5-7　体重 200～250 千克肥育牛日粮配方及营养含量

饲草种类	数　量（千克）	干物质（千克）	肉牛能量单位（RND）	粗蛋白质（千克）	备　注
玉米青贮	10.0	2.26	1.23	158	预期日增重 1000 克
苜蓿干草	2.0	1.80	1.08	324	
青刈饲草	6.0	1.50	0.98	101	
小麦麸	1.0	0.89	0.73	145	
合　计	19.0	6.45	4.02	728	

（二）体重 250～300 千克阶段

此期间肥育牛的干物质采食量为 7 千克左右。按照日增重 1 000 克计算，要求日粮肉牛能量单位（RND）4.55、粗蛋白质 770 克左右。其日粮配制以玉米青贮、苜蓿干草、混生青干草为主，其分别占日粮干物质的比例约为37%、25%和12%;青杂草作为肥育牛日粮的维生素来源,占日粮干物质的1%;采用玉米粗粉平衡日粮营养,占日粮干物质的12%。其日粮配方参考表5-8。

表5-8　体重250～300千克肥育牛日粮配方及营养含量

饲草种类	数　量（千克）	干物质（千克）	肉牛能量单位(RND)	粗蛋白质（千克）	备　注
玉米青贮	12.0	2.71	1.48	190	预期日增重1000克 混生青干草中应含有一定比例的优质豆科青干草
苜蓿干草	2.0	1.80	1.08	324	
混生青干草	1.0	0.90	0.46	90	
青刈饲草	4.0	1.00	0.65	100	
玉米粗粉	1.0	0.89	1.01	86	
合　计	20.0	7.30	4.68	790	

(三)体重300～350千克阶段

此期间肥育牛的干物质采食量为8千克左右。按照日增重1 000克计算,要求日粮肉牛能量单位(RND)5.5、粗蛋白质820克左右。其日粮配制以玉米青贮、苜蓿干草、混生青干草为主,其分别占日粮干物质的比例约为40%、16%和16%;青刈牧草作为肥育牛日粮的维生素的补充,占日粮干物质的12%;采用玉米粗粉平衡日粮营养,占日粮干物质的16%。其日粮配方参考表5-9。

表5-9　体重300～350千克肥育牛日粮配方及营养含量

饲草种类	数　量（千克）	干物质（千克）	肉牛能量单位(RND)	粗蛋白质（千克）	备　注
玉米青贮	15.0	3.41	1.84	239	预期日增重1000克 混生青干草中应含有一定比例的优质豆科青干草
苜蓿干草	1.5	1.35	0.81	243	
混生青干草	1.5	1.35	0.69	135	
青刈饲草	4.0	1.00	0.65	100	
玉米粗粉	1.5	1.34	1.51	129	
合　计	23.5	8.45	5.50	846	

(四)体重 350～400 千克阶段

本阶段肥育牛日进食日粮干物质控制在 9 千克左右。按照日增重 1 000 克计算,其日粮应含肉牛能量单位(RND)5.93、粗蛋白质 850 克左右。其日粮配制以玉米青贮、苜蓿干草、混生青干草为主,其分别占日粮干物质的比例约为 36%、10%和 24%;青刈牧草约占日粮干物质的 16%;玉米粉占日粮干物质的 14%。具体配方参考表 5-10。

表 5-10 体重 350～400 千克肥育牛日粮配方及营养含量

饲草种类	数量(千克)	干物质(千克)	肉牛能量单位(RND)	粗蛋白质(千克)	备注
玉米青贮	15.0	3.41	1.84	239	预期日增重 1000 克 混生青干草中应含有一定比例的优质豆科青干草
苜蓿干草	1.0	0.90	0.54	162	
混生青干草	2.5	2.25	1.13	225	
青刈饲草	6.0	1.50	0.98	150	
玉米粗粉	1.5	1.34	1.51	129	
合计	26.0	9.4	5.99	905	

(五)体重 400～450 千克阶段

肥育牛达到 400 千克体重后,日采食日粮干物质控制在 10 千克左右。其中玉米青贮饲用量约占日粮干物质的 34%,混生青干草占日粮干物质的 31%,苜蓿干草约占日粮干物质的 4.5%,青刈饲草占日粮干物质的 12.5%。另外,加喂玉米粗粉 2 千克,约占日粮干物质的 18%,以提高日粮能量浓度。使日粮粗蛋白质含量达到 900 克以上、肉牛能量单位(RND)6.6 以上,预期日增重 1 000 克以上。具体日粮配方参考表 5-11。

表 5-11　400～450 千克体重肥育牛日粮配方与营养含量

饲草种类	数　量（千克）	干物质（千克）	肉牛能量单位(RND)	粗蛋白质（千克）	备　注
玉米青贮	15.0	3.41	1.84	239	预期日增重 1000 克 混生青干草中应含有一定比例的优质豆科青干草
苜蓿干草	0.5	0.45	0.27	81	
混生青干草	3.5	3.15	1.58	315	
青刈饲草	5.0	1.25	0.81	125	
玉米粗粉	2.0	1.78	2.33	173	
合　计	26.0	10.04	6.83	933	

(六)体重 450～500 千克阶段

进入肥育后期,日采食日粮干物质采食量一般不再增加,可维持在 10 千克左右。按照日增重 1 000 克计算,日粮营养浓度应达到肉牛能量单位(RND)7.22 以上,粗蛋白质含量 930 克以上。预期日增重 1 000 克以上。由于此期间肉牛的干物质采食量变化不大,而要求日粮营养浓度继续提高,因而只能通过增加能量饲料来满足快速增重的需要。日粮配比:玉米青贮占日粮干物质的比例约为 33%,混生青干草占日粮干物质比例约为 30%,青刈饲草约占日粮干物质的 12%,而玉米和小麦麸约占日粮干物质的 25%。其具体配方参考表 5-12 。

表 5-12　450～500 千克体重肥育牛日粮配方与营养含量

饲草种类	数　量（千克）	干物质（千克）	肉牛能量单位(RND)	粗蛋白质（千克）	备　注
玉米青贮	15.0	3.41	1.84	237	预期日增重 1000 克 混生青干草中应含有一定比例的优质豆科青干草
混生青干草	3.5	3.15	1.58	315	
青刈饲草	5.0	1.25	0.70	125	
玉米粗粉	2.5	2.23	2.92	216	
小麦麸	0.5	0.44	0.36	72	
合　计	26.5	10.48	7.40	965	

第六章　奶牛饲养管理

为便于饲养管理，通常对奶牛生长发育过程划分为三个阶段，即犊牛阶段、育成牛阶段和成母牛阶段。一般出生到 6 月龄期称为犊牛；6 月龄以上到第一胎分娩期之前统称为育成牛；第一胎分娩后开始泌乳，进入泌乳牛群，称成母牛阶段。奶牛的采食量大，生产效率高，必须按照奶牛的饲养标准，合理配制日粮，科学饲养管理。

第一节　奶牛的营养需要与日粮配合

一、奶牛的营养需要

（一）奶牛干物质的需要

干物质的采食量是配合日粮的一个重要指标，尤其对于产奶牛更是如此。对于高产奶牛如果干物质采食量（DMI）不能满足，会导致体重下降，继而引起产奶量降低。

1. 影响干物质采食量的因素　影响牛对干物质采食量的因素很多，如体重、泌乳阶段、产奶水平、饲料质量、环境条件、管理水平等。日粮中不可消化干物质是反刍动物饲料采食量的主要限制因素。一定限度内，干物质采食量随日粮消化率的上升而增加。当以粗饲料作为日粮的主要成分时，瘤胃的充盈程度是干物质采食量的限制因素。当饲喂消化率过高的日粮时，采食能量平稳，而干物质采食量实际上降低，此时代谢率成为干物质采食量的限制因素。干物质消化率在 52%～68%时，干物质采食量随干物质消化率而增加；当消化率超过 68%时，采食量则与牛的能量需要量相关，而母牛能量需要量主要由它的产奶水平所决定。

奶牛在泌乳早期并不像泌乳晚期消耗那么多的饲料，尽管母牛在这期间泌乳水平可能是相同的。奶牛的干物质采食量在泌乳的前3周比泌乳后期约低15%，干物质的采食量在泌乳开始的最初几天最低，产奶高峰通常发生在产后4～8周，而最大干物质采食量却在10～14周，最大干物质采食量相对于泌乳高峰的向后延迟引起泌乳早期能量的负平衡。因此，母牛必须动用体组织特别是体脂以克服能量的不足，这也就是早期泌乳阶段奶牛体重下降的原因。

一般情况下，产犊后7～15天每100千克体重干物质采食量仅为1.5～2千克，而泌乳中期可高达每100千克体重3.5～4.5千克，高产奶牛甚至可高达4～4.5千克。整个泌乳期平均每100千克体重采食2.5～3千克干物质。

当采食量受日粮在牛的消化道中充盈程度限制时，不同日粮消化率的干物质采食量可按下面公式计算。

偏精饲料型日粮即精粗比为60∶40时：

DMI(千克/日·头)＝0.062×体重$^{0.75}$＋0.40×(标准奶量)

偏粗饲料型日粮(45∶55)和日产奶量在35千克以上的高产奶牛按下式计算：

DMI(千克/日·头)＝0.062×体重$^{0.75}$＋0.45×(标准奶量)

或

DMI＝5.4×体重/500 ×不可消化干物质的百分率

应用这一公式，消化率为52%～75%的日粮，预测干物质的采食量为体重的2.25%～4.32%。

增加日粮中谷物和其他精饲料的比例，将对粗饲料干物质采食量产生巨大影响。实践证明，当精饲料比例在10%以下时，随着谷物饲料的添加，粗料干物质的采食量将会增加，而当日粮中精饲料比由10%上升至70%时，增加精饲料会导致粗饲料干物质采食量的下降。此外，由于粗饲料干物质采食量的下降还会导致瘤胃发酵不足，进一步导致乳脂率下降的后果，继而伴随产奶量的下降和“脂肪牛”综合征。

当日粮的主要成分由经过发酵的饲料组成时，干物质采食量会降低，这些均由于缩短采食时间和降低采食量而引起。日粮中水分含量对干物质采食量也有一定影响。日粮水分含量超过50%，总的干物质采食量降低。就水分对干物质采食量的影响来说，牧草或青刈饲料要比青贮或其他经过发酵的饲料小。

2. 干物质采食需要量 它用于维持产奶及补偿在泌乳早期所失去的体重的产奶净能（NEL）需要。如果母牛没有采食到所需要的干物质，而且日粮浓度没有增加时，能量采食量将少于需要量，结果导致体重和产奶量下降；若母牛干物质采食量超过需要量，则母牛会变肥，当然这种情况一般发生在产奶量较低时。一般而言，以产奶牛为例：日产奶量在20～30千克的高产奶牛日采食日粮干物质应为其体重的3.3%～3.6%；日产奶量在15～20千克的中产奶牛日采食日粮干物质应为其体重的2.8%～3.3%；日产奶量在10～15千克的低产奶牛日采食日粮干物质应为其体重的2.5%～2.8%。为满足泌乳牛中后期及标准增重时维持和产奶的营养供给干物质采食需要量以奶牛饲养标准提供的数据为准。

（二）奶牛能量的需要

能量不足会导致泌乳牛体重和产奶量的下降，严重的情况下将导致繁殖功能衰退。奶牛能量的需要可以分为维持、生长、繁殖（妊娠）和泌乳几个部分。

1. 能量单位 日粮的能量指标包括消化能（DE）、代谢能（ME）、维持净能（NEM）、增重净能（NEG）和产奶净能（NEL）等。奶牛能量单位（NND）以生产1千克含脂率4%标准奶需要3.138千焦耳的NEL为1个奶牛能量单位（NND）。

2. 维持能量需要 母牛的维持能量需要量取决于动物的运动。相同品种、相同体重母牛的维持需要量可能不同，甚至在控制运动的条件下也是如此，其变化可高达8%～10%。通常根据基础代谢估计维持需要，在这个值上再增加10%～20%的运动量。即维持的净能需要为：

NEM＝70×体重$^{0.75}$(1＋20%～50%)

牛的维持能量需要以适宜的环境温度为标准，低温时体热的损失增加。在18℃基础上每降低1℃，则牛体产热增加2.51千焦/体重$^{0.75}$/24小时，因此低温要提高维持的能量需要。

3. 生长能量需要 牛的增重净能需要量等于体组织沉积的能量，沉积的总能量是增重与沉积组织的能量浓度的函数，沉积组织的能量浓度受牛生长率与生长阶段或体重的影响。增重的能量沉积用呼吸测热法或对比屠宰实验法测定。奶牛的生长能量需要可分为非反刍期和反刍期，常用消化能（DE)表示。

(1)非反刍期

DE（兆焦/头·日）＝0.736×体重$^{0.75}$[1＋0.58×日增重(千克)]

后备犊牛应在出生的第一个月内喂奶或代乳料，饲喂更长一段时间的液体饲料尽管可以减少疾病和死亡。但应在牛很小的时候给足够量的粗饲料和精饲料，以获得正常的维持生长。

(2)反刍期

根据牛的体重、增重及活重计算。

200～275千克：DE＝0.497×2.428^{G}×体重$^{0.75}$

276～350千克：DE＝0.483×2.164^{G}×体重$^{0.75}$

351～500千克：DE＝0.589×1.833^{G}×体重$^{0.75}$

G为增重，由于增重时代谢能的利用率仅为0.3～0.4，而代谢能ME＝0.86NE，则：

NE(兆焦)＝(0.3～0.4)×ME＝(0.26～0.34)×DE

4. 泌乳与繁殖(妊娠)母牛的能量需要 母牛在泌乳期间需要相当大的能量,其需要量仅次于水。奶牛对能量的需要,主要决定于泌乳量和乳脂率两个因素,同时注意奶牛体重的变化情况。我国奶牛饲养标准规定,体重增加1千克相应增加8个奶牛能量单位(NND)。失重1千克相应减少6.55NND。奶牛泌乳时,每产1千克含脂率4%的奶,需3.138兆焦产奶净能作为一个奶牛能量单位(NND)。能量主要来源于饲料中各种营养物质,特别是碳水化合物饲料。如果饲喂量不足,营养不全,能量供给低于产奶需要时,泌乳牛将会消耗自身营养转化为能量,维持生命与繁殖需要,以保证胎儿的正常生长发育。

牛奶含能量可直接用测热器测得,也可按牛奶养分含量和单位养分的热值进行计算。

产奶净能需要量/日=每千克牛奶含能量×日泌乳量

奶牛繁殖期,体重550千克的妊娠母牛,妊娠期后4个月(妊娠第六个月至第九个月)时,每日需要的能量按产奶净能计分别为44.56、47.49、52.93和61.3兆焦。如妊娠第六个月尚未干奶,则再增加产奶的能量需要,按1千克标准奶需要产奶净能3.14兆焦供给。

(三)奶牛粗蛋白质的需要

从消化的蛋白质中吸收必需氨基酸对于奶牛的维持、繁殖、生长和泌乳至关重要,这些氨基酸来源于非降解的日粮蛋白质或瘤胃合成的微生物蛋白质。实际上,作为能量来源而饲喂奶牛的日粮中所含有的蛋白质提供了一些非降解日粮蛋白质,这些蛋白质加上由添加的非蛋白氮所产生的微生物蛋白质,足够每天生产20千克奶的需要。随着产奶量的增加,较大量的来自于蛋白质补充料。外加日粮蛋白质必须是非降解的,这样才能满足牛对蛋白质的需要。

1. 维持的需要量 奶牛维持时的蛋白质需要量,是通过测定奶牛在绝食状态时体内每日所排出的内源性的尿氮(EUN)、代谢性的粪氮(MFN)以及皮、毛等代谢物中的含氮量计算得出。

奶牛的维持净蛋白质消耗为 2.1(体重)$^{0.75}$,按粗蛋白质消化率 75%和生物学价值 70%折合,维持时的可消化粗蛋白质需要量(克/日·头)为 3(体重)$^{0.75}$,粗蛋白质则为 4.6 (体重)$^{0.75}$。也有资料指出粗蛋白质为 3.35 (体重)$^{0.75}$,体重单位为千克。

2. 生长的需要量 在维持基础上,成年牛每增加 1 千克体重需要粗蛋白质 320 克。

体重 100 千克以上的生长牛,可消化粗蛋白质的利用效率规定为 46%,体重 100 千克以下的为 50% ~60%。饲料配制时要求包括维持在内,犊牛哺乳期间其蛋白质水平为 22%,犊牛期 为 18%,3～6 月龄犊牛为 16%,6～12 月龄生长牛为 14%,12～18 月龄生长牛为 12%。

3. 奶牛妊娠的需要量 在维持基础上,可消化的粗蛋白质量,妊娠 6 个月时为 77 克,7 个月时为 145 克,8 个月时为 255 克,9 个月时为 403 克。

4. 泌乳奶牛的需要量 蛋白质是产奶母牛所必需的重要营养物质。在成年奶牛的日粮中,喂给蛋白质的数量过多或过少,都会影响其产奶量。日粮中缺少蛋白质时,奶牛食欲不振,体重减轻,泌乳量下降,生活力减弱;日粮中饲喂蛋白质过多时,则会使奶牛肾脏负担过重,尿中含氮量增加,多余的蛋白质在瘤胃内会被分解成氨基酸,经过脱氨基作用生成氨,转入肝脏合成尿素由尿中排出,造成浪费。产奶时蛋白质需要量取决于奶内蛋白质含量、采食饲料中粗蛋白质量及可消化蛋白质的量。正常情况下,奶牛对日粮中粗蛋白质消化率为 75%,可消化粗蛋白质用以合成乳蛋白质的利用率为 70%,以 1 千克标准奶中含乳蛋白质 34 克计,则生产 1 千克标准奶需粗蛋白质 65 克或可消化粗蛋白质 49 克。

(四)奶牛矿物质的需要

矿物质在母牛日粮中尽管所占比例极小,但它对奶牛机体正常代谢作用很大。奶牛的骨骼和牛奶的形成,均需要矿物质,特别是需要钙和磷。实际饲养条件下,通常需要在日粮中补加几种矿物质元素,以满足奶牛的需要。一些必需的矿物质元素是奶牛机体器官和组织的结构成分,金属酶的组成成分或作为酶和激素系统中的辅助因子。所有的必需矿物质元素,在过量的日粮浓度下都对动物易造成有害的后果。饲养标准中提到矿物质元素的最大耐受水平,是指以该水平饲喂动物一定时间内是安全的、不损害动物,且在该动物生产的人类食品中不存在有害的残留风险。一旦超过最大耐受量,即可造成危害。

矿物质元素可分为两大类,常量元素和微量元素。常量元素指那些需要量较大和在动物体组织内比例较高的矿物质,如钙、磷、钠、氯、钾、镁和硫等;微量元素即是那些需要量较小,在动物体组织内含量较低的元素,如钴、碘、铜、铁、锰、钼、硒和锌等。

1. 钙和磷的需要量　日粮中的钙、磷配合比例不当,会使母牛在泌乳期间出现钙的负平衡,引起机体代谢失调,造成肢蹄、繁殖等代谢障碍性疾病,给生产带来严重损失。机体内的钙约98%存在于骨骼和牙齿中,接近体重的2%。剩下2%的钙广泛分布于软组织和细胞外液。钙在身体内的去向包括组织的沉积(主要指骨组织),奶和粪、尿及汗中的分泌。钙损失的主要途径是粪,而尿钙的损失则很少。钙的利用率随钙采食量增加而下降。当钙的采食量超过动物的需要量时,不论钙的可利用率如何,其吸收率都降低。有效钙的需要量为维持、生长、妊娠和泌乳需要的总和。

(1)成年母牛钙的需要量

①维持需要:

维持钙(克/日)＝(0.015 4W)÷0.38

②产奶需要:

产奶钙(克/日) = (0.015 4W + 1.22FCM) ÷0.38

FCM 为含脂肪 4%的标准奶(千克/日),W 为体重(千克)。

③维持与最后 2 个月的妊娠钙需要量:

钙(克/日) = (0.015 4W + 0.007 8C) ÷0.38

其中:C 为胎儿增重,它相等于 1.23W (克/日)。

(2)生长母牛钙的需要量

体重 90～250 千克:钙(克/日) = 8 + 0.036 7W + 0.008 48WG

体重 250～400 千克:钙(克/日) = 13.4 + 0.018 4W + 0.007 17WG

体重 400 千克以上:钙(克/日) = 25.4 + 0.000 92W + 0.003 6WG

其中:W 为体重(千克);WG 为日增重(克)。

泌乳期奶牛钙、磷消耗是不均衡的。泌乳初期奶牛易出现钙、磷负平衡,随着泌乳力下降钙、磷趋向平衡,到后期钙、磷有一定沉积,为此应注意在后期适量增加高于产奶和胎儿所需要的钙、磷,以弥补前期的损耗和增加骨组织的贮存。

磷的维持需要量可按每千克活重 4.5 克计算,泌乳时以每千克标准奶(含脂 4%)补充 3 克计算。日粮中钙、磷比例应为 1.5～2∶1。

2. 食盐的需要量 食盐主要由钠和氯组成,钠在维持体液平衡、渗透压调节和酸碱平衡中发挥作用,一般钠适当时氯的需要量是适当的。分泌到奶中的钠是泌乳牛总钠需要量中一个很大的部分。非泌乳牛的需钠量较低,泌乳牛日粮钠的需要量约占日粮干物质的 0.18%(相当于 0.46%氯化钠)。非泌乳牛的需要量约占日粮干物质的 0.1%(相当于 0.25%食盐)。

需要说明的是,栽培牧草营养丰富,但含钠很少,必须适量添加食盐。

奶牛维持需要的食盐量约为每 100 千克体重 3 克，每产 1 千克标准奶供给 1.2 克食盐。

3. 钾、镁、硫的需要量　钾是动物体组织的第三大矿物质元素，可调节渗透压、水的平衡，对氧和二氧化碳的运输、肌肉收缩也有特殊功能。泌乳牛钾的最小需要量约占日粮干物质的 0.8%，应激特别是热应激时应增加钾的需要量、可增加至 1.2%。栽培牧草钾含量丰富，一般不需另外添加。

镁是骨骼的主要成分，而且在神经、肌肉传导活动中起一定作用。奶中含有大量的镁，因此随母牛的产奶水平提高可适当增加日粮中镁含量。母牛的维持需要量为 2～2.5 克有效镁，在此基础上每产 1 千克奶增加 0.12 克。泌乳早期的高产奶牛，镁的需要量可按日粮的 0.25%～0.3%计算。对于在含氮肥或钾肥牧草生长茂盛的草地上，凉爽季节放牧的泌乳母牛、老母牛易发生低镁血症，引起抽搐，可适当补饲镁。

硫是奶牛体蛋白质和几种其他化合物的必需成分，它还是蛋氨酸和 B 族维生素的组成成分，无机的硫酸钠、硫酸钾、硫酸铵、硫酸镁等可用作硫的添加剂。以 0.2%的硫水平在高产奶牛日粮中添加硫酸钠、硫酸钙、硫酸钾等均可维持最适硫平衡。

4. 微量元素的需要量　微量元素的需要量很少，但对生理代谢有着重要作用，建议根据实际生产情况，应用市售预混料提供。

(五)奶牛维生素的需要

维生素是奶牛维持正常生产性能和健康所必需的营养物质。维生素可分为脂溶性和水溶性两大类，脂溶性维生素包括维生素 A、D、E、K，水溶性维生素包括 B 族维生素和维生素 C。

奶牛瘤胃内微生物可合成维生素 K、维生素 C 和 B 族维生素，一般情况下可满足需要。而脂溶性维生素 A、D、E 必须由外源性饲料补充。

1. 维生素 A　它的需要量一般以胡萝卜素来表示，1 毫克 β-

胡萝卜素相当于400个单位的维生素A。生长牛每100千克体重需要10.6毫克β-胡萝卜素，繁殖和泌乳牛每100千克体重为19毫克(7 600单位维生素A)。

缺乏维生素A可引起上皮组织角质化，牛易患感冒，常发生感冒、腹泻、肺炎、无食欲、消瘦等。

2. 维生素D 反刍家畜有两个主要的自然维生素D来源，家畜皮下的7-脱氢胆固醇在日光照射下转化为维生素D_3和植物含有的麦角固醇经日光照射转化为维生素D_2。中产奶牛建议补充1万～1.5万单位维生素D，而高产奶牛建议补充2万单位，生长牛的推荐量为660单位/100千克体重。

缺乏维生素D首先是影响日粮钙、磷的利用，产奶量等生产水平降低，进而可导致骨骼钙化不全，引起犊牛佝偻病和成年牛的骨软症等。

3. 维生素E 它主要起生物抗氧化剂和游离基团清除剂的作用。正常情况下维生素E的日需要量为每天150毫克α-生育酚或按每千克饲粮含维生素E 15单位补喂。

维生素E缺乏症一般以肌肉营养不良性病变为特征，它影响动物的繁殖功能。对犊牛而言，最初症状包括腿部肌肉萎缩引起犊牛后肢步态不稳、系部松弛和趾部外向，舌肌组织营养不良、损害犊牛的吮乳能力。在营养上维生素E和硒有协同作用。有些缺乏症，如白肌病，用维生素E和硒预防和治疗都有效果。

(六)水的需要

水是奶牛必需的营养物质，在维持体液和正常的离子平衡、营养物质的消化、吸收和代谢，代谢产物的排出和体热的散发，为发育中的胎儿提供流动环境和营养物质输送都需要水。奶牛需要的水来源于自由饮水、饲料中的水和有机营养物质代谢形成的代谢水。奶牛体内的水经唾液、尿、粪和奶排出体外，也经出汗、体表蒸发和呼吸道排出体外，牛体内水的排出量受牛的活动、环境温度、湿度、呼吸率、饮水量、日粮组成和其他因素的影响。母牛缺水时遭受的损害比缺乏其他营养物质更为迅速和严重。牛的饮水量受干物质摄入量、气候条件、日粮组成、水的品质和牛的生理状态的影响,母牛的饮水量与干物质采食量呈正相关。气温升高、饮水量增加、温度达到27℃～30℃,泌乳母牛的饮水量发生显著的变化。母牛在高湿条件下的饮水量比低湿条件下要少。但干物质采食量、产奶量、环境温度和钠摄入量是影响饮水量的主要因素。泌乳母牛每日水的需要量按下列公式计算。

饮水量(千克/天)＝15.99＋[(1.58±0.271)×(干物质采食量千克/天)]＋[(0.9±0.157)×(产奶量千克/天)]＋[(0.05±0.023)×(钠摄入量克/天)]＋[(1.2±0.0106)×(每天的最低温度℃)]

水的需要量计算比较复杂,通常以随时提供奶牛自由饮水的方式满足水的需要。

二、奶牛的饲养标准

(一)饲养标准的概念

饲养标准是营养学家对科学试验和生产实践的总结,为生产实践中合理设计饲料提供技术依据。奶牛饲养标准是对奶牛所需要的各种营养物质的定额规定。

饲养标准是实行科学养牛、增加产奶量、提高饲料利用率、扩大奶牛业经济效益的基本技术依据。

饲养标准中对不同奶牛种群包括奶牛品种、性别、年龄、体重、生理阶段、生产水平与目标、不同环境条件下的各种营养物质的需求量做出定额数值。提供的营养指标主要有干物质、能量、蛋白质(粗蛋白质、可消化粗蛋白质、小肠蛋白质)、粗脂肪、粗纤维、钙、磷以及各种微量矿物质元素和维生素等,这些营养指标的不足和过量对奶牛生产性能都会产生不良影响。

(二)饲养标准的使用

根据不同奶牛的不同生理特点及营养需要,按照饲养标准科学搭配草料、配制日粮。要特别注意,奶牛的能量和蛋白质的需求量,应随环境等条件变化进行调整。青年牛能量和蛋白质供给不足将导致生长受阻和初情期延迟,而泌乳牛能量和蛋白质供给不足,将导致产奶量下降,严重的长期能量和蛋白质不足还可引起繁殖功能衰退、抗病力下降甚至危及生命。

对于中低产奶牛,配制日粮蛋白质时,只考虑粗蛋白质即可。而高产奶牛对日粮蛋白质具有特殊要求,因而不仅要满足粗蛋白质的数量要求,还应考虑粗蛋白质的瘤胃降解度、即过瘤胃率、即瘤胃非降解蛋白质的需要量。

奶牛的日粮需要补充维生素 A、维生素 D、维生素 E。瘤胃微生物可合成维生素 K 和 B 族维生素,因此除幼龄反刍家畜动物外一般不会缺乏这些维生素。而脂溶性维生素必须由日粮提供。在种草养牛生产中,奶牛日粮中有相当数量的优质饲草,一般也不会缺乏维生素 A、维生素 D、维生素 E,因为优质牧草中含有维生素 A 前体物、β-胡萝卜素和维生素 E。干草中含有维生素 D。如果单一饲喂青贮饲料或缺乏阳光照射,就需要适量添加脂溶性维生素。

奶牛饲养标准将奶牛的产奶、维持、增重、妊娠和生长所需能量均统一用产奶净能表示(饲料能量转化为牛奶的能量称产奶净能);奶牛能量单位,汉字拼音缩写成 NND,是生产 1 千克含脂 4%的标准奶所需的能量,即 3.138 千焦产奶净能称为一个“奶牛能量单位”。在配制日粮中,可选用产奶净能或奶牛能量单位其中一个指标即可。

三、奶牛的日粮配合

日粮配合是按照饲养标准科学的搭配草料,以满足奶牛生长和生产的需要，达到经济高效养殖之目的。

日粮是指一昼夜内1头奶牛所采食的饲料量。一个平衡日粮所提供的营养，按其比例和数量，可以适当的提供动物24小时的营养总量。此外，需要的营养必须包括在干物质总量中，动物能在24小时内可吃完，否则不能认为日粮是平衡的。日粮是根据饲养标准所规定的各种营养物质的种类、数量和奶牛的不同生理要求与生产水平，以适当比例配合而成的。日粮中各种营养物质的种类、数量及其相互比例，若能满足奶牛不同生长发育阶段的营养需要，则称为平衡日粮或叫全价日粮。

(一)日粮配合原则

1. 营养性　饲料配方的理论基础是动物营养原理。饲养标准则概括了动物营养学的基本内容，列出了正常条件下动物对各种营养物质的需要量，为制作配合饲料提供了科学依据。然而动物对营养的需要受很多因素的影响，配合饲料时应根据当地饲料资源及饲养管理条件对饲养标准进行适当的调整，使确定的需要量更符合动物的实际，以满足饲料营养的全面性。

2. 安全性　制作配合饲料所用的原料，包括添加剂在内，必须安全当先、慎重从事，对其品质、等级等必须经过检测方能使用。发霉变质等不符合规定的原料一律禁止使用。对某些含有毒有害物质的原料应经脱毒处理或限量使用。

3. 实用性　制作饲料配方，要使配合日粮组成适应不同动物的消化生理特点，同时要考虑动物的采食量和适口性。保持适宜的日粮营养物质浓度与体积，既不能使动物吃不了、也不能使动物吃不饱，否则会造成营养不足或过剩。

4. 经济性　制作饲料配方必须保证较高的经济效益，以获得较高的市场竞争力。为此，应因地制宜，充分开发和利用当地饲料资源，选用营养价值较高的、而价格较低的饲料，尽量降低配合饲料的成本。

5. 原料多样性 配合日粮饲料的种类要多样化。采用多种饲料搭配,有利于营养互补和全价性以及动物的适口性和消化利用率。

(二)饲料的选用顺序

一般而言,奶牛饲料的选用顺序为粗饲料、精饲料和补加饲料或添加剂饲料。

1. 粗饲料 包括青干草、青绿饲料、农作物秸秆等。具有容积大、纤维素含量高、能量相对较少的特点。奶牛日粮中粗饲料不能少于日粮干物质的50%,以维持奶牛的正常生理功能。奶牛日粮中的粗饲料一般要求3种以上。通常用量占日粮干物质的50%以上。

2. 精饲料 包括能量饲料、蛋白质饲料,以及含有较多能量、蛋白质和较少纤维素的糟渣类饲料。用于满足奶牛的能量和蛋白质需要。能量饲料如玉米、麸皮、莜麦、高粱等谷类籽实及其加工副产品;蛋白质饲料如豆饼、麻饼、棉籽饼等饼(粕)类饲料。奶牛的精饲料要求由5种以上原料组成。一般情况下,用量不应超过日粮干物质的50%。

3. 补加饲料 包括矿物质等添加剂饲料,占日粮干物质的很少比例,但也是维持奶牛正常生长、繁殖、健康、生产所必需的食盐、钙、磷、微量元素、维生素等。

(三)日粮配合必备资料

1. 饲料原料的营养成分 饲养标准中包括不同奶牛的营养需要及常用饲料营养含量(饲料成分及营养价值)表,即每一种饲料的营养物质如能量、蛋白质、矿物质(钙、磷为主)及维生素的含量。由于不同来源的饲料、不同存放时间、不同批次原料质量的差异,因此配合日粮时最好对所用原料进行饲料成分测定,以掌握所用原料的实际养分含量,提高配合日粮的准确性。

2. 奶牛饲养标准 不同生产水平、生理阶段的奶牛饲养标准，它是奶牛配合日粮的基础依据，配合奶牛日粮时应参照最新版本的奶牛饲养标准。

3. 饲料原料的市场价格　配合日粮原材料的选择中，价格往往是要考虑的主要因素，也是限制配合日粮广泛应用的关键因素。因此，选择原料时，尽可能充分利用当地资源，在满足营养需要的基础上，就地取材，选择价廉物美的原料，以降低成本。

（四）日粮配合的方法

从饲养标准中查得或计算得出目标奶牛总的营养需要量，如净能、粗蛋白质、粗纤维、矿物质及维生素的需要量等。由于需要养分种类很多，无法逐一考虑，因此一般主要选择需要量最大的几种营养素。对牛可以优先考虑干物质、能量、蛋白质、钙和磷等，而微量元素和维生素等可通过预混料提供。

先以青粗料为主，设定每天的需要量。通常情况下饲草干物质的摄入量与饲草种类、奶牛体重有重要关系，饲草干物质应占总干物质采食量的40%～90%。以产奶量的高低确定饲草干物质采食量的比例。对于高产奶牛饲草干物质采食量应控制在40%左右，中低产奶牛可加大饲草干物质的供给量、可高达采食干物质比例的90%以上。再根据饲草中的营养成分，计算出所设定饲草喂量下可提供的营养量。

青粗料中营养不足的成分，以混合精饲料来满足。配制时，依据差值和当地饲料资源、成本，按比例配制，求出混合精饲料的需要量。最后配制出满足奶牛营养需要的日粮。

添加适量的添加剂。根据饲养标准，补加矿物质、维生素和少量特殊微量元素等。

（五）日粮配合示例

1. 体重600千克、第二胎、日产奶30千克、乳脂率为3.5%的奶牛日粮配制　首先从奶牛饲养标准中查出600千克体重牛的维持需要。因为牛处于第二胎，需另加维持需量的10%作为该牛进一步生长之需。然后再查得乳脂率为3.5%时，产1千克奶的养分需要量，计算出该牛的每日营养需要，列于表6-1。

表6-1 体重600千克、日产奶30千克、乳脂率3.5%、二胎奶牛日粮配制表

项　目	干物质（千克）	泌乳净能（兆焦）	粗蛋白质（克）	钙（克）	磷（克）
每天营养需要	20.57	135.3	3014.9	165.6	113.7
其中：维持需要	7.52	43.1	559	36	27
10%维持	0.75	4.3	55.9	3.6	2.7
产奶需要	12.30	87.9	2400.0	126.0	84.0
应由饲草提供	9.89	56.9	930.8	45.5	32.1
其中：青贮玉米20千克	5.0	24.5	300.0	22.0	13.0
黑麦草30千克	4.89	32.4	630.8	23.5	19.1
需由精饲料供应	10.68	78.4	2084.1	120.1	81.6
其中：2.17千克菜籽饼(机榨浸提)	2.00	16.6	790.0	15.8	20.6
0.585千克大豆饼（机榨）	0.53	4.9	251.8	1.8	2.9
3.72千克玉米	3.29	26.7	319.1	3.0	7.9
5.06千克小麦麸	4.48	30.4	730.2	9.0	39.4
0.08千克磷酸氢钙	0.08			25.0	11.3
0.18千克石粉	0.18			67.8	
0.11千克微量元素预混料	0.11				

其次，在选择饲料时，精饲料的选择余地比较大。而粗饲料和饲草往往受多种条件限制，选择余地较小。优先考虑饲草的供应。考虑饲草供应量时，首先要考虑适当的精粗比。粗饲料过多，养分浓度可能达不到要求，即牛可能无法采食到足够的养分；粗饲料太少，会出现消化代谢的混乱。在产奶高峰期或在泌乳初期，精粗比可以为50∶50、最高不超过60∶40。假设该牛饲养户制作了青贮玉米饲料，并种有黑麦草供逐天刈割应用。初步设定每天供应20

千克青贮玉米和30千克黑麦草，在营养成分含量表中查得玉米青贮和黑麦草可提供的养分量。每日营养需要量减去牧草养分提供量，就是需要由精饲料来满足其需要的养分量。

从表6-1中可以看出，需由精饲料供应的养分量为78.4兆焦泌乳净能和2 084.1克粗蛋白质，这些养分的干物质总量为10.68千克，即每千克干物质应含有泌乳净能不能少于7.34兆焦、蛋白质不能少于195.1克。假设奶牛场现有菜籽饼、大豆饼、玉米、小麦麸、磷酸氢钙、石粉等可利用饲料，于是查营养成分表可知菜籽饼和大豆饼均能满足需要。但大豆饼太贵，因此首先选菜籽饼。由于菜籽饼含有抗营养因子，考虑到安全和适口性等，其用量应控制在占补饲混合料的20%以下。设用2千克(干物质计)，则余下61.8兆焦泌乳净能和1 294.1克粗蛋白质需由其他精饲料供应。这些精饲料干物质总量为8.68千克。如果考虑需留3%左右作最后平衡钙、磷含量和供应微量元素混合料，则只能考虑用8.3千克干物质来完成能量和蛋白质的供应，这就意味着该混合料的能量浓度为7.45兆焦/千克和粗蛋白质为15.6%。与这一要求相比，玉米能量有余而蛋白质不足，麦麸蛋白质符合要求但能量不足。只有大豆饼能满足二者需要，但价格昂贵，应尽量少用。因此，可以采用三次皮逊四角法来配合这份饲粮。

第一步：配合饲粮甲，使之蛋白质含量达15.6%，而能量高于7.45兆焦/千克。选用玉米和大豆饼组合，其方法是把要配饲料的蛋白质含量写于四方形对角线中间，把玉米和大豆饼蛋白质含量分别写于四方形左边两个角上；然后沿对角线方向把2个数值相减，把差的绝对值记于右边的对角线指的两角上，这2个数值即为同水平方向饲料用量比；最后把它们换算成百分比，并计算出该混合料能量含量为8.29兆焦/千克。

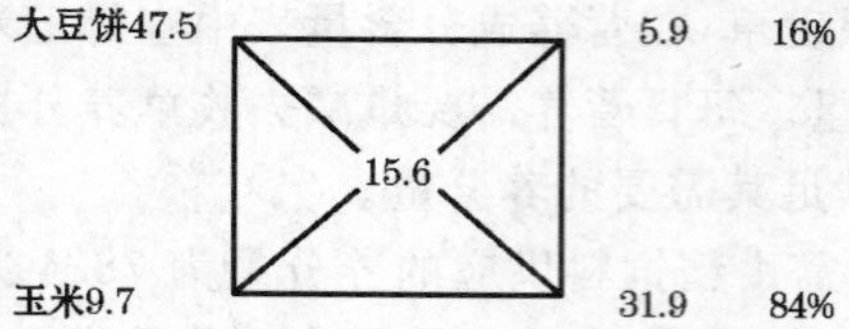

饲粮甲泌乳净能=9.17×0.16+8.12×0.84=8.29（兆焦/千克）

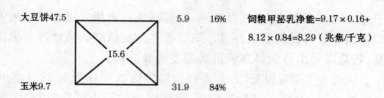

第二步：配合饲粮乙，使之蛋白质含量达15.6%，而能量低于7.45兆焦/千克。选用麦麸和玉米，用上述计算方法，可得出玉米为10%，麦麸为90%，其能量含量为6.91兆焦/千克。

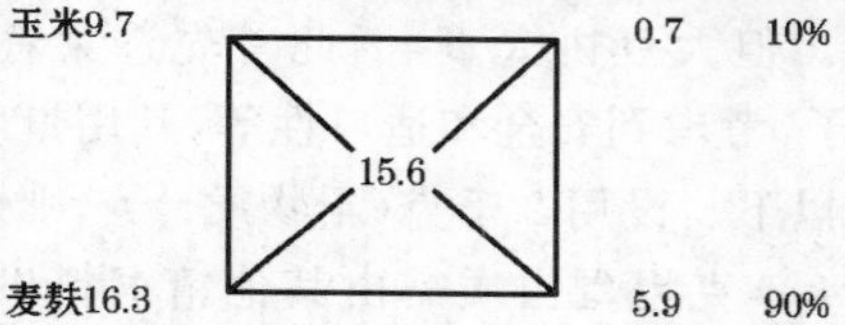

饲粮乙泌乳净能=8.12×0.1+6.78×0.9=6.91（兆焦/千克）

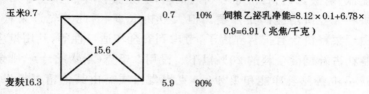

第三步：由饲粮甲和乙配合含能量为7.45兆焦/千克的饲粮。方法和步骤同上，得到饲粮甲为40%，饲粮乙为60%。该饲粮能量为7.45兆焦/千克，蛋白质为15.6%。

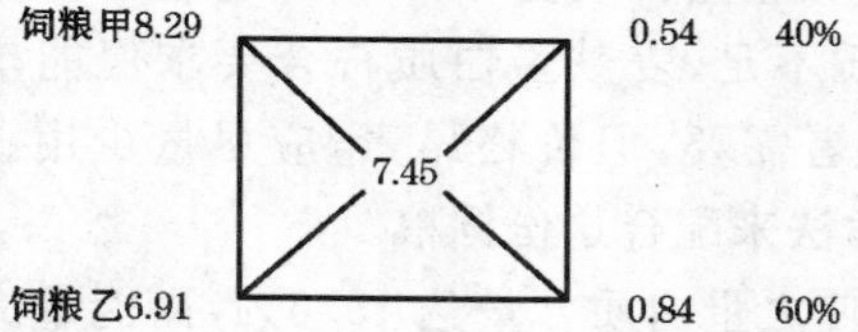

第四步：由各饲粮中原料的比例换算回各原料的量，并再次核算它们提供的养分量。

大豆饼＝8.3千克×0.4×0.16＝0.53千克(干物质)，

玉米＝8.3千克×0.4×0.84＋8.3×0.6×0.1＝3.29千克(干物质)，

麦麸＝8.3千克×0.6×0.9＝4.48千克(干物质)。

在主要的能量和蛋白质满足后，余下的钙、磷不足就很容易用磷酸氢钙和石粉平衡。认真地配合，可使饲料得到经济合理的利用。其配制结果见表 6-1。

2. 体重 500 千克、日产奶 20 千克、乳脂率 3.5%的成年母牛日粮配制

根据奶牛饲养标准查出对应奶牛的维持和生产的营养需要，列于表 6-2。

表 6-2　体重 500 千克、日产奶 20 千克、乳脂率 3.5%的奶牛营养需要

营养需要	日粮干物质（千克）	奶牛能量单位（NND）	产奶净能（兆焦）	粗蛋白质（克）	钙（克）	磷（克）
500 千克体重奶牛维持需要	6.56	11.97	37.57	488	30	22
日产奶 20 千克、乳脂率 3.5%的奶牛的需要	9.6	18.6	58.6	1600	84	56
合　计	16.16	30.57	96.0564	2088	114	78

青饲料以干草、甜菜、胡萝卜、豆腐渣、玉米青贮为主，用量及营养价值见表 6-3。

表 6-3　青、粗饲料的用量及营养价值

饲料种类	数量（千克）	日粮干物质（千克）	奶牛能量单位（NND）	产奶净能（兆焦）	粗蛋白质（克）	钙（克）	磷（克）
玉米青贮	15	3.13	5.85	18.18	139.5	15.0	7.5
青干草	5	4.61	6.80	20.90	410	21.5	10.5
甜菜丝（干）	2	1.72	4.12	12.958	145.4	13.2	1.4
胡萝卜丝（鲜）	10	1.34	4.00	12.54	133	7.0	14
豆腐渣（湿）	5	0.51	1.55	4.807	155	2.5	1.5
合　计	37	11.31	22.32	69.388	982.9	59.2	34.9
与营养需要比较		−4.85	−8.18	−26.66	−1105.1	−54.8	−43.1

精饲料以玉米、豆饼、高粱、麦麸、蛎粉为主时用量及营养价值见表6-4。

表6-4 1千克混合精饲料所含的营养物质

饲料种类	混合料比例（%）	数 量（千克）	日粮干物质（千克）	奶牛能量单位（NND）	产奶净能（兆焦）	粗蛋白质（克）	钙（克）	磷（克）
豆 饼	20	0.2	0.18	0.57	1.797	91.72	0.38	1.98
玉米粉	30	0.3	0.26	0.84	2.633	27.24	0.24	0.93
高 粱	10	0.1	0.09	0.24	0.752	8.51	0.09	0.36
麦 麸	34	0.34	0.3	0.697	2.173	56.27	0.65	0.38
蛎 粉	4	0.04					14.8	
食 盐	2	0.02						
合 计	100	1.0	0.83	2.35	7.3568	183.74	16.16	7.07

全价日粮见表6-5。

表6-5 体重500千克、日产奶20千克、乳脂率3.5%的成年奶牛的全价日粮

营养配合	数 量（千克）	干物质（千克）	奶牛能量单位（NND）	产奶净能（兆焦）	粗蛋白质（克）	钙（克）	磷（克）
营养需要量		16.16	30.57	96.0564	2088	114	78
青粗料 供给量	37	11.81	22.32	69.388	982.9	59.2	34.9
混合料 供给量	6	4.98	14.1	44.9768	1 105.1	96.26	42.42
合 计	43	16.29	36.42	113.5288	2088	156.16	77.32

四、奶牛日粮配方参考

为方便应用，列举以苜蓿干草和青贮饲料为主要粗饲料的奶牛日粮配方如下，以资参考。

(一)体重600千克、日产奶25千克的奶牛日粮配方

体重600千克、日产奶25千克奶牛日粮配方见表6-6。

表6-6　体重600千克、日产奶25千克的奶牛日粮配方

饲料原料	日喂量(千克)	占日粮(%)	占精饲料(%)
豆　饼	1.6	4.5	15.5
植物蛋白粉	1.0	2.8	9.7
玉　米	4.8	13.5	46.6
麦　麸	2.5	7.1	24.3
谷　草	2.0	5.6	
苜蓿干草	2.0	5.6	
玉米青贮	18.0	50.8	
胡萝卜	3.0	8.5	
食　盐	0.1	0.28	1.0
磷酸钙	0.2	0.57	1.9
晋畜乐(添加剂)	0.1	0.28	1.0
合　计	35.3	100.00	100.0

(二)体重600千克、日产奶20千克的奶牛日粮配方

体重600千克、日产奶20千克奶牛日粮配方见表6-7。

表6-7　体重600千克、日产奶20千克的奶牛日粮配方

饲料原料	日喂量(千克)	占日粮(%)	占精饲料(%)
菜籽粕	1.4	4.19	16.67
棉籽饼(或麻饼)	1.0	2.99	11.90
玉　米	4.0	11.98	47.62
麦　麸	1.6	4.79	19.05
玉米青贮	18.0	53.89	

续表 6-7

饲料原料	日喂量(千克)	占日粮(%)	占精饲料(%)
苜蓿干草	4.0	11.98	
胡萝卜	3.0	8.98	
食　盐	0.1	0.30	1.19
磷酸钙	0.2	0.60	2.38
晋畜乐(添加剂)	0.1	0.30	1.19
合　计	33.4	100.00	100.00

(三)体重 600 千克、日产奶 15 千克的奶牛日粮配方

体重 600 千克、日产奶 15 千克奶牛日粮配方见表 6-8。

表 6-8　体重 600 千克、日产奶 15 千克的奶牛日粮配方

饲料原料	日喂量(千克)	占日粮(%)	占精饲料(%)
菜籽粕	1.0	3.09	11.98
棉籽饼(麻饼)	1.0	3.09	11.98
玉　米	4.4	13.6	52.69
麦　麸	1.6	4.9	19.16
玉米青贮	16.0	49.46	
谷　草	5.0	15.5	
胡萝卜	3.0	9.3	
食　盐	0.10	0.3	1.20
磷酸钙	0.15	0.45	1.80
晋畜乐(添加剂)	0.10	0.30	1.20
合　计	32.35	99.99	100.01

(四)体重 650 千克、日产 4%乳脂标准奶 20 千克的成年奶牛日粮配方

体重 650 千克、日产 4%乳脂标准奶 20 千克成年奶牛日粮配

方见表 6-9。

表 6-9 体重 650 千克、日产 4%乳脂标准奶 20 千克的成年奶牛日粮配方

饲料原料	日喂量(千克)	占日粮(%)	占精饲料(%)
棉籽饼	1.1	2.9	11.0
豆　饼	1.0	2.6	10.0
玉　米	3.9	10.3	39.0
麦　麸	1.8	4.7	18.0
大　麦	1.9	5.0	19.0
玉米青贮	15.0	39.5	
青干草	3.00	7.9	
豆腐渣	10.0	26.3	
食　盐	0.05	0.13	0.5
磷酸氢钙	0.25	0.66	2.5
合　计	38.0	99.99	100.0

(五)体重 650 千克、日产 4%乳脂标准奶 30 千克的成年奶牛日粮配方

体重 650 千克、日产 4%乳脂标准奶 30 千克成年奶牛日粮配方见表 6-10。

表 6-10 体重 650 千克、日产 4%乳脂标准奶 30 千克的成年奶牛日粮配方

饲料原料	日喂量(千克)	占日粮(%)	占精饲料(%)
玉　米	5.72	11.7	52.0
麦　麸	2.2	4.5	20.0
豆　饼	2.64	5.4	24.0
玉米青贮	25.0	51.0	
羊　草	3.0	6.1	

续表 6-10

饲料原料	日喂量(千克)	占日粮(%)	占精饲料(%)
啤酒糟	10.0	20.4	
食　盐	0.055	0.1	0.5
石　粉	0.055	0.1	0.5
磷酸氢钙	0.33	0.7	3.0
合　计	49.0	100.0	100.0

(六)干奶牛、育成牛日粮参考配方

干奶牛、育成牛日粮参考配方见表 6-11。

表 6-11　干奶牛、育成牛日粮参考配方

饲料原料	日喂量(千克)	占日粮(%)	占精饲料(%)
菜籽粕	0.5	1.58	8.85
麻　饼	1.0	3.16	17.70
玉　米	3.0	9.48	53.10
麦　麸	1.0	3.16	17.70
玉米青贮	18.0	56.87	
苜蓿干草	5.0	15.80	
胡萝卜	3.0	9.48	
食　盐	0.05	0.16	0.88
磷酸钙	0.05	0.16	0.88
晋畜乐-2(添加剂)	0.05	0.16	0.88
合　计	31.65	100.01	99.99

第二节　犊牛的饲养管理

犊牛期的饲养管理，对奶牛成年体型的形成、采食粗饲料的能力以及成年后的产奶和繁殖能力都有极其重要的影响。

一、哺乳期犊牛的饲养

哺乳期内犊牛可完全以混合乳作为日粮。但由于大量哺喂常乳成本高、投入大，现代化的规模牛场多采用代乳品代替部分或全部常乳。特别是对用于肥育的奶公犊，普遍采用代乳料代替常乳饲喂。饲喂天然初乳或人工初乳的犊牛在初生期的后期即可开始用常乳或代乳料逐步替代初乳。4～7 日龄即可开始补饲优质青干草，7～10 日龄可开始补饲精饲料，20 日龄以后可开始饲喂优质青绿多汁饲料。在更换乳品时，要有 4～5 天的过渡期。补饲饲料时要由少到多。对于体质较弱的犊牛，应饲喂一段时间的常乳后再饲喂代乳品。

犊牛哺乳期的长短和哺乳量因培育方向、所处的环境条件、饲养条件不同，各地不尽相同。传统的哺喂方案是采用高奶量，哺喂期长达 5～6 月龄，哺乳量达到 600～800 千克。实践证明，过多的哺乳量和过长的哺喂期，虽然犊牛增重较快，但对犊牛消化器官发育不利，而且加大了犊牛培育成本。所以，目前大多奶牛场已在逐渐减少哺乳量和缩短哺乳期。一般全期哺乳量 300 千克左右，哺乳期 2 个月左右。标准化规模化的奶牛场，哺乳期为 45～60 天，哺乳量为 200～250 千克。

常乳喂量 1～4 周龄约为体重的 10%，5～6 周龄为体重的 10%～12%，7～8 周龄为体重的 8%～10%，8 周龄后逐步减少喂量直至断奶。对采用 4～6 周龄早期断奶的母犊，断奶前喂量约为体重的 10%。如果使用代乳品，则喂量应根据产品标签说明确定。使用代乳品时，由于对质量要求高，加上代乳品配制技术和工艺比较复杂，一般不提倡养牛户自己配制，而应购买质量可靠厂家生产的代乳品。

二、哺乳期犊牛的管理

犊牛一般采取散放或单栏饲养，自由采食，自由饮水，但应保证饮水和饲料的新鲜、清洁卫生。注意保持牛舍清洁、干燥，定期消毒。每天保证犊牛不少于 2 小时的户外运动。夏天要避开中午太阳强烈的时候；冬天要避开阴冷天气，最好利用中午较暖和的时间进行户外运动。

每月称重，并做好记录，对生长发育缓慢的犊牛要找出原因。同时，定期测定体尺、测量体重，根据体尺和体重来评定犊牛生长发育的好坏。目前已有研究认为，体高比体重对后备母牛初次产奶量的影响更大。荷斯坦母犊 3 月龄的理想体高为 92 厘米，体况评分 2.2 以上；6 月龄理想体高为 102～105 厘米、胸围 124 厘米，体况评分 2.3 以上，体重 170 千克左右。

第三节　育成牛的饲养管理

育成期母牛是指从 7 月龄至配种（一般为 15～16 月龄）的一段时期。

犊牛 6 月龄后即由犊牛舍转入育成牛舍。育成母牛培育的任务是保证母牛正常的生长发育和适时配种。发育正常、健康体壮、体型优良的育成母牛是提高牛群质量、适时配种、保证奶牛高产的基础。育成母牛由于没有妊娠、也不泌乳，再加上不像犊牛那样容易患病。因此，育成母牛的饲养管理往往得不到重视。育成期是母牛体尺和体重快速增加的时期，饲养管理不当会导致母牛体躯狭浅、四肢细高，达不到培育的预期要求，从而影响以后的泌乳和利用年限。育成期良好的饲养管理可以部分补偿犊牛期受到的生长抑制。因此，从体型、泌乳和适应性的培育上说，应高度重视育成期母牛的饲养管理。

育成母牛的性器官和第二性征发育很快，至12月龄已经达到性成熟。同时，消化系统特别是瘤、网胃的体积迅速增大，到配种前瘤、网胃容积比6月龄增大1倍多，瘤、网胃占总胃容积的比例接近成年。因此，要提供合理的饲养，既要保证饲料有足够的营养物质，以获得较高的日增重；又要具有一定的容积，以促进瘤、网胃的发育。

一、7～12月龄牛的饲养管理

7～12月龄是生长速度最快的时期，尤其在6～9月龄时更是如此。此阶段母牛处于性成熟期，性器官和第二性征的发育很快。尤其是乳腺系统在体重150～300千克时发育最快。体躯则向高度和长度方面急剧生长。前胃已相当发达，具有相当的容积和消化青饲料的能力，但还保证不了采食足够的青饲料来满足此期快速发育的营养需要。同时，消化器官本身也处于强烈的生长发育阶段，需要继续锻炼。因此，此期除供给优质牧草和青绿饲料外，还必须适当补充精饲料。精饲料的喂量主要根据粗饲料的质量确定。一般说，日粮中75%的干物质应来源于青草料或青干草，25%来源于精饲料，日增重应达到700～800克。中国荷斯坦牛12月龄理想体重为300千克，体高115～120厘米，胸围158厘米。

在性成熟期的饲养应注意两点：一是控制饲料中能量饲料的含量。如果能量过高会导致母牛过肥，大量的脂肪沉积于乳房中，影响乳腺组织发育和日后的泌乳量。二是控制饲料中低质粗饲料的用量。如果日粮中低质粗饲料用量过高，有可能会导致瘤、网胃过度发育而营养供应不足，形成“肚大、体矮”的不良体型。精饲料参考配方见表 6-12。

表 6-12 7～12 月龄牛的精饲料参考配方

成 分	含量(%)	成 分	含量(%)
玉 米	48	食 盐	1
大豆粕(饼)	25	磷酸氢钙	1
棉籽粕(饼)	10	石 粉	1
麸 皮	10	添加剂	2
饲用酵母	2		

二、12 月龄至初次配种牛的饲养管理

此阶段育成母牛消化器官的容积进一步增大，消化器官发育接近成熟，消化能力日趋完善，可大量利用农作物秸秆、青草和青干草。同时，母牛的相对生长速度放缓，但日增重仍要求高于 800 克，以使母牛在 14～15 月龄达到成年体重的 70%左右(即 350～400 千克)。配种前的母牛没有妊娠和产奶负担，而利用粗饲料的能力大大提高。因此，只提供优质青粗饲料基本能满足其营养需要，只需少量补饲精饲料。此期饲养的要点是保证适度的营养供给。营养过高会导致母牛配种时体况过肥，易造成不孕或以后的难产；营养过差会使母牛生长发育抑制，发情延迟，15～16 月龄无法达到配种体重，从而影响配种时间。配种前，中国荷斯坦牛理想体重为 350～400 千克，体高 122～126 厘米，胸围 148～152 厘米。此期精饲料参考配方列于表 6-13。

表 6-13　12 月龄至初次配种育成母牛的精饲料参考配方

成　分	含量(%)	成　分	含量(%)
玉　米	48	食　盐	1
大豆粕(饼)	15	磷酸氢钙	1
棉籽粕(饼)	5	石　粉	1
麸　皮	22	添加剂	2
饲用酵母	5		

注:在整个育成期都应保证充足的清洁、卫生饮水,供育成母牛自由饮用

三、育成母牛的适时配种

适时配种对于延长母牛利用年限,增加泌乳量和经济效益非常重要。育成母牛的适宜配种年龄应依据发育情况而定。过早配种会影响母牛正常的生长发育,降低整个饲养期的泌乳量,利用年限也会大大缩短;过晚配种则会增加饲养成本,同样缩短利用年限。奶牛传统的初次配种时间为 16～18 月龄,现在随着饲养条件和管理水平的改善,育成母牛 14～16 月龄体重即可达到成年体重的 70%,可以进行配种。这将大大提高奶牛的终生产奶量,显著增加经济效益。

第四节　初产母牛妊娠期的饲养管理

育成期后的母牛,根据产奶胎次可分为初产母牛和经产母牛。初产母牛是指第一次妊娠并产犊的牛,而经产母牛是指已经产过犊的牛。

妊娠期是指母牛从妊娠至产犊之间的时期。初产母牛妊娠期饲养管理的要点是保证胎儿健康发育,并保持母牛一定的体况,以确保母牛产犊后获得尽可能高的泌乳量。母牛妊娠期的饲养管理一般分为妊娠前期和妊娠后期两个阶段。

一、妊娠前期的饲养管理

妊娠前期一般是指奶牛从受胎至妊娠 6 个月之间的时期，此时期是胎儿各组织器官发生、形成的阶段。

妊娠前期胎儿生长速度缓慢，对营养的需要量不大。但此阶段是胚胎发育的关键时期，对饲料的质量要求很高。妊娠前两个月，胎儿在子宫内处于游离状态，依靠胎膜渗透子宫乳吸收养分。这时，如果营养不良或某些养分缺乏，会造成子宫乳分泌不足，影响胎儿着床和发育，导致胚胎死亡或先天性发育畸形。因此，要保证饲料质量高，营养成分均衡。尤其是要保证能量、蛋白质、矿物质元素和维生素 A、维生素 D、维生素 E 的供给。在碘缺乏地区，要特别注意碘的补充，可以喂适量加碘食盐或碘化钾片。对于初产母牛，还处于生长阶段，所以还应满足母牛自身生长发育的营养需要。胚胎着床后至 6 个月，对营养需求没有额外增加，不需要增加饲料喂量。

母牛舍饲时，饲料应遵循以优质青粗饲料为主、精饲料为辅的原则。放牧时，应根据草场质量，适当补充精饲料，确保蛋白质、维生素和微量元素的充足供应。混合精饲料日喂量以 2～2.5 千克为宜。精饲料参考配方见表 6-14。

表 6-14　妊娠前期母牛精饲料参考推荐配方

成　分	含量(%)	成　分	含量(%)
玉　米	48	磷酸氢钙	1
大豆粕(饼)	22	石　粉	1
麸　皮	25	添加剂	2
食　盐	1		

二、妊娠后期的饲养管理

妊娠后期一般是指奶牛从怀孕7个月至分娩前的一段时间，此期是胎儿快速生长发育的时期。

妊娠后期是胎儿迅速生长发育和需要大量营养的时期。胎儿的生长发育速度逐渐加快，到分娩前达到最高，妊娠期最后两个月胎儿的增重占到胎儿总重量的75%以上。因此，需要母体供给大量的营养，精饲料供给量应逐渐加大。同时，母体也需要贮备一定的营养物质，使母牛有一定的妊娠期增重，以保证产后正常泌乳和发情。妊娠期增重良好的母牛，犊牛初生重、断奶重和泌乳量均高。初产母牛由于自身还处于生长发育阶段，饲养上应考虑其自身生长发育所需的营养。这时如果营养缺乏会导致胎儿生长发育减缓、活力不足，母牛体况较差。但也要注意防止母牛过肥。对于初产母牛保持中上等膘情即可，过肥容易造成难产，而且产后发生代谢紊乱的比例增加。体况评分是帮助调整妊娠母牛膘情的一个理想指标，分娩前理想的体况评分为3.5。

舍饲时，饲料除优质青粗饲料以外，混合精饲料每天不应少于2～3千克。放牧时，由于妊娠后期多处于冬季和早春，应注意加强补饲；否则，易引起初生犊牛发育不良、体质虚弱，母牛泌乳量低。为了满足冬季母牛对蛋白质的需求，在缺乏植物性蛋白质饲料的地区，可以采用补充尿素的方法。每头牛每天30～50克，分两次拌入精饲料中干喂，喂后60分钟内不能饮水。严禁饲喂冰冻、霉烂变质饲料和酸性过大的饲料。在分娩前30天进一步增加精饲料喂量，以不超过体重的1%为宜。同时，增加饲料中维生素、钙、磷和其他常量元素、微量元素的含量。在预产期前2～3周开始降低日粮中钙的含量，一般比营养需要量低20%。同时，保证日粮中磷的含量低于钙的含量，有条件的可改喂围产期日粮，这样有利于防止母牛出现乳热症。分娩前最后1周，精饲料喂量应降低一半。

第五节　泌乳牛的饲养管理

泌乳牛是指处于泌乳期内的奶牛。

泌乳期饲养管理的优劣直接影响到奶牛产乳性能的高低和繁殖性能的优劣，从而对经济效益产生影响。因此，必须加强奶牛泌乳期的饲养管理。

一、泌乳初期的饲养管理

泌乳初期一般是指从产犊至产犊后15天以内的一段时间。也有人认为，应将时间延长到产后21天。对于经产牛，泌乳初期通常划入围产期、称为围产后期。

泌乳初期母牛一般仍应在产房内进行饲养。分娩后母牛体质较弱，消化功能较差。因此，此阶段饲养管理的重点是促进母牛体质尽快恢复，为泌乳盛期的到来打下良好的基础。

（一）泌乳初期的饲养

奶牛产后泌乳量迅速增加，代谢异常旺盛。如果精饲料饲喂过多，极易导致瘤胃酸中毒，并诱发其他疾病特别是蹄叶炎。因此，泌乳初期传统的饲养方法多采用保守方法，即以恢复体质为主要目的，以恶露排净、乳房消肿等为主要标志。主要手段是在饲喂上有意识降低日粮营养浓度，以粗饲料为主，延长增喂精饲料的时间，不喂或少喂块根等多汁类饲料、青贮饲料和糟粕类饲料。但传统饲养方法存在一个严重问题，特别是对高产奶牛。奶牛产后体况损失大、食欲差、采食量低，加上泌乳量快速增加对营养物质需求量急剧增长，即使采用高营养浓度的日粮仍不能满足奶牛的需要，而保守饲养方法使用的日粮营养浓度很低，这就会导致奶牛体况严重下降，影响奶牛健康和泌乳量。因此，在实际饲养中，必须根据奶牛消化功能、乳房水肿及恶露排出等情况灵活饲养，切忌生搬硬套饲养标准或饲养方案。

1. 饮水 奶牛分娩过程中大量失水。因此，分娩后要立即喂给温热、充足的麸皮水（表 6-15），可以起到暖腹、充饥及增加腹压的作用，有利于体况恢复和胎衣排出。为促进子宫恢复和恶露排出，有条件的可补饮益母草、红糖水（表 6-16）。整个泌乳初期都要保持充足、清洁、适温的饮水，一般产后 1 周内应饮给 37℃～40℃的温水，以后逐步降至常温。但对于乳房水肿严重的奶牛，应适当控制饮水量。

表 6-15 麸皮水的配制

成　分	用量（千克）	成　分	用量（千克）
麸　皮	1～2	碳酸钙	0.05～0.10
食　盐	0.10～0.15	温　水	15.0～20.0
混合均匀，喂时温度调至 35℃～40℃			

表 6-16 益母草、红糖水的配制

成　分	用　量	备　注
益母草 水	0.25～0.5 千克 1.5～2 升	煎制成水剂
红　糖 水	1 千克 3 升	与益母草水剂混合 混匀凉至 40℃饮服
每天一剂，连饮 3 天		

2. 饲料 奶牛分娩后消化功能差，食欲低，在日粮调配上要加强其适口性，以刺激食欲。必要时，可添加一些增味物质（如糖类、牛型饲料香味素等），同时要保证日粮及其组分的优质、全价。

（1）粗饲料　在产后 2～3 天内以供给优质牧草为主，让牛自由采食。不要饲喂多汁类饲料、青贮饲料和糟粕类饲料，以免加重乳房水肿。3～4天后可以逐步增加青贮饲料喂量。7天后在乳房消肿良好的情况下，可逐渐增加块根类和糟渣类饲料的喂量。至泌乳初期结束，达到每天青贮饲料喂量20千克、优质干草3～4千克、块根类5～10千克、糟渣类15千克。

(2)精饲料　分娩后，日粮应立即改喂阳离子型的高钙日粮(钙占日粮干物质的0.7%～1%)。从第二天开始逐步增加精饲料，每天增加0.5～1千克。至产后第七天至第八天达到奶牛的给料标准，但喂量以不超过体重的1.5%为宜。产后8～15天根据奶牛的健康状况，增加精饲料喂量，直至泌乳高峰到来。到产后15天，日粮干物质中精饲料比例可达到50%～55%，精饲料中饼类饲料应占到25%～30%。每头牛每天还可补加1～1.5千克全脂膨化大豆，以补充过瘤胃蛋白质和能量的不足。快速增加精饲料，目的主要是为了迎接泌乳高峰的到来，并尽量减轻体况的负平衡。在整个精饲料增加过程中，要注意观察奶牛的变化。如果出现消化不良和乳房水肿迟迟不消的现象，要降低精饲料喂量，待恢复正常后再增加。精饲料的增加幅度应根据不同的个体区别对待。对产后健康状况良好，泌乳潜力大，乳房水肿轻的奶牛可加大增加幅度；反之，则应减小增加幅度。

(3)钙、磷　虽然各种必需矿物质对奶牛都很重要，但钙、磷具有特别重要的意义。这是由于分娩后奶牛体内的钙、磷处于负平衡状态，再加上泌乳量迅速增加，钙、磷消耗增大。如果日粮不能提供充足的钙、磷，就会导致各种疾病，如乳热症、骨软症、肢蹄症和奶牛倒地综合征等。因此，日粮中必须提供充足的钙、磷和维生素D。产后10天，每头每天钙摄入量不应低于150克，磷不应低于100克。

(4)注意事项　在配制饲料时，为防止瘤胃酸中毒，必须限制饲料中能量的含量，加上在泌乳初期很难配出满足过瘤胃非降解蛋白质需求的饲料。因此，在此期内奶牛动用体能和体蛋白质贮备不可避免。另外，高钾日粮和过高的非蛋白氮会抑制镁的吸收。在这种情况下，应增加日粮镁的含量。在热应激期应增加钾的供给量。日粮高钼、铁、硫会影响铜的吸收。在此情况下应增加铜的供给量。当日粮中含有高浓度的致甲状腺肿物质时，应增加碘的供给量。体重680千克、日产乳脂率3.5%、乳蛋白率3%、乳糖4.8%、乳汁25千克的荷斯坦奶牛产后11天典型日粮配方列表6-17。

表6-17　产后11天的典型日粮配方

日粮组成	用量(%)	日粮组成	用量(%)
玉米青贮(普通)	36.44	脂肪酸钙	0.65
玉米籽实(蒸汽压扁)	18.29	酵母粉	1.02
螺旋压榨饼(大豆)	7.65	碳酸钙	0.56
大豆粕(浸提、CP48%)	2.53	磷酸二氢钠(含1个结晶水)	0.40
青干豆科牧草	20.17	食　盐	0.70
棉籽(整粒、未脱绒)	8.41	维生素－矿物质添加剂	3.18

(二)泌乳初期的管理

泌乳初期管理的优劣直接关系到以后各阶段的泌乳量和奶牛的健康。因此，必须高度重视泌乳初期的管理。

1. 分娩　在产前，要准备好用于接产和助产的用具、器械、药品。在母牛分娩时，要细心照顾，合理助产，严禁粗暴。对于初产牛，因产程较长，更应仔细看管，耐心等待。牛分娩时，应使其采用左侧躺卧体位，以免胎儿受瘤胃压迫导致难产。母牛分娩后，尽早驱使其站立，使其有利于子宫复位和防止子宫外翻。但由于母牛在分娩过程中体力消耗，应尽量保证奶牛的安静休息。对初生犊牛，要进行良好的护理。

2. 挤奶　奶牛分娩后，第一次挤奶的时间越早越好。提前挤奶，有助于产后胎衣的排出。同时，能使初生犊牛及早吃上初乳，有利于犊牛的健康。一般在产后 0.5～1 小时开始挤奶。挤奶前先用温水清洗牛体两侧、后躯、尾部，并把污染的垫草清除干净，然后对乳房进行热敷和按摩，最后用 0.1%～0.2%高锰酸钾溶液药浴乳头。挤奶时，每个乳区挤出的头两把乳必须废弃。

分娩后，最初几天挤奶量的多少目前存在争议。过去的研究比较倾向于一致，认为产后最初几天挤奶切忌挤净，应保持乳房内有一定的余奶。如果把奶挤干，由于乳房内血液循环和乳腺细胞活动尚未适应大量泌乳，会使乳房内压显著降低，钙流失加剧，极易引起产后瘫痪。一般程序为：第一天只要挤出够小牛吃的量、即为 2～2.5 千克，第二天每次挤奶量约为产奶量的 1/3，第三天约为 1/2，第四天约为 3/4，从第五天开始可将奶全部挤出。但最新研究表明，奶牛分娩后立即挤净初乳，可刺激奶牛加速泌乳，增加食欲，降低乳房炎的发病率，促使泌乳高峰提前到达，而且不会引起产后瘫痪。

3. 乳房护理 分娩后，乳房水肿严重，在每次挤奶时都应加强热敷和按摩，并适当增加挤奶次数。每天最好挤奶 4 次以上，这样能促进乳房水肿更快消失。如果乳房消肿较慢，可用 40%硫酸镁温水洗涤并按摩乳房，可以加快水肿的消失。

4. 胎衣检测 分娩后，要仔细观察胎衣排出情况。一般分娩后 4～8 小时胎衣即可自行脱落，脱落后应立即移走，以防奶牛吃掉，引起瓣胃堵塞。胎衣排出后，应将外阴部清洗干净，用 1%～2%新洁尔灭溶液彻底消毒，以防生殖道感染。如果分泌后 12 小时胎衣仍未排出或排出不完整，则为胎衣不下，需要请兽医处理。

5. 消毒 产后 4～5 天内，每天坚持消毒后躯 1 次，重点是臀部、尾根和外阴部，要将恶露彻底洗净。同时，加强监护，注意观察恶露排出情况。如有恶露闭塞现象，即产后几天内仅见稠密透明分泌物而不见暗红色液态恶露，应及时处理，以防发生产后败血症或子宫炎等生殖道感染疾病。

6. 日常观测　奶牛分娩后，要注意观察阴门、乳房、乳头等部位是否有损伤，以及有无瘫痪等疾病发生征兆。每天测 1～2 次体温，若有升高要及时查明原因，并请兽医对症处理。同时，要详细记录奶牛在分娩过程中是否出现难产、助产、胎衣排出情况、恶露排出情况以及分娩时奶牛的体况等资料，以备以后根据上述情况有针对性地处理。

二、泌乳盛期的饲养管理

泌乳盛期又称泌乳高峰期。泌乳盛期一般是指母牛分娩后 16 天至泌乳高峰期结束之间的一段时间(产后 16～100 天)。但也有人认为，应将泌乳期 21～100 天称为泌乳盛期。

泌乳盛期是奶牛平均日泌乳量最高的一个阶段，峰值泌乳量的高低直接影响整个泌乳期的泌乳量。一般峰值泌乳量每增加 1 千克，全期泌乳量能增加 200～300 千克。因此，必须加强泌乳盛期的管理，精心饲养。

(一)泌乳盛期的饲养

泌乳盛期是饲养难度最大的阶段，因为此时泌乳处于高峰期，而母牛的采食量尚未达到高峰期。采食峰值滞后于泌乳峰值约 45 天，使奶牛摄入的养分不能满足泌乳的需要，不得不动用体贮备来支撑泌乳。因此，泌乳盛期开始阶段体重仍有下降。最早动用的体贮备是体脂肪，在整个泌乳盛期和泌乳中期的奶牛动用的体脂肪约可合成 1 000 千克奶。如果体脂肪动用过多，在葡萄糖不足和糖代谢障碍的情况下，脂肪会氧化不全，导致奶牛暴发酮病，对牛体损害极大。

1. 饲养要点

(1)优质的粗饲料　泌乳盛期奶牛日粮中所使用的粗饲料必须保证优质、适口性好。干草以优质牧草为主，如优质苜蓿、三叶草、红豆草、小冠花等豆科牧草，黑麦草、燕麦草、羊草等青干草；青贮饲料最好是全株玉米青贮;同时,饲喂一定的啤酒糟、白酒糟或其他青绿多汁饲料,以保持奶牛良好的食欲,增加干物质采食量。饲料喂量,以干物质计,不能低于奶牛体重的1%。冬季加喂胡萝卜、甜菜等多汁饲料。每天喂量可达15千克。

(2)优质全价配合精饲料　必须保证足够的优质全价配合精饲料的供给。喂量要逐渐增加,每天以增加0.5千克左右为宜。但精饲料的供给量不是越多越好。一般认为,精饲料的喂量最好不超过15千克,精饲料占日粮总干物质的最大比例不宜超过60%。在精饲料比例高时,要适当增加精饲料饲喂次数,采取少量多次饲喂的方法;或使用TMR日粮,可有效改善瘤胃微生物的活动环境,减少消化障碍、酮血症、产后瘫痪等的发病率。

(3)满足能量的需要　在泌乳盛期,奶牛对能量的需求量很大。即使达到最大采食量,仍无法满足泌乳的能量需要,奶牛必须动用体脂肪贮备。饲养的重点是供给适口性好的高能量饲料,并适当增加喂量,将体脂肪贮备的动用量降到最低。但由于高能量饲料基本为精饲料,而精饲料饲喂过多对奶牛健康有很大的损害,在这种情况下,可以通过添加过瘤胃脂肪酸、植物油脂、全脂大豆、整粒棉籽等方法提高日粮能量浓度,而不增加精饲料喂量。

(4)满足蛋白质的需要　虽然奶牛最早动用的体贮备是脂肪,但在营养负平衡中缺乏最严重的养分是蛋白质,这是由于体蛋白质用于合成奶的效率不如体脂肪高,体贮备量又少。奶牛每减重1千克所含有的能量约可合成6.56千克奶,而所含的蛋白质仅能合成4.8千克。奶牛可动用的体蛋白贮备合成150千克左右的奶,仅为体脂肪贮备合成能力的1/7。因此,必须高度重视日粮蛋白质的供应。如果蛋白质供应不足,会严重影响整个日粮的利用率和泌乳量。实践表明,高产奶牛以饲喂高能量、满足蛋白质需要的日粮效果最好。

奶牛日粮蛋白质中必须含有足量的瘤胃非降解蛋白质,如过瘤胃蛋白质、过瘤胃氨基酸等以满足奶牛对氨基酸特别是赖氨酸和蛋氨酸的需要。日粮中过瘤胃蛋白质含量应占到日粮总蛋白质的40%左右为宜。目前已知的过瘤胃蛋白质含量较高的饲料有玉米蛋白粉、小麦面筋粉、啤酒糟、白酒糟等，这些饲料适当多喂对增加奶牛泌乳量有良好效果。

(5)满足钙、磷的需要及适当的钙磷比　泌乳盛期奶牛对钙、磷的需要量大幅度增加。必须及时增加日粮中钙、磷的含量，以满足奶牛泌乳的需要。钙的含量一般应占到日粮干物质的0.6%～0.8%，钙磷比为1.5～2∶1。

2. 饲喂方法　在种草养牛生产中，建议采用“预付”饲养法。

其方法是从奶牛产后15～20天开始，在吃足粗饲料、青贮饲料和青绿、多汁饲料的前提下，以满足维持和泌乳实际营养需要的饲料量为基础，每天再增加1～1.5千克混合精饲料，作为奶牛每天实际饲料供给量。在整个泌乳盛期，精饲料的喂量随着泌乳量的增加而增加，始终保持1～1.5千克的“预付”，直到泌乳量不再增加为止。采取预付饲养法的时间不能过早，以分娩后奶牛的体质基本康复为前提；否则，容易导致各种消化道疾病。采用预付饲养法，可以充分发挥奶牛的泌乳潜力，减轻体况下降的程度。

(二)泌乳盛期的管理

由于泌乳盛期的管理涉及整个泌乳期的产奶量和奶牛健康。因此，泌乳盛期的管理至关重要。泌乳期管理的目的是要保证泌乳量不仅升得快，而且泌乳高峰期要长而稳定，以求最大限度地发挥奶牛泌乳潜力，获得最大泌乳量。

1. 对乳房的护理　泌乳盛期是乳房炎的高发期，要着重加强乳房的护理。可适当增加挤乳次数，加强乳房热敷和按摩。每次挤奶后对乳头进行药浴，可有效减少乳房受感染的机会。

2. 应适当延长饲喂时间　泌乳盛期奶牛每天的日粮采食量很大，宜适当延长饲喂的时间。每天饲槽空置的时间应控制在2～

3小时。饲料要少喂勤添，保持饲料的新鲜。

3. 粗、精饲料的饲喂 饲喂时，如果不使用TMR日粮，可采用精饲料和粗饲料交替饲喂，以使奶牛保持旺盛的食欲。散养时，要保证有足够的饲槽空间，以使每头牛都能充分采食草料。每天的剩料量控制在5%左右。

4. 保证充足、清洁的饮水 要加强对饮水的管理。在饲养过程中，应始终保证充足清洁的饮水。冬季有条件的要饮温水，水温在16℃以上；夏季最好饮凉水，以利于防暑降温，保持奶牛食欲。要创造条件，应用自动化饮水设施。

5. 适时配种 要密切注意奶牛产后的发情情况。奶牛出现发情后，要及时配种。高产奶牛的产后配种时间以产后70～90天较佳。

三、泌乳中期的饲养管理

泌乳中期是指泌乳盛期过后至泌乳后期之前的一段时间，一般为奶牛分娩后101～200天。该期是奶牛泌乳量逐渐下降、体况逐渐恢复的重要时期。

泌乳中期奶牛多处于妊娠的早期和中期，每天产奶量仍然很高，是获得全期稳定高产的重要时期，泌乳量应力争达到全期泌乳量的30%～35%。本期饲养管理的目标是最大限度地增加奶牛采食量，促进奶牛体况恢复，延缓泌乳量下降速度。

（一）泌乳中期的饲养

泌乳中期奶牛的食欲极为旺盛，采食量达到高峰（一般在分娩后85～100天）。同时，随着妊娠天数的增加，饲料利用率提高，而泌乳量逐渐下降。饲养者应及时根据奶牛体况和泌乳量调整日粮营养浓度，在满足蛋白质和能量需要的前提下，适当减少精饲料喂量，逐渐增加优质青、粗饲料喂量，力求使泌乳量下降幅度减到最低程度。

在饲养方法上可采用常规饲养法，即以青粗饲料和糟渣类饲料等满足奶牛的维持营养，而用精饲料满足泌乳的营养需要。一般按照每产3千克奶喂给1千克精饲料的方法确定精饲料喂量。这种方法适合于体况正常的奶牛。

（二）泌乳中期的管理

泌乳中期奶牛的管理相对容易些，主要是尽量减缓泌乳量的下降速度，控制奶牛的体况在适当的范围内。

1. 密切关注泌乳量的下降 奶牛进入泌乳中期后，泌乳量开始逐渐下降，这是正常现象。但每月泌乳量的下降率应保持在5%～8%。如果每月泌乳量下降超过10%，则应及时查找原因，对症采取措施。

2. 控制奶牛体况 随着产奶量的变化和奶牛采食量的增加，分娩后160天左右奶牛的体重开始增加。实践证明，精饲料饲喂过多是造成奶牛过肥的主要原因。而奶牛过肥会严重影响泌乳量和繁殖性能。因此，应每周或隔周根据泌乳量和体重变化调整精饲料喂量。在泌乳中期结束时，使奶牛体况达到2.75～3.25分为好。

3. 加强日常管理 虽然泌乳中期的管理相对简单，但也不能放松日常管理，应坚持刷刮牛体、按摩乳房、加强运动、保证充足饮水等管理措施，以保证奶牛的高产、稳产。

四、泌乳后期的饲养管理

泌乳后期通常是指泌乳中期以后，直至干奶期以前的一段时间，一般指分娩后201天至停乳。此期是奶牛产奶量急剧下降、体况继续恢复的时期，泌乳量头胎牛每月降低约6%，经产牛为9%～12%。

泌乳后期的奶牛一般处于妊娠期。在饲养管理上，除了要考虑泌乳外，还应考虑妊娠。对于头胎牛，还要考虑生长因素。因此，此期饲养管理的关键是延缓泌乳量下降的速度。同时，使奶牛在泌乳期结束时恢复到一定的膘情，并保证胎儿的健康发育。

（一）泌乳后期的饲养

与其他泌乳期相比，泌乳后期的饲养很容易被忽视。实际上，泌乳后期对奶牛是一个非常重要的时期，国外非常重视加强泌乳后期的饲养。这是由于泌乳后期奶牛采食的营养物质用于增重的效率要比干奶期高得多。如奶牛泌乳后期将多余的营养物质转化为体脂的效率为61.6%～74.7%，而干奶期仅为48.3%～58.7%。因此，充分利用泌乳后期使奶牛达到较理想的膘情，会显著提高饲料利用率。

泌乳后期还是为下一个泌乳期做准备的时期，应确保奶牛在此期获取足够的营养以补 充体内营养贮备。如果奶牛营养摄入不足导致体况过差，干奶期又不能完全弥补，会使奶牛在下一个泌乳期泌乳量大大低于遗传潜力，导致繁殖效率低下。但如果营养过高、体况过好，又容易在产犊时患代谢性疾病（如酮病、脂肪肝、真胃移位、胎衣不下、子宫炎、子宫感染和卵巢囊肿）。因而，必须高度重视泌乳后期奶牛的饲养，让奶牛在泌乳期结束时获得较理想的体况，干奶期能够维持即可。

泌乳后期奶牛的饲养除了考虑泌乳需要外，还要考虑妊娠的需要。对于头胎牛，还必须考虑生长的营养需要（表6-18）。应保持奶牛具有0.5～0.75千克的日增重，以便到泌乳期结束时达到3.5～3.75分的理想体况。日粮应以青粗饲料特别是青干草为主，适当搭配精饲料。同时，降低精饲料中非降解蛋白特别是过瘤胃蛋白质或氨基酸的添加量，停止添加过瘤胃脂肪，限制碳酸氢钠等添加剂的饲喂，以节约饲料成本。

（二）泌乳后期的管理

泌乳后期奶牛的管理可参照妊娠期青年牛的管理，同时应考虑其泌乳的特性。典型的营养需要量可参看表6-18。

1. 单独配制日粮　泌乳后期奶牛的日粮最好单独配制。一是可以确保奶牛达到理想的体脂贮备；二是减少饲喂一些不必要的价格昂贵的饲料，如过瘤胃蛋白质和脂肪，降低饲养成本；三是可以增加粗饲料比例，有利于确保奶牛瘤胃健康。

表 6-18　泌乳后期奶牛的营养需要量

项　目	含　量	日粮干物质中的常量元素（%）	
		项　目	含　量
干物质采食量（千克）	19	Ca	0.60
粗蛋白质 CP（%）	14	P	0.36
DIP：粗蛋白质（%）（DM）	68 (9.5)	Mg	0.20
UIP：粗蛋白质（%）（DM）	32 (4.5)	K	0.90
SIP：粗蛋白质（%）（DM）	34 (4.8)	Na	0.20
总可消化养分（%）	67	Cl	0.25
泌乳净能（MJ/千克）	5.64	S	0.25
无氮浸出物（%）	3	每天维生素喂量（单位）	
酸性洗涤剂纤维 ADF（%）	24	名　称	数　量
中性洗涤剂纤维 NDF（%）	32	维生素 A	50000
非结构性碳水化合物 NFC（%）	34	维生素 D	20000
NFC 与 DIP 之比（干物质%）	3.5∶1	维生素 E	200

注：DIP 为瘤胃降解蛋白质；UIP 为过瘤胃蛋白质；SIP 为可消化蛋白质。

2. 科学分群，单独饲喂　泌乳后期奶牛的饲料利用率较高，精饲料需要量少，单独饲喂会显著降低饲养成本。同时，如果这一阶段奶牛膘情差别较大，最好分群饲养。根据体况分别饲喂，可以有效预防奶牛过肥或过瘦。泌乳后期结束时，奶牛体况评分应在3.5～3.75 分，并在整个干奶期得以保持，这样可以确保奶牛营养贮备满足下一个泌乳期泌乳的需要。

3. 做好保胎工作　按照青年牛妊娠后期饲养管理的措施，做好保胎工作、防止流产。

4. 直肠检查 干奶前应进行1次直肠检查，以确定妊娠情况。对于双胎牛，应合理提高饲养水平，并确定干奶期的饲养方案。

第六节 干奶牛的饲养管理

所谓干奶牛是指在奶牛妊娠的最后60天左右，采用人工的方法使其停止泌奶。停奶的这一时间成为干奶期。

传统的干奶期从停止挤奶开始，到产犊结束。干奶期可划分为干奶前期和干奶后期。从停奶至产犊前15天为干奶前期，产犊前15天至产犊为干奶后期。随着奶牛研究的深入，将干奶后期和泌奶前期单独划分出来，合称为围产期，干奶后期为围产前期，泌奶前期为围产后期。

一、干奶前期的饲养管理

（一）干奶前期的饲养

奶牛在实施干奶过程中，应尽量降低精饲料、糟渣类和多汁类饲料的喂量。待乳房内的乳汁被吸收开始萎缩时，就可以逐步增加精饲料和多汁料，经5～7天后即可按妊娠干奶期的饲养标准进行饲养。

在干奶期饲养过程中，除应参照妊娠后期的饲养要点外，还应注意以下几点。

1. 提高日粮中青粗饲料的比例 干奶前期奶牛应以青粗饲料为主，每天日粮干物质供给量应控制在奶牛体重的1.8%～2.5%。其中饲草的含量应达到日粮干物质的60%以上。糟渣类和多汁类饲料不宜饲喂过多，以免压迫胎儿，引发早产。理想的粗饲料为青干草和优质青刈牧草，也可以适当饲喂氨化麦秸。如果不采用TMR日粮，干草最好自由采食。饲草的长度不能太短，其中，长度为3.8厘米以上的干草每天采食量不应少于2千克，这有助于瘤胃正常功能的恢复与维持。

精饲料喂量应根据青贮饲料质量、饲草质量和奶牛的体况灵活掌握饲养，切忌生搬硬套。对于体况良好(3.5分以上)、日粮中粗饲料为优质青干草，且玉米青贮每天喂量9千克以上的奶牛，精饲料可不喂或少量补充。对营养不良、体况差(低于3.5分)的奶牛应每天给予1.5～3千克精饲料，使其体重比泌奶盛期提高10%～15%，在分娩前达到较理想的体况(3.5～3.75分)。但粗饲料质量差，奶牛食欲差或冬季气候寒冷时也要适当补充精饲料，使其维持中上等的体况，保证下个泌乳期获得更高的产乳量。但要注意，精饲料喂量最大不宜超过体重的0.6%～0.8%，以防奶牛产犊时过肥，造成难产和代谢紊乱。

一般干奶牛的日粮组成为每头每天饲喂8～10千克优质青干草，7～10千克糟渣类和多汁类饲料，8～10千克品质优良的青贮饲料，1～4千克混合精饲料。

2. 适当限制能量和蛋白质的摄入　奶牛干乳期的能量营养需要远远低于泌乳期。如果营养过好，极易造成奶牛过肥，造成难产和代谢紊乱，威胁母仔安全。因此，必须严格限制奶牛干奶期的能量摄入量。全株玉米青贮每头每天的喂量不宜超过13千克或粗饲料干物质的一半。同时，也应避免由于限制能量摄入而导致日粮干物质采食量不足。

奶牛干奶期摄入过多的蛋白质极易导致乳房水肿。因此，应限量饲喂豆科牧草和半干青贮饲料，喂量一般不宜超过体重的1%或粗饲料干物质的30%～50%。

3. 合理供给矿物质和维生素　要高度重视干奶期日粮中矿物质和维生素的平衡，特别是钙、磷、钾和脂溶性维生素的供给量。

(1)避免摄入过量的钙　控制日粮中钙的含量，避免摄入过量的钙。高钙易诱发乳热症。同时，保持钙、磷比在2～1.5∶1。当粗饲料以豆科饲草为主时，应提高矿物质中磷的添加量。

(2)注意日粮钾的水平　避免饲喂高钾日粮。如果日粮中钾的含量超过1.5%，会严重影响镁的吸收，并抑制骨骼中钙的动用，使乳热症、胎衣滞留和奶牛倒地综合征的发生率大幅度提高。同时，可能影响奶牛分娩后的食欲，延长子宫复原的时间。日粮中钾的推荐含量为0.65%～0.8%。

(3)控制食盐的用量　食盐可按日粮干物质的0.25%添加；也可和矿物质制成舔砖，置在运动场的矿物槽内，让牛群自由舔食。

(4)保证脂溶性维生素的供给　产后胎衣滞留与维生素A、维生素E的缺乏有关。维生素E缺乏还会使奶牛抗病力降低，乳腺炎发病率增加。给干奶牛每天提供2 500克的维生素E，可使干奶期乳房炎的发病率降低20%。维生素A供给量主要取决于饲料的质量。如果日粮粗饲料以青干草和优质牧草为主，维生素A可不补充或少量补充，若以玉米青贮和质量低劣的干草为主，则需大量补充。维生素D一般不会缺乏，但当奶牛采食直接收割的牧草或青贮饲料，应补充维生素D。

4. 初产奶牛应严格控制缓冲剂的使用　对初产牛应禁止在日粮中使用碳酸氢钠等缓冲剂，以减少乳房水肿和乳热症的发生。对经产牛也应降低缓冲剂的使用量。

(二)干奶前期的管理

干奶期处于妊娠后期，因此管理的重点是做好保胎工作。同时，要尽量缩短干奶时间，预防乳房炎的发生。维持奶牛较理想的体况，维护奶牛健康。在管理上，除要做好妊娠后期的管理外，还应做好以下工作。

1. 科学干奶　干奶是干奶期奶牛饲养管理中最重要的一环，处理不好会严重影响干乳期的效果，引发乳房炎，因而必须严格按照技术规程操作。

（1）乳房炎检查　干奶期前是治疗乳房炎的最佳时期。因此，在预定干奶日的前10～15天应对奶牛进行隐性乳房炎检查。对于患有乳房炎的牛及时进行治疗，治愈后再进行干奶。

（2）干奶的方法　奶牛在接近干奶期时，乳腺的分泌活动仍在进行；高产奶牛甚至每天还能产乳10～20千克。但不论泌乳量多少，到了预定干奶日后，均应采取果断措施实行干奶，否则会严重影响下一个泌乳期的泌乳量。

干奶方法有快速干奶和逐渐干奶两种。

①快速干奶：即从干奶日起停喂精饲料和多汁饲料，同时减少饮水量、停止挤奶，使奶牛自行把乳汁干回去。于停止挤奶3～4天后挤净乳房中的乳汁，并在每个乳头或乳区注入防治乳房炎的混悬药液或药膏，然后用3%次氯酸钠或1%碘液蘸洗乳头，以减少感染机会。随后不再触摸乳房，但应经常注意它的变化。快速干奶适用于产奶日期较长、日产奶量很低、挤奶时泌乳反射不明显的个体，一般多用于日产奶15千克以下的母牛。

②逐渐干奶：需要数日，使产奶量逐渐减少，最后停止挤奶。适用于干奶时产奶量仍较多（15千克以上/日）的奶牛。通常从进行干奶之日起，变更日粮的组成，逐渐减少青绿饲料、多汁饲料和精饲料的喂量，直到全吃干草。同时配以减少挤奶次数和打乱挤奶时间，停止按摩乳房。先由1日3次挤奶改为2次挤奶，然后隔日1次。待产奶量降低后，按方法①进行干奶。这种方法适合于高产奶牛。它的弊端在于干奶时间过长，导致母牛长期处于贫乏的营养之下，影响胎儿的生长发育和牛体的健康，因此该法在生产中应用较少。

（3）干奶期的长短　干奶期的长短应视奶牛的年龄、体况和泌乳性能等具体情况而定。原则上，对头胎、年老体弱和高产牛以及产犊间隔较短的牛，要适当延长干奶期，但最长不宜超过70天，否则容易使奶牛过于肥胖。而对于体况良好、泌乳量低的奶牛，可以适当缩短干奶期。但最短不宜少于40天，否则乳腺组织没有足够的时间得到更新和修复。干奶期少于35天，会显著影响下一个泌乳期的泌乳量。

2. 分群管理 在体重基本相同的情况下，干奶牛与日产乳量13～14千克的泌乳牛相比，干奶牛所需的营养要少得多。例如，粗蛋白质只相当于泌乳牛需要量的一半，能量、钙、磷需要量也只相当于泌乳牛的50%～60%。因此，应及时将干奶牛从泌乳牛群中分出，单独或组群饲养。否则，很难控制干奶牛的营养水平，极易导致干奶牛过肥。而且经产妊娠牛在生理状态、生活习性等方面比较相似，单群、单舍饲养也便于重点护理。对于没有条件对干奶牛分群饲养的牛场，应对干奶牛的上、下槽适当照应，采取"晚上槽、早下槽"的管理方法，即上槽时等泌乳牛各就各位后再放干奶牛上槽，下槽时等干奶牛下槽后再让泌乳牛下槽，即可控制干奶牛的营养水平，又可明显减少撞伤和流产事故。

3. 加强户外运动，多晒太阳 维生素D对奶牛钙、磷的正常吸收和代谢具有重要的作用。而牛体内含有丰富的7-脱氢胆固醇，经阳光照射后能转化为维生素D_3。青干草中含有的麦角固醇经阳光照射后也可转化为维生素D_2。因此，多饲喂经阳光照射晒制的青干草可有效预防干奶牛维生素D的缺乏。

二、干奶后期的饲养管理

干奶后期即围产前期，之所以将围产期单独划分出来是由于此期的饲养管理具有不同于其他饲养阶段的特殊性和重要性。围产前期饲养管理的优劣直接关系到犊牛的正常分娩、母牛分娩后的健康及产后生产性能的发挥和繁殖表现。

（一）干奶后期的饲养

奶牛在干奶后期临近分娩，这一阶段除应注意干奶期的一般饲养要求外，还应视母牛的体况和乳房肿胀程度等情况灵活把握，做好一些特殊的饲养工作。

1. 对营养状况不良的母牛应增加精饲料喂量 产前7～10天由于子宫和胎儿压迫消化道，加上血液中雌激素和皮质醇浓度升高，使奶牛采食量大幅度下降（20%～40%）。因此，要增加日粮营养浓度，以保证奶牛营养需要。但产前精饲料的最大喂量不宜超过体重的1%。

2. 母牛临产前应尽量避免乳房肿胀的发生 母牛临产前1周会发生乳房肿胀。如果情况严重，应减少精饲料以及糟渣类饲料的喂量。临产前2～3天，日粮中适量添加小麦麸以增加饲料的轻泻性，防止便秘。如果乳房水肿严重，应降低精饲料喂量，同时减少食盐喂量。

3. 注意日粮的质量和过渡 日粮粗饲料应以优质饲草为主，以增进奶牛对粗饲料的食欲。同时逐步向产后日粮过渡，每天饲喂一定量的玉米青贮，可有效避免产后因日粮变动过大而影响奶牛食欲。

4. 日粮添加维生素和微量元素 在围产前期奶牛的日粮中添加足量的维生素A、维生素D、维生素E和微量元素，使奶牛机体在产前对维生素和微量元素产生相应的贮备，对产后子宫的恢复、提高产后配种受胎率、降低乳房炎发病率、提高产奶量具有良好作用。

5. 预防奶牛产后酮病的发生 根据母牛体况，采取相应措施，预防奶牛产后酮病的发生，是这一阶段饲养的主要任务之一。在分娩前7～10天一次灌服320克丙烯乙二醇，可有效降低体脂肪的分解代谢，减少产后酮病的发生。在分娩前2周和产后最初10天内，每天饲喂6～12克烟酸，可有效降低血酮的含量。

6. 适当降低日粮中钙的含量 研究表明，在围产前期采用低钙日粮，围产后期采取高钙日粮，能有效地防止产后瘫痪的发生。一般将钙含量由占日粮干物质的0.6%降低至0.2%。采用此法的原理是根据牛体内的血钙水平受甲状旁腺释放甲状旁腺素的调节。当日粮中钙供应不足时，甲状旁腺分泌加强，奶牛动用骨钙以维持正常血钙水平。奶牛分娩后，采食高钙日粮，外源钙摄入大幅度增加，从而可有效弥补产后由于大量泌乳导致的钙损失，减少产后瘫痪的发生。

7. 在日粮中添加阴离子矿物盐 在围产前期奶牛日粮中添加阴离子盐，使阴阳离子平衡为－100～－200毫摩/千克干物质，可有效降低血液和尿液pH，促进分娩后日粮钙的吸收和代谢，提高血钙水平，减少乳热症的发生。常用阴离子矿物盐有氯化铵、硫酸铵、硫酸镁、氯化镁、氯化钙、硫酸钙等。其中硫酸盐适口性较好，而氯化物适口性较差。但总的来说，阴离子矿物盐适口性不好。为避免影响奶牛采食量，最好将阴离子盐与其他饲料混合制成TMR饲喂。没有应用TMR条件的，也要将精饲料与阴离子矿物盐充分混合后饲喂。

(二)干奶后期的管理

干奶后期亦即围产前期，管理的重点是做好保健工作，预防生殖道和乳腺的感染，减少代谢性疾病的发生。管理可参考青年牛妊娠后期的管理方法。

1. 奶牛产前处理 奶牛在产前7～10天应转入产房，进行产前检查后由专人进行护理，随时注意观察奶牛的变化。母牛后躯及四肢用2%～3%来苏儿溶液洗刷消毒后方可转入产房，并办理好转群记录登记和移交工作。天气晴朗时，要驱牛出产房做逍遥运动。

奶牛到达预产期前1～2天，应密切观察临产征候的出现，并提前做好接产和助产准备。

2. 奶牛产房处理 产房门口最好设单独的消毒池或消毒间。产房应预先用2%火碱水喷洒消毒，冲洗干净后铺上清洁干燥的垫草，并建立和坚持日常清洁消毒制度。要保持牛床清洁，勤换垫草。

3. 产房工作人员要加强　产房工作人员要求责任心较强，同时具备一定的接助产技术。工作人员进入产房要穿工作服，用消毒液洗手。

第七节　高产奶牛的饲养管理要点

高产奶牛是指那些泌乳量高（7 500 千克以上），乳汁优良，乳脂率（3.4%～3.5%）和乳蛋白含量（3%～3.2%）高的奶牛群体。高产奶牛必须同时具有健康的体况，旺盛的食欲，发达的消化系统和泌乳器官。

高产奶牛由于泌乳量高、代谢旺盛，很容易患代谢疾病和生殖疾病。因此，除应采取一般奶牛饲养管理措施外，还应根据高产奶牛的生理特点，采取特殊的饲养管理措施。

一、高产奶牛的饲养

高产奶牛一个典型的特点是采食量大，对营养物质的需求量高，在泌乳盛期虽然精饲料喂量大，但营养负平衡仍比较严重。因此，饲养的重点是尽量降低营养负平衡，保证瘤胃功能的正常，维护奶牛健康，获得稳定高产。

（一）保持饲料营养平衡，严格控制精、粗饲料比例

在配制高产奶牛饲料配方时，必须严格按照奶牛饲养标准来制定，以满足高产奶牛在各个阶段的营养需要。尤其要注意干物质的采食量、能量、蛋白质、纤维素、矿物质和多种维生素的营养平衡。

在粗饲料和精饲料的搭配上，要严格控制精、粗饲料的比例。高产奶牛为了维持高的泌乳量，需要大量能量，而增加能量最简单有效的途径就是提高日粮中精饲料的比例，这就极易导致精粗比失衡。精饲料比例过高，会导致奶牛消化功能障碍、瘤胃角化不全、瘤胃酸中毒、酮病和蹄叶炎的发生率大幅度提高。因此，在整个泌乳盛期，尽量将精饲料比例控制在50%～60%。即使在泌乳高峰期，精饲料比例也不宜超过60%。

(二)确保优质粗饲料的供给

对于高产奶牛，保证优质粗饲料的供给比精饲料的供给更为重要。这是由于优质粗饲料可以维护高产奶牛的健康，而精饲料虽然可以增加泌乳量，但过量饲喂对奶牛的健康有一定的影响。

国外发达国家在高产奶牛饲养中粗饲料普遍使用优质豆科干草、优质禾本科干草或优质带穗玉米青贮，而很少使用糟渣类等高水分饲料，整个日粮干物质中粗纤维的比例为15%～17%。这样不仅能满足高产奶牛稳定高产的营养需要，还能使日粮精粗比控制在50∶50左右，非常有利于奶牛健康。国内由于优质干草数量少，粗饲料多为质量中等的羊草和普通玉米青贮。为了维持高产必然需要加大精饲料比例，大量使用糟渣类和青绿多汁饲料，这就导致日粮中粗纤维比例低(一般只有14%～15%)，不利于高产奶牛的健康。因而，种草养牛，生产使用优质牧草、玉米整株带穗青贮以提高粗饲料品质是维护奶牛健康高产的有效途径。

(三)使用过瘤胃蛋白质和过瘤胃脂肪酸

最新的研究表明，蛋白质的可溶性和可消化性非常重要。瘤胃微生物每天能提供2.5～3千克蛋白质，如果合成牛奶需要的蛋白质超过这个量，就必须由在瘤胃内没有降解的日粮蛋白质在小肠中消化吸收来补充，这些在瘤胃内没有降解的蛋白质就是过瘤胃蛋白质。高产奶牛需要大量的过瘤胃蛋白质，而我国奶牛饲养中所用的蛋白质饲料主要是饼粕类饲料和糟渣类饲料，粗饲料中豆科牧草较少，很难满足过瘤胃蛋白质的需要。因此，需要在高产奶牛日粮中大量添加过瘤胃蛋白质。目前，应用较多的过瘤胃蛋白质有保护性氨基酸或蛋白质、全脂膨化大豆和整粒棉籽。

高产奶牛对能量的需要量也比中低产奶牛高得多。国外发达国家高产奶牛的能量饲料以压扁或简单破碎的高水分玉米和大麦为主，加上全脂大豆和整粒棉籽中含有大量的油脂。粗饲料多为优质青干草或牧草，虽然仍不能满足泌乳盛期能量的需要，但可有效降低能量负平衡的程度，保证高产奶牛泌乳潜力的发挥，同时有利于奶牛健康。因此，需要在日粮中添加一定量的油脂以提高日粮能量浓度，减轻高产奶牛的能量负平衡。常用的油脂有植物油、保护性过瘤胃脂肪酸（脂肪酸钙、棕榈酸钙等）和全脂膨化大豆、整粒棉籽或菜籽等。在添加油脂时应注意添加量，由于添加油脂会影响奶牛瘤胃微生物的发酵活力。因此，添加量不宜过高，以日粮脂肪增加 3%为宜。

(四)满足矿物质和维生素的需要

高产奶牛对矿物质和维生素的需要量也比中低产奶牛高得多，仅通过精饲料和粗饲料很难满足需要，必须在日粮中额外添加适量的矿物质和维生素。添加量要根据饲养标准，同时结合当地的实际情况以及环境条件确定。胡萝卜素在日粮中一般不需要额外添加，但在高产奶牛分娩前 30 天至分娩后 92 天，在日粮中添加胡萝卜素制剂，可将整个泌乳期泌乳量提高 200 千克左右。在高产奶牛日粮中添加较高的硫酸钠（0.8%）可提高泌乳量和饲料利用率。高温季节应增加日粮中氯化钾的添加量，可有效缓解热应激对高产奶牛造成的应激。

(五)使用非常规饲料添加剂

1. 缓冲剂 高产奶牛由于在整个泌乳期精饲料采食量都比较大。因此，需要在日粮中始终添加适量的碳酸氢钠、氧化镁等缓冲剂，以改善高产奶牛的采食量、产奶量和牛奶成分，维护奶牛健康，减少瘤胃酸中毒的发生，调节和改善瘤胃微生物发酵效果。碳酸氢钠喂量一般占混合精饲料的 1.5%，氧化镁喂量占混合精饲料的 0.6%～0.8%。

2. 其他添加物

(1)丙二醇类　在高产奶牛日粮中添加或直接灌服丙二醇类物质,可以有效减少和预防酮病的发生。这类物质有丙二醇、乙烯丙二醇、异丙二醇等。

(2)异位酸类　在高产奶牛精饲料中添加1%的异味酸类添加剂,可显著提高泌乳量。同时,有提高乳脂率和饲料转化率的作用。这类物质主要包括异戊酸、异丁酸和异己酸等。

(3)沸石　在奶牛精饲料中添加4%～5%的沸石粉,可提高泌乳量8%左右。

(4)稀土　添加稀土可将泌乳量提高10%以上,同时乳脂率也有所提高。稀土的有效添加量为40～45毫克/千克(按精饲料计)。

(5)膨润土　它含有一系列营养元素,同时具有一定的吸附作用。研究表明,在高产奶牛日粮中添加一定数量的膨润土,不仅可提高产奶量,同时具有优化奶牛生产环境等作用。

二、高产奶牛的管理

高产奶牛新陈代谢特别旺盛,饲料采食量大,日粮营养转化率高。同时,易患各种疾病。因此,在普通奶牛管理的基础上,还应重点注意以下事项。

(一)适当延长干奶期

高产奶牛为了维持高产,在泌乳阶段必须采食大量精饲料,这就使瘤胃代谢长期处于紧张状态。这种特殊状态只有在干奶期才有可能得到有效缓解。如果干奶期时间短,不能得到有效缓解,瘤胃功能不能恢复正常,将严重影响下一个泌乳期的泌乳量和奶牛健康。近几年,随着人们对高产奶牛生理研究的深入,加之饲养实践,认为将高产奶牛的干奶期延长至60天以上,可以使瘤胃以及乳腺有充足的时间恢复正常功能,有利于下一个泌乳周期的高产和奶牛健康。

(二)适当延长挤奶时间

高产奶牛的日产奶量比中低产牛高 30%～50%。虽然高产奶牛泌乳速度快,但泌乳所需要的时间也要比中低产奶牛长。因此,如果采用机械挤奶,应适当延长挤奶时间;如果采用手工挤奶,可采用双人挤奶,能有效提高泌乳量,保证挤奶时间。

(三)延长采食时间,增加采食次数

传统的奶牛饲养一般精饲料在挤奶时供给、日喂 3 次,粗饲料和糟渣类饲料随同精饲料饲喂或自由采食。高产奶牛由于采食量特别大,奶牛吃足定量饲料,每天至少要有 8 小时的采食时间。因此,采用传统饲养方法,高产奶牛采食时间一般不够,导致干物质采食量不足,影响奶牛健康和泌乳潜力的发挥。同时,精饲料多次饲喂更有利于高产奶牛瘤胃的健康。因此,对于高产奶牛应延长饲喂时间,增加饲喂次数。一般要求高产奶牛每天能自由接触日粮的时间不少于 20 小时,每天饲喂 5～6 次。

(四)加强发情观察,适当推迟产后配种时间

高产奶牛在泌乳盛期的发情表现往往不明显,必须密切观察发情表现,以免错过发情、延误配种。

与中低产奶牛相比,高产奶牛的繁殖性能较低,产后配种的受胎率较低。产后适当延迟配种,可有效提高配种的受胎率,避免多次配种造成的生殖道感染。适宜的初次配种时间为产后 60 天以上。延迟配种虽然会延长产犊间隔,但有利于提高整个利用年限内的总泌乳量。

(五)实行全天候的自由饮水

高产奶牛的需水量特别大,1 头日产 50 千克乳、采食 25 千克干物质的奶牛每天需要 45 升水来补充泌乳损失的水,需要75～125 升水来代谢饲料。所以,每天水的基础需要就高达 120～170 升,热天的需要量更多。因此,必须保证充足的饮水,否则会严重影响奶牛干物质采食量和泌乳量。有条件的牛场最好安装自动饮水器。不具备条件的牛场,每天饮水要在5次以上。同时,在运动场设置饮水槽,供其自由饮用,并及时更换,使高产奶牛随时饮用到清洁、新鲜的饮水。同时,保证水质优良,符合国家畜禽养殖场饮用水质标准。

(六)控制日粮水分含量

虽然高产奶牛要保证充足的饮水,但日粮中的水分含量不能太高。如果水分太高,会降低总干物质的摄入量。如饲喂高水分(水分大于50%)青贮饲料或多汁饲料时,水分每增加1%,预期干物质摄入量将降低奶牛体重的0.02%。这主要是由于较湿的饲料发酵所需的时间长,瘤胃排空速度慢。但日粮水分也不是越少越好。日粮水分过少会使适口性变差,同样影响采食量。应尽量控制日粮总干物质含量在50%~75%。

(七)建立稳定可靠的优质青、粗饲料供应体系

高产奶牛发挥高产泌乳潜力的关键是摄入足量的高质量青、粗饲料。高质量的青、粗饲料包括全株玉米青贮、早期刈割的黑麦草、苜蓿鲜草或干草以及适期刈割收获的其他优质牧草;每头成年奶牛每年约需相当于4 500千克青干草的优质青、粗饲料。如果用精饲料代替优质青粗饲料,短期内虽然效果很好,但对奶牛的健康影响很大,会导致瘤胃酸中毒,奶牛利用年限大大缩短等严重后果。因此,必须建立稳定、可靠的优质青、粗饲料生产供应体系,保证青、粗饲料全年的稳定、均衡供应。

(八)合理贮存青、粗饲料

青、粗饲料必须在适宜的条件下进行贮存。如果以干草形式贮存,必须早期刈割,采取快速烘干或晾干,使水分降到15%以下再贮存到阴凉、干燥的地方。水分过高,一方面会使干草品质快速下降,另一方面容易引起发霉、变质。在多雨季节或其他因素使得晾制干草困难或不可能的地区,可以采用塑料裹包半干青贮法制成青贮饲料保存,效果良好。

(九)采取更为细致的分群饲养

高产奶牛各个时期的泌乳量差异很大,对日粮营养的需求变化也很大。如果采用混群饲养,很难做到根据泌乳量调整饲料喂量和日粮营养浓度。因此,只要条件具备,应尽可能把牛群分得更细。应首先将泌乳牛、干奶牛和围产牛分开,其次根据泌乳量的高低和泌乳期的不同阶段将泌乳牛分群,再根据体况把干奶牛、围产期牛分群。由于头胎牛需要比经产牛多花10%~15%的时间采食。因此,还应把头胎牛与经产牛分开。

(十)做好高温季节的防暑降温和寒冷地区的防寒保暖工作

高产奶牛对气候的变化要比中低产奶牛敏感得多。因此,夏季要做好防暑降温工作。可以采用在牛舍安装喷雾装置,结合纵向正压通风,降低温度,减轻奶牛的热应激,同时提供足量的清洁饮水;冬季要做好防寒保暖工作,特别要避免寒风直接吹袭乳房,以保证奶牛的稳定高产。

三、奶牛全混合日粮的应用

所谓全混合日粮(TMR)是指根据奶牛的营养配方,将粗饲料、精饲料以及矿物质、维生素等各种添加剂在饲料搅拌喂料车内充分混合成的一种营养平衡的日粮,也称为全价日粮(CR)。

TMR技术,即根据奶牛的营养需要确定饲料配方和饲料原料,然后将切短成3厘米左右的各种青粗饲料与精饲料、饲料添加剂及其他饲料原料在专用饲料搅拌车内按比例配合,调节含水量至45%±5%,混合均匀。饲喂时,通过分发机械直接投喂,供牛自由采食。

(一)应用全混合日粮的优点

可以大幅度提高劳动效率;能够保证饲料的平稳和采食的均衡,有效避免奶牛挑食造成的养分摄入不均;能够增加奶牛采食量,提高泌乳量,防止乳脂率下降;有利于减少产后疾病,维护奶牛健康。

但应用 TMR 具有投资大、设备维护成本高、对道路和牛舍、对配制技术要求高等缺点,在小型牛场很难应用,而我国奶牛养殖多以小型牛场为主体。对于这种状况,可采用建立 TMR 配送中心的方法来解决。其方法是:在奶牛养殖较集中的地区建立大型的 TMR 配合中心,每天由中心将配合好的 TMR 送到各个小型奶牛场,由奶牛场自己采用人工投料。

(二)使用 TMR 日粮的注意事项

第一,全混合日粮的质量直接取决于所使用的各饲料组分的质量。对于泌乳量超过 10 000 千克的高产牛群,应使用单独的全混合日粮系统。这样,可以简化喂料操作,节省劳力投入,增加奶牛的泌乳潜力。

第二,奶牛对 TMR 的干物质采食量。刚开始投喂 TMR 时,不要过高估计奶牛的干物质采食量。过高估计采食量,会使设计的日粮中营养物质浓度低于需要值。可以通过在计算时将采食量比估计值降低 5%,并保持剩料量在 5%左右来平衡 TMR。

第三,为了防止消化不适,TMR 的营养物质含量变化不应超过 15%。与泌乳中后期奶牛相比,泌乳早期奶牛使用 TMR 更容易恢复食欲,泌乳量恢复也更快。更换 TMR 泌乳后期的奶牛通常比泌乳早期的奶牛减产更多。

第四,合理分群。一个 TMR 组内的奶牛泌乳量差别不应超过 9~11 千克(4%乳脂)。产奶潜力高的奶牛应保留在高营养的 TMR 组,而潜力低的奶牛应转移至较低营养的 TMR 组。如果根据 TMR 的变动进行重新分群,应一次移走尽可能多的奶牛。白天移群时,应适当增加当天的饲料喂量;夜间转群,应在奶牛活动最低时进行,以减轻刺激。

第五,饲喂 TMR 还应考虑奶牛的体况得分、年龄及饲养状态。当 TMR 组超过一组时,不能只根据产奶量来分群,还应考虑奶牛的体况得分、年龄及饲养状态。高产奶牛及初产奶牛应延长使用高营养 TMR 的时间，以利于初产牛身体发育和高产牛对身体贮备损失的补充。

第六，TMR 每天饲喂 3～4 次，有利于增加奶牛干物质采食量。TMR 的适宜供给量应大于奶牛最大采食量。一般应将剩料量控制在 5%～10%，过多过少都不好。没有剩料可能意味着有些牛采食不足，过多则会造成饲料浪费。当剩料过多时，应检查饲料配合是否合理，以及奶牛采食是否正常。

第八节　栽培牧草饲养奶牛

种草养牛，已成为农业产业结构调整的战略性措施。而草有草的特性，牛有牛的特点，如何草、牛对应，是提高种草养牛效益的中心议题。

牛的营养需要取决于牛的年龄、体重、生育期以及增重与牛的生产水平及目标。对栽培牧草的需要量也因特定牛群而不同。针对性的利用优质栽培牧草，以最大限度地平衡日粮，满足奶牛的生长与生产需要是健康、高效生产的关键。

一、2 周龄至 3 月龄犊牛

原则上 2 周龄前以初乳、常母乳为食。可在周龄后训练犊牛采食优质牧草，及早促进牛的瘤胃发育。犊牛通常从 2 周龄开始采食少量苜蓿干草。8 周龄以后对苜蓿的采食量将大幅度增加。犊牛8～12 周龄阶段，瘤胃功能还尚未发育完全，瘤胃容积有限，饲料中的纤维素含量也要限量。而优质苜蓿是犊牛特别需要的蛋白质、矿物质、维生素及易溶碳水化合物（糖及淀粉）之来源。可由苜蓿提供日粮多于 18%的粗蛋白质及低于 42%的中性洗涤剂纤维。苜蓿喂犊牛可以加工成干草或低水分（水分含量低于 55%）

青贮饲料。尽量避免高水分青贮饲料，因为这种饲料会限制犊牛的采食量，并影响蛋白质的质量。此期间应以优质青干草为主要日粮，可适当饲喂部分青草。以干物质计，日采食量应达到3～4千克。

二、4～12月龄育成牛

此阶段育成牛已具备充足的瘤胃功能及容积，可以采食大量的粗纤维，满足其部分营养需要。这一阶段的蛋白质需要量较犊牛期略有降低。可利用含粗纤维较多的、蛋白质含量偏低的苜蓿草、三叶草、红豆草、小冠花等豆科青干草以及其他青干草，喂前配制成含粗蛋白质16％～18％及含中性洗涤剂纤维41％～46％（酸性洗涤剂纤维33％～38％）的混合牧草，添加少量浓缩饲料即可满足育成牛最佳的生长发育之需要。前期以青干草为主，适当搭配青草，使干物质采食量达到5～8千克；而后期可利用青刈饲草与青干草各半搭配饲养，使干物质采食量达到4～7千克。对可利用牧草进行营养成分分析，日采食蛋白质量应达到450～600克。

三、13～18月龄育成牛

育成牛长到12～18月龄，已经具备了较大的消化道容积，在其日粮中可利用更多的青刈饲草。育成牛体重在250～450千克期间，可以从含粗蛋白质14％～16％、中性洗涤剂纤维45％～48％的混合牧草日粮中，获取或满足各种营养成分的需要。而此阶段的前期，牛的瘤胃容积仍然有限。以青刈饲草养牛，则应适量补饲部分青干草，以满足干物质的需要。干物质的日采食量应达到8～12千克。对日粮牧草成分进行分析，粗蛋白质应达到600～750克。

四、19～24 月龄育成牛及干奶牛

可以利用比其他类群牛要求质量略差的混合牧草日粮。其含粗蛋白质 12%～14%、中性洗涤剂纤维 48%～52%的混生牧草日粮即可满足其营养需要。此阶段多为妊娠期，考虑到胎儿的着床与生长发育，若青刈牧草的水分含量过高，会对子宫膨大产生挤压，同时影响到干物质的采食量，可选用水分含量较低的青刈牧草或补喂青干草进行调整，控制日粮营养浓度和体积。日采食干物质应达到 15 千克左右，粗蛋白质的日采食量应达到 750～900 克。

对妊娠后期母牛，虽然混生牧草即可满足营养需要，但必须控制日粮体积和营养浓度。要适量饲喂一些高质量的苜蓿草，因为优质苜蓿草中含钙量高，适量饲喂高质量的苜蓿草，可以预防奶牛分娩时出现的乳热症及围产期综合征。

五、泌乳早期奶牛

泌乳早期(泌乳期的前 100 天)，奶牛开产后产奶量迅速上升，营养需要量高，要采用高蛋白质含量、低纤维素浓度的日粮。优质苜蓿草则成为泌乳早期奶牛最理想的饲草。产后 100 天以前的泌乳牛，应饲喂含粗蛋白质 19%～24%、中性洗涤剂纤维 38%～42%的苜蓿草日粮。若使用含较低粗蛋白质及较高中性洗涤剂纤维含量的混生牧草时，日粮中要增加一定数量的浓缩饲料，方可满足泌乳早期奶牛高效生产的营养需求，维持奶牛的高产水平。若使用中性洗涤剂纤维浓度较低的苜蓿草日粮，或许不能提供足量的纤维素，以维持奶牛瘤胃的正常功能。因而在泌乳早期，不仅要选用优质的青干草，还应适量搭配混合精料。一般情况下，干物质采食量应达到 20 千克左右，优质青干草可占一半以上。

六、泌乳中后期奶牛

泌乳中后期(即泌乳期的后 200 天),这时期泌乳牛的产奶量逐渐下降,对能量和蛋白质的需求量也随之下降。因而比泌乳早期奶牛对牧草的质量要求降低,可利用质量偏低的混生苜蓿草日粮或以羊草以及青刈饲草为主要日粮。根据产奶量,适量添加部分配合精饲料,即可满足其营养需要。

第七章　牛群防疫保健与疾病防治

第一节　牛群保健

坚持"以防为主、防重于治"的原则，在牛场的选址、建设以及奶牛的饲养、管理等方面严防疫病的传入与流行。严格执行兽医卫生防疫制度。

坚持"自繁自养"的原则，防止疫病的传入。加强牛群的科学饲养、合理生产，增强动物的抵抗力。

认真执行计划免疫，定期进行预防接种。对主要疫病进行疫情监测。遵循"早、快、严、小"的处理原则，及早发现、及时防治。

采取严格的综合性防治措施，迅速扑灭疫情，防止疫情扩散。对牛场除要做到疫病监控和防治外，还要加强牛群的保健工作。

一、责任保健

选用责任心较强的饲养人员，对牛群实施动态观察、触摸、嗅闻的综合性保健工作。强化饲养人员的责任心，随时观察牛群的动态变化，若有异常反应，速报兽医管理人员，做到处理及时，是保障牛群健康的前提。常规饲养管理做到一看、二摸、三嗅。

一看，是添料前检查草料有无腐败变质现象，饮水是否清洁，采食量和饮水是否正常，粪便的颜色与稀薄度，精神状态、运动状态、鼻镜水珠度，腹围大小，乳头与乳房、皮肤与被毛等是否有异样。

二摸，是发现牛体基本部位有无异常的基本方式，可用手触及。如皮表温度，乳房弹性强度，瘤胃形态，肿胀部位的软硬度和痛感，皮肤结痂或脱毛程度，有无体外寄生虫等情况。

三嗅，是进入牛舍时用嗅觉判断气味是否正常，有无刺鼻味、恶臭味或烂苹果味等异常变化。

饲养员作为一线工人，要有责任感。做到日常多观察，发现情况早汇报，以便兽医及早确诊、及早治疗，把疫病消灭在萌芽状态、疫情控制在最小范围内，是保障牛群健康的基础。

二、营养保健

牛是反刍动物，对各种营养物质的需求与杂食动物不同。满足牛在整个生命活动中对各种营养要素的需求与平衡是维护牛体健康高产的前提。

三、运动保健

生命在于运动。牛适当的运动对保持体质健康非常重要。每天上、下午让牛群到舍外活动 2 小时以上，呼吸新鲜空气，能增强抵抗病原微生物的能力，并能促进钙盐吸收利用，对防治难产、产后瘫痪具有重要意义。适当的户外运动，对牛群适应外界环境以及稳产、高产、强身健体起决定性作用。

四、环境保健

创造良好的饲养环境，是保障牛群正常生活和高产的重要条件。因此，牛舍要求光线充足，通风良好，冬能保暖，夏能防暑，排污畅通，舍温 9℃～18℃、湿度 55%～70%为宜。运动场要坚实，以细沙铺地，干燥无积水。搭建凉棚，避免夏季阳光直射牛体。设立挡风设施，避免冬季寒风直吹牛体。创建四季舒适的牛群生产环境，是牛群保健的重要措施。

五、预防保健

坚持以防为主的原则，切实保障牛群健康。

(一)定期驱虫

在每年春、秋两季应定期地对牛体各驱虫一次(妊娠母牛除外)，最简单的方法是，用1%阿维菌素注射液，每100千克体重肌内注射2毫升，可有效地驱除牛体内外寄生虫。

(二)预防中毒

有毒物质和毒素，不仅能使牛中毒，而且破坏免疫系统，使牛抗病力下降。因此应杜绝饲用有毒植物、腐败饲料、变质酒糟、带毒饼粕以及被农药污染的谷实、草和饮水。投放灭鼠药饵要隐蔽，用后应及时清理干净。一旦发现中毒，立即采取解毒措施。

(三)防止疫病传入

牛场布局要利于防疫，远离交通要道。工厂和居民区，牛舍和和生产区入口要设有效的消毒池。进出的车辆、人员经消毒后方可出入，外来人员谢绝参观，加强灭鼠、灭蚊蝇及吸血昆虫等工作。倘若引进牛群时，要严格按着国家的检疫制度执行，建立完善的防疫体系，严格控制一切传染源。

(四)严格消毒制度

由于传染病的传播途径不同，所采取的消毒方法也不尽一致。以呼吸道传播的疾病，则以空气消毒为主；以消化道传播的疾病，则以饲料、饮水及饲养用具消毒为主；以节肢或啮齿动物传播的疾病，则以杀虫、灭鼠来达到切断传播途径的目的。每年春、秋两季对牛舍、运动场、饲养用具各进行一次大清扫、大消毒，平时对牛舍每15天消毒一次。消毒液一般使用2%～5%火碱或者10%～20%石灰乳，对运动场消毒较好。牛舍应使用无刺激性的消毒液，如1∶300倍的大毒杀或1∶500倍菌毒杀消毒溶液。对粪便要堆积发酵，也可拌入消毒剂和杀虫剂，进行无害化处理。

六、免疫保健

根据当地兽医主管部门的部署安排，选择性接种疫苗预防疾病发生。

第二节　牛主要传染病的免疫接种

对于规模化牛场应有计划地给健康牛群进行预防接种，可以有效地抵御相应的传染病侵害。为了使预防接种取得预期的效果，必须掌握当地传染病的种类及其发生季节、流行规律，结合牛群的生产、饲养、管理和流动情况，制定相应的防疫计划，适时进行预防接种。另外，对新引入牛群以及施行外科手术之前和发生复杂创伤之后的个体，都应进行临时性预防注射。对疫区内尚未发病的牛群，必要时可做紧急预防接种。

一、免疫监测与免疫接种

(一)免疫监测

所谓免疫监测，就是利用血清学方法，对某些疫苗免疫动物在免疫接种前后的抗体跟踪监测，以确定接种时间和免疫效果。在免疫前，监测有无相应抗体及其水平，以便掌握合理的免疫时机，避免重复和失误；在免疫后监测是为了了解免疫效果。如不理想可查找原因，进行重免；有时还可及时发现疫情，尽快采取扑灭措施。如定期开展牛口蹄疫等疫病的免疫抗体监测，及时修正免疫程序、提高疫苗保护率。

(二)免疫接种

免疫接种是给动物接种各种免疫制剂(疫苗、类毒素及免疫血清)，使动物个体和群体产生对传染病的特异性免疫力。免疫接种是预防和治疗传染病的主要手段，也是使易感动物群转化为非易感动物群的有效措施。

1. 预防接种　生产中为了预防某些传染病的发生和流行，有组织有计划地按免疫程序给健康牛群进行的免疫接种称为预防接种。预防接种常用的免疫制剂有疫苗、类毒素等。由于所用免疫制剂的品种不同，接种方法也不一样，有皮下注射、肌内注射、皮肤刺种、口服、点眼、滴鼻、喷雾吸入等。预防接种，即根据当地的传染病流行情况，有针对性地拟定年度预防接种计划，确定免疫制剂的种类和接种时间，按所制定的各种动物免疫程序进行免疫接种，争取做到头头注射、只只免疫。在预防接种后，要注意观察被接种动物的局部或全身反应(免疫反应)。局部反应是接种局部出现一般的炎症变化(红、肿、热、痛)，全身反应则呈现体温升高、精神不振、食欲减少、泌乳量降低等。轻微反应是正常的。若反应严重，则应进行适当的对症治疗。

2. 紧急接种　是指在发生传染病时，为了迅速控制和扑灭疫病的流行，而对疫区和受威胁区尚未发病的动物进行的应急性免疫接种。应用疫苗进行紧急接种时，必须先对动物群逐头进行详细的临床检查，只能对无任何临床症状的动物进行紧急接种，对患病动物和处于潜伏期的动物不能接种疫苗，应立即隔离治疗或扑杀。但应注意，在临床检查无症状而貌似健康的动物中，必然混有一部分潜伏期的动物，在接种疫苗后不仅得不到保护，反而促进其发病，造成一定的损失，这是一种正常的不可避免的现象。但由于这些急性传染病潜伏期短，而疫苗接种后又能很快产生免疫力，因而发病数不久即可下降，疫情会得到控制，多数动物可得到保护。

二、牛的免疫疫苗

疫苗系指通过人工减毒或杀死的病原微生物(细菌、病毒、立克次氏体等)或其抗原性物质所制成。用于预防接种的生物制品，亦即可使机体产生特异性免疫的生物制剂。疫苗带有一定的毒性，因而其保存、使用要严格按产品说明书规定进行；接种时用具（注射器、针头）及注射部位应严格消毒；多数疫苗不能混合使用，更不能使用过期疫苗；装过疫苗的空瓶和当天未用完的疫苗，应采用焚烧或深埋的方法处理。疫苗接种后2～3周要观察接种牛群，如果接种部位出现局部肿胀、体温升高等症状，一般可不做处理；如果反应持续时间过长，全身症状明显，应请兽医诊治。建立免疫接种档案，每接种1次疫苗，都应将接种日期、疫苗种类和批号、接种牛群、接种量等详细登记。

（一）疫苗的种类

疫苗是将病原微生物（如细菌、立克次氏体、病毒等）及其代谢产物，经过人工减毒、灭活或利用基因工程等方法制成的用于预防传染病的自动免疫制剂。疫苗保留了病原菌刺激动物体免疫系统的特性。当动物体接触到这种不具伤害力的病原菌后，免疫系统便会产生一定的保护物质如免疫激素、活性生理物质、特殊抗体等；当动物再次接触到这种病原菌时，动物体的免疫系统便会依循其原有的记忆，制造更多的保护物质来阻止病原菌的伤害。一定意义上，疫苗也是一种病毒，只是经过处理，没有那么强的病变效应。疫苗有活菌疫苗、灭活菌疫苗、类毒素和基因工程疫苗等。

1. 活菌疫苗 减毒活菌作为疫苗用。接种活疫苗的话，会发生轻微的感染，血中与细胞双方的抵抗性会提高。免疫力长久持续，所以不用进行数次追加免疫。

2. 灭活菌疫苗 杀死病原体，只留下能够产生免疫力的毒素作为疫苗。接种灭活菌疫苗，可在血中制造抗体，以杀死入侵的病原体。灭活菌疫苗无法像活疫苗一样在体内增殖，所以必须经常追加接种，以强化免疫。

3. 类毒素疫苗 这是采用一些经过铝或者铝盐进行吸收处理，毒副作用降低的毒素细胞制成的疫苗。即取出病原体的毒素，加以削弱毒性而成为无毒化。接种类毒素的话，血中可制造某种物质，使菌中的毒素无毒化，可借此预防疾病。与灭活菌疫苗相同，不具持续力，所以必须经常追加接种。

4. 基因工程疫苗　基因工程疫苗是用重组 DNA 技术克隆并表达保护性抗原基因，利用表达的抗原产物或重组体本身(多数无毒性、无感染能力、有较强免疫原性)制成的疫苗。此种疫苗不会引发其他疾病，可安全地使用于无免疫力牛群。

(二)疫苗的选择、运输与保存

1. 疫苗的选择　应根据本场的实际情况，选择适合的疫苗及相应的血清型，所选的疫苗应是通过 GMP 验收的生物制品企业生产，具有农业部正式生产许可证及批准文号。在选购时应仔细检查疫苗瓶，凡疫苗瓶破裂、瓶盖松动、无标签、标签字迹不清、苗中混有杂质、苗质变色、过期失效、未按规定条件保存均不得选用。

2. 疫苗的运输　当外界环境温度不超过 8℃，疫苗可常规运输；当超过 8℃以上，需冷藏运输，可用保温箱或保温瓶加些冰块，避免阳光照射。疫苗应尽量避免由于温度忽高忽低而造成反复冻融，以免失活或降低效价。

3. 疫苗的保存　病毒性冻干疫苗常在－15℃以下保存，保存期一般为 2 年。细菌性冻干疫苗在－15℃保存时，保存期一般为 2 年；在 2℃～8℃保存时，保存期为 9 个月。油佐剂灭活疫苗在 2℃～8℃保存，禁止冻结。铝胶佐剂疫苗一般在 2℃～8℃保存，不宜冻结。蜂胶佐剂灭活疫苗在 2℃～8℃保存，不宜冻结，用前充分摇匀。疫苗自稀释后 15℃以下 4 小时、15℃～25℃ 2 小时、25℃以上 1 小时内用完。

三、牛常用的接种免疫

(一)牛传染性鼻气管炎免疫

犊牛 4～6 月龄接种，空怀青年母牛在第一次配种前 40～60 天接种，妊娠母牛在分娩后 30 天接种。免疫期 6 个月。妊娠母牛不接种。已注射过该疫苗的牛场，对4月龄以下的犊牛不接种任何疫苗。

（二）牛传染性胸膜肺炎免疫

每年定期接种牛肺疫兔化弱毒苗。接种时用20%氢氧化铝胶生理盐水稀释50倍，臀部肌内注射。放牧成年牛2毫升，6～12月龄小牛1毫升。舍饲黄牛尾端皮下注射，用量减半。或以生理盐水稀释，距尾尖2～3厘米处皮下注射。大牛1毫升，6～12月龄牛0.5毫升。接种后21～28天产生免疫力，免疫期1年。有反应的牛用新胂凡纳明治疗。

（三）牛病毒性腹泻免疫

常用的有灭活苗和弱毒苗。灭活苗任何时候都可以使用，妊娠母牛也可以使用，第一次注射后14天应再注射1次。弱毒苗犊牛1～6月龄接种，空怀青年母牛在第一次配种前40～60天接种，妊娠母牛在分娩后30天接种。免疫期6个月。

（四）口蹄疫免疫

弱毒疫苗。每年春、秋两季各用同型苗接种1次，肌内或皮下注射。1～2岁牛1毫升，2岁以上牛2毫升。注射后14天产生免疫力，免疫期4～6个月。该疫苗残余毒力较强，能引起一些牛发病，因此1岁以下的小牛和妊娠母牛一般不要接种。

（五）气肿疽免疫

3年内曾发生过气肿疽的地区，每年春季接种气肿疽明矾菌苗1次。各龄牛一律皮下接种5毫升。犊牛长到6个月时，加强免疫1次。接种后14天产生免疫力，免疫期约6个月。

（六）牛瘟免疫

我国使用的牛瘟疫苗是牛瘟绵羊化兔化弱毒疫苗。按制造和检验规程就地制造使用。以制苗兔血液或淋巴、脾脏组织制备的湿苗（1∶100），无论大、小牛一律肌内注射2毫升。冻干苗按瓶签规定的方法使用。接种后14天产生免疫力，免疫期1年以上。朝鲜牛和牦牛可用牛瘟绵羊化兔化弱毒疫苗，每1～2年免疫1次。

（七）狂犬病免疫

被疯狗咬伤的牛应立即接种狂犬病疫苗，颈部皮下注射2次，每次25～50毫升，间隔3～5天，免疫期6个月。

（八）伪狂犬病免疫

疫区内的牛每年秋季接种牛羊伪狂犬病氢氧化铝甲醛苗1次，颈部皮下注射，成年牛10毫升、犊牛8毫升，6～7天后加强注射1次，免疫期1年。

（九）牛痘免疫

牛痘常发地区每年冬季给断奶后的犊牛接种牛痘苗1次，皮内注射0.2～0.3毫升，免疫期1年。

（十）牛副流感免疫

应用Ⅲ型疫苗，犊牛于6～8月龄时注射1次。

（十一）布鲁氏菌病免疫

发病区，每年要定期对检疫为阴性的牛进行预防接种。

流产布鲁氏菌19号弱毒菌苗，只用于未交配过的母犊牛、即6～8月龄时免疫1次，必要时在妊娠前加强免疫1次。每次颈部皮下注射5毫升。免疫期可达7年。公牛、成年母牛和妊娠母牛不宜使用。

布鲁氏菌羊型5号冻干弱毒菌苗，用于3～8月龄的犊牛，可皮下注射也可气雾吸入，免疫期1年。公牛、成年母牛和妊娠母牛均不宜使用。

布鲁氏菌猪型2号冻干弱毒菌苗，公、母牛均可用。妊娠母牛不宜注射，以免引起流产。可皮下注射、气雾吸入或口服接种，皮下注射和口服时用苗数为500亿个/头，室内气雾吸入为250亿个/头，免疫期2年以上。每隔1年免疫1次。

（十二）魏氏梭菌病免疫

灭活苗，皮下注射5毫升，免疫期6个月。

(十三)炭疽病免疫

每年春季或冬季注射,免疫期 12 个月。炭疽菌苗有 3 种,使用时,任选 1 种。

无毒炭疽芽孢苗,1 岁以上的牛皮下注射 1 毫升,1 岁以下的牛注射 0.5 毫升。

Ⅱ号炭疽芽孢苗,适用于各种年龄的牛,一律皮下注射 1 毫升。接种后 14 天产生免疫力。

炭疽芽孢氢氧化铝佐剂苗或称浓缩芽孢苗,是无毒炭疽芽孢苗和Ⅱ号炭疽芽孢苗的 1/10 浓缩制品,使用时以 1 份浓缩苗加 9 份 20%氢氧化铝胶稀释后,按无毒炭疽芽孢苗或Ⅱ号炭疽芽孢苗的用法、用量使用,14 天产生免疫力。

(十四)肉毒梭菌中毒症免疫

每年在发病季节前,使用同型毒素的肉毒梭菌苗预防接种 1 次。C 型菌苗每牛皮下注射 10 毫升,免疫期可达 1 年。

(十五)破伤风免疫

每年定期接种精制破伤风类毒素 1 次,大牛 1 毫升、犊牛 0.5 毫升,皮下注射,接种后 1 个月产生免疫力,免疫期 1 年。当发生创伤或手术特别是阉割术有感染危险时,可临时再接种 1 次。

(十六)牛巴氏杆菌病免疫

发生过牛巴氏杆菌病的地区,在春季或秋季定期预防接种牛出血性败血病氢氧化铝菌苗 1 次,在长途运输前随时加强免疫 1 次。体重在 100 千克以下的牛 4 毫升,100 千克以上的牛 6 毫升,均皮下或肌内注射。注射后 21 天产生免疫力,免疫期 9 个月。妊娠后期的牛不宜使用。

四、接种疫苗注意事项

疫苗的免疫预防保护能力的产生是有条件的,其中最重要的条件就是待免疫动物本身是健康的,同时还必须具有良好的、洁净的饲养环境以及科学的饲养管理。所以，对动物传染病的预防必须建立在综合性预防措施的基础上，才能获得理想的效果。

（一）健康牛群接种

疫苗本身是一种经弱化处理的病原体，对于健康动物这种弱化的病原体不会引起它的疾病。但是对于患病的动物，由于身体抵抗力下降，在注射疫苗后机体不能产生充分的免疫应答，或者造成机体免疫功能进一步下降而不利于动物的健康。因此，接种疫苗的牛群必须健康状况良好。体弱、患病或精神不佳的、处于疫病潜伏期的牛群则暂时不宜接种，待机体恢复正常后方可接种。对潜伏感染期的牛进行紧急接种会使牛群迅速进入临床表现期，导致动物发病或死亡。因为对于患病的动物而言，其免疫系统已被当前疾病所刺激，如果再接种疫苗，就会增加免疫系统的负担。一方面会使动物现有疾病的状况恶化，甚至引发严重的疫苗反应；另一方面由于免疫系统的过度负担，使得疫苗不能刺激机体产生足够有效免疫记忆细胞，结果就会影响免疫效果甚至造成免疫失败。

（二）应急免疫接种

当面临疫病流行时，可实行紧急免疫接种。应急免疫指在动物群体已开始发病后，所进行的带有“治疗”性质的紧急免疫接种。此时，应遵循先接种假定健康群（已被传染或可能被传染但尚未发病的动物群体），然后再接种发病群中相对健康部分动物（尚未表现出临床症状或临床症状相对较轻者），最后接种已发病动物群。常规情况下接种两种不同疫苗宜间隔一周以上，以减少相互干扰。病毒性活疫苗和灭活疫苗可同时分开使用。两种细菌性活疫苗可同时使用。

（三）接种疫苗的剂量与配制

按使用说明应用。如要加大或减少剂量应有一定的理论依据或在当地兽医的指导下进行。疫苗必须现用现配，并争取在最短的时间内接种完毕。已稀释的疫苗必须一次用完。如免疫时间稍长(如超过 2 小时或 12 小时),最好随时将疫苗液放在 4℃冰箱内暂时贮存。如无条件应放在水缸旁等阴凉处。

(四)做好免疫接种记录

免疫接种结束后应认真做好免疫记录,详细注明免疫时间、品种、日龄、数量、疫苗名称、产地、规格、有效期、批号、剂量以及接种人员姓名等以备监测免疫效果。

在某些疾病已经净化的区域禁止再行接种疫苗。随着技术进步和疫苗生产厂家设备的更新,疫苗的剂量和使用方法会有相应改进;由于病原微生物的不断变异,新的疫苗也将不断研发应用。因而,接种疫苗,要严格按照当地兽医主管部门的部署安排,有针对性地选择疫苗的种类和型号,严格按照产品说明的使用方法和计量执行,以达到免疫效果。

第三节　牛寄生虫病的综合防控技术

牛寄生虫消耗饲料营养,降低养殖效益,还可能由于用药不当导致牛肉、牛奶及乳制品的安全性问题。同时,还可能引起人和牛共患寄生虫病。在没有防范措施的情况下,寄生虫的相互传播迅速,造成损失惨重。不仅会引起生产能力及产品质量下降,并影响繁殖、产犊甚至可导致死亡。

一、寄生虫病的传播和流行

寄生虫病的传播和流行必须具备传染来源、传播途径和易感动物三个基本环节,切断或控制其中任何一个环节,就可以有效地防止某种寄生虫病的发生与流行。

(一)传染源

寄生虫病的传染源多为寄生有某种寄生虫的病牛和带虫的牛只。寄生虫能在其体内寄居、生长、发育、繁殖并排出体外。寄生虫通过血、粪、尿及其他分泌物、排泄物等，不断地把某一发育阶段的寄生虫（虫体、虫卵或幼虫）排到外界环境中，污染土壤、饲料、饮水、用具等，然后经过一定途径转移给易感牛或其他中间宿主。

(二)感染途径

指来自传染源的病原体经一定方式再侵入其他易感牛体所经过的途径。牛寄生虫感染宿主的主要途径有以下3种。

1. 经口感染　牛吞食了被侵袭性幼虫或虫卵污染的饲草、饲料、饮水、土壤或其他物体，或吞食了带有侵袭性阶段虫体的中间宿主、补充宿主或媒介等之后而遭受感染。大多数寄生虫是经口感染的，如蛔虫、球虫等。

2. 经皮肤感染　某些寄生虫的感染性幼虫可主动钻入牛的皮肤而感染；吸血昆虫在体表吸血时，可把感染期的虫体注入牛体内引起感染，如焦虫病等。

3. 接触传染　感染牛与健康牛通过直接接触而感染，或感染阶段虫体污染的环境、用具与健康牛接触引起感染，如疥螨、虱等。

二、寄生虫的致病机制

寄生虫对宿主的致病作用主要是阻塞和破坏作用，如大量的蛔虫或绦虫寄生，就会引起肠道阻塞，严重时引起肠破裂。肠内寄生蠕虫用吸盘等附着于肠壁，引起肠黏膜损伤。

(一)夺取营养

许多肠道寄生虫直接吸取宿主营养，导致贫血，发育受阻。如蛔虫和吸虫还会分泌消化酶于宿主组织上，使组织变性溶解为营养液，然后吸入体内。

(二)分泌毒素

寄生虫在宿主体内的生长发育过程中，不断排出代谢物，对牛体可产生程度不同的局部或全身性的损害，其中在组织和血液内的寄生虫所造成的影响或损害更为明显。

(三)吸食宿主

体内外寄生虫侵袭时，由于吸食血液，引起皮肤发痒，采食不安，导致牛日渐衰弱、贫血。还可能传播其他疾病，如螺旋体病、脑炎等。预防疾病传播，首先要预防寄生虫对动物的侵害。

三、牛寄生虫病的诊断和监测

(一)粪便中虫卵检查

由于许多寄生虫(吸虫、线虫、原虫)主要寄生于胃肠道，一些寄生于肝胆、血液的寄生虫也通过粪便排卵或卵囊。检测牛粪便中的寄生虫虫卵或卵囊，是评估寄生虫感染种类和强度的最经济、可靠和可操作的方法。采集新鲜粪样进行饱和糖/盐水漂浮法和沉淀法检查寄生虫幼虫、虫卵和卵囊，通过麦克马斯特方法对虫卵和卵囊计数，计算其 EPG 或 OPG(每克粪便中的虫卵或卵囊数量)，甚至能找到成虫。

(二)虫体收集和鉴定

利用屠宰死亡和淘汰的个体牛，采用完全剖检法收集全部虫体按常规方法处理，逐条进行鉴定，能比较系统、全面了解寄生虫种类和感染强度，准确鉴定寄生虫种类。

(三)检测寄生虫抗原或抗体

采集血液进行影响流产或危害人类健康的新孢子虫和弓形虫等血液内寄生虫的检测，涂片染色检查附红细胞体、巴贝斯虫等。

根据诊断、调查和监测结果，确定是否有必要实施驱虫。如果应该进行驱虫，根据监测的寄生虫病种类和强度，选择相应药物实施有效的驱虫；驱虫后，及时检测牛粪便中的虫卵或卵囊变化，对驱虫效果评价。

四、寄生虫病的综合防治

寄生于牛体的寄生虫种类较多，有吸虫、绦虫、线虫、原虫、体表寄生虫等，因而科学、合理地防治牛寄生虫病，不是一个简单的喂药、驱虫工作。目前，国内外没有一种药物可防治牛的所有寄生虫病。必须改变不良的饲养和放牧习惯和方式，提高管理水平，采取集中粪便发酵、科学合理驱虫等各种综合防制措施，消灭和控制外界环境中的病原体及其中间宿主和传播媒介，以净化环境、防止感染。

牛寄生虫病的防治应当重视以下四个基本原则。

（一）强化驱虫意识，掌握驱虫技术

提高兽医技术人员以及养殖人员对牛寄生虫病的认识，让养殖人员真正认识到其危害及其特点，掌握寄生虫病的防治要点。

（二）应用青干草和青贮饲料

青草饲养和野外放牧时间长，相应的寄生虫感染机会增大。干草和青贮饲料经过干燥或发酵，多数寄生虫幼虫和虫卵被杀死。调整饲料类型，以降低牛感染寄生虫病发生的概率。

（三）环境卫生和粪便无害化处理

一般牛场常用的消毒剂对寄生虫虫卵和卵囊无效。做好环境卫生是减少或预防寄生虫感染的重要环节：一是尽可能地减少牛与寄生虫感染源的接触，经常清除粪便，可减少牛与寄生虫虫卵、卵囊和幼虫的接触机会，又可以有效地降低寄生虫病等病原体的扩散，保持饲料、饮水不受污染；二是杀灭外界环境中的病原体，粪便集中堆积发酵，利用生物热杀灭虫卵、卵囊和幼虫同时杀灭寄生虫的中间宿主或媒介等。

（四）制定科学合理的防治规程

结合诊断和监测结果，选择相应的药物，进行有效驱虫。根据需要，采用两种或两种以上药物联合用药，发挥药物的协同作用，扩大驱虫范围，提高药效，减少用药次数，降低成本。另外还要注意选择剂型，可用片剂、针剂、混悬剂等多种剂型，实行口服、注射和涂搽等相结合。驱虫药的选择应以高效、广谱、低毒、无残留、无毒副作用、使用方便为原则。针对线虫和吸虫类，可选用丙硫咪唑、左旋咪唑、伊维菌素＋硝氯酚、硫氯酚、吡喹酮等。而原虫类寄生虫的预防药物，主要有氨丙林、磺胺类药和抗菌增效剂等。原虫类寄生虫容易产生耐药性，为防止耐药性的产生，要按诊断、调查和监测结果，采用科学合理的用药规程，并详细记录。

寄生虫的防治措施必须坚持预防为主、防治结合的方针，消除各种致病因素。对本地牛寄生虫病的流行情况，认真调查，并制定适合当地牛群的预防和驱虫计划。

控制或消除传染源。春季对犊牛牛群进行驱虫的普查工作，发现病牛要及时驱虫。驱虫后及时收集奶牛排除的虫体和粪便进行无害化处理，防止病原散播。

切断传播途径，减少或消除传染机会。夏、秋季进行全面的灭蚊蝇工作，并各进行1次检查疥螨、虱子等体表寄生虫的工作，杀灭外界环境中的虫卵、幼虫、成虫等，杀灭老鼠等传播媒介。

加强牛群的饲养，饲喂优质饲料，防止饲料、饮水被病原体污染，在牛体上喷洒杀虫剂、避驱剂，防止吸血昆虫叮咬等。

加强牛群的管理，保持饮水、饲料、厩舍及周围环境卫生。严禁收购肝片吸虫病流行疫区的水生饲料作为牛的粗饲料，严禁在疫区有蜱的小丛林放牧和有钉螺的河流中饮水，以免感染焦虫病和血吸虫病等。

有计划、有目的、有组织地进行驱虫，定时检验，定时检查，逐个治疗。每年的6～9月份，在流行焦虫病的疫区要定期进行牛群体表检查，重点做好灭蜱工作。10月份，对牛群进行1次肝片吸虫的预防驱虫工作。

驱虫药的选择上应以高效、广谱、低毒、绿色、无残留、无毒副作用、使用方便为原则。

五、牛寄生虫病的程序化防治技术

牛寄生虫病程序化防治模式是一项综合性防治新技术，它改变过去传统的防治方法，使单一寄生虫防治改为主要寄生虫整体的有序防治，使零星间断的治疗改为有组织、连片的预防措施，使牛群中的寄生虫得到全面驱治和预防，以提高综合防治效果。

(一)药物推荐

首选药物是爱普利注射液，具有广谱抗寄生虫作用，用于驱杀牛体内寄生虫如胃肠道线虫、肺线虫和体外寄生虫如螨、蜱、虱、牛皮蝇蛆和疥螨、痒螨等，可长期使用，不产生耐药性；其次是多拉菌素、伊维菌素、阿维菌素，市场上有虫克星、阿福丁、阿力佳等商品名，其共同特点是抗虫谱广，对绝大多数线虫、外寄生虫及其他节肢动物都有很强的驱杀效果(对虫卵无效)，具有高效、低毒、安全等特点。

(二)实用程序

每年对全体牛群驱虫 2 次。晚冬早春(2～3 月份)采取幼虫驱虫技术，秋季(8～9 月份)驱虫。对于寄生虫严重的地区，在 5～6 月份可增加 1 次驱虫，避免牛在冬、春季发生体表寄生虫病。

小牛一般在当年 8～9 月份进行首次驱虫，保护其正常生长发育。另外，断奶前后的犊牛因营养应激，易受寄生虫侵害。此时要进行保护性驱虫。

母牛在接近分娩时进行产前驱虫，避免产后 4～8 周粪便中蠕虫卵增多。在寄生虫污染严重地区必须在产后 3～4 周进行驱虫。

(三)药物剂型与剂量

1. 爱普利注射液　皮下注射，每 10 千克体重用爱普利 0.2 毫升。不可用于肌内注射或静脉注射。

2. 多拉菌素　皮下(或肌内)注射，一次量每千克体重用 0.2 毫克。

3. 伊维菌素　内服或皮下注射，每千克体重用 0.2 毫克。

4. 阿维菌素　有针剂、粉剂、片剂等剂型。针剂，皮下注射(切勿肌内、静脉注射)，每 5 千克体重用药 1 毫克；粉剂，灌服或拌料，每 5 千克体重用药 1.5 毫克；片剂，内服，每 5 千克体重用药 1.5 毫克。

5. 乙酰氨基阿维菌素 颈部皮下注射，每 50 千克体重用 0.2 毫克。

（四）注意事项

第一，牛群有吸虫、绦虫感染时，还需选用丙硫苯咪唑进行驱虫。

第二，妊娠母畜用药应严格控制剂量，按正常剂量的 2/3 给药。

第三，泌乳期奶牛建议选用爱普利注射液或乙酰氨基阿维菌素驱虫，无休药期和弃奶期。选用其他药物驱虫，要严格执行休药期和弃奶期。

第四，驱除牛体表寄生虫，第一次用药后 7～10 天重复用药 1 次，以巩固疗效。

第五，寄生虫严重感染时采用针剂疗效更为显著，若选用其他剂型则操作方便、省力。因此，根据实际情况选择适当剂型。

第六，作为程序化防治，必须强调整体性。因此，不能只对生长不良、已表现寄生虫病临床症状的牛驱虫。

第七，为保证驱虫效果，防止环境中寄生虫卵的重复感染，驱虫期必须注意环境卫生，妥善处理畜群排泄物，对粪便进行集中高温发酵处理。

第四节 常见内科病及其防治

一、青草搐搦

青草搐搦又称低镁血搐搦、泌乳搐搦和低镁血症，是由各种原因引起血镁降低所致的一种矿物质代谢紊乱疾病。

(一)病　因

饲料含镁不足是引发青草搐搦的主要原因,通常同时伴有低血钙。多发生在春季,牛群由舍饲转为放牧后的几周和夏季牧草生长茂盛的时段,放牧在人工栽培的草地上,采食施用大量钾、氮肥的青嫩牧草,镁含量低,而高蛋白质特别是高钾、高磷,又影响牛对镁的吸收。另外,夏初牛只饥饿、营养不良、气候骤变、风袭、采食雨淋的牧草也是诱发青草搐搦的因素。

(二)症　状

常在放牧时突然发病,停止吃草,兴奋不安,感觉过敏,惊厥,轻度刺激即可引起吼叫或狂奔,肌肉震颤,步态蹒跚,四肢强拘,心跳加快、心音高亢。体温升高至40℃～40.5℃,呼吸困难,空嚼、口吐白沫,尿频、腹泻。重型病例,四肢搐搦,强直痉挛倒地,角弓反张,呈间歇性发作;亚急性的,症状基本相同,但较缓慢;轻型病例,慢性经过,主要表现为缺乏食欲,生长发育不良,迟钝,生产性能降低。

急性经过,病程短促,一般1小时内死亡。及时治疗预后一般良好。亚急性病例可能趋向于急性,也可能病情缓解自愈或转变为慢性。

(三)诊　断

青草搐搦多发生在生长茂盛、青嫩多汁的禾本科或谷类草场放牧的牛群,尤其是发生在春末夏初、由舍饲转为放牧的牛群。临床特点为搐搦,感觉过敏,四肢强拘,运步蹒跚,共济失调。可根据症状进行初步诊断,而确诊有赖于血镁的测定。

(四)防　治

青草搐搦发病急、病程短,应及早治疗。首选药物是镁和钙制剂。

20%～25%硫酸镁注射液200～300毫升、25%葡萄糖酸钙注射液500毫升,一次静脉滴注。对兴奋、搐搦痉挛的病例,配用镇静药物。保护肝脏,可选用葡萄糖。

预防本病可在牧草生长茂盛阶段,适当补饲镁盐如菱镁矿石粉或氧化镁。在人工草地上施用富镁肥料,增加牧草地豆科牧草的比例或酌情限制钾肥的施用量。

二、运输搐搦

运输搐搦是指妊娠后期的母牛经过长途运输后发生的一种疾病。其临床特征是食欲废绝、昏迷、卧地不起,类似于生产瘫痪的征候表现。

(一)病　因

发病原因尚不清楚,但一般认为运输搐搦的发生与急性低血钙有关。由于运输途中的拥挤、惊吓、疲劳和饮水不足等强刺激,引起机体应激反应而发生。

(二)症　状

在运输途中或到达目的地后48小时内发病。病初表现兴奋不安,牙关禁闭,磨牙,口角流出白色泡沫,步态蹒跚,体质衰弱,呼吸浅表增数,可视黏膜充血,阵发性肌肉处处抽搐痉挛,心跳每分钟100次以上,体温变化不定。食欲废绝,瘤胃和肠蠕动减弱。部分病牛初期有便秘,后期腹泻。病牛后躯发生程度不同的麻痹,出现如产后瘫痪病牛的躺卧姿势。部分病牛呼出的气体有刺鼻的酮臭味,尿检酮体阳性反应,后继进入昏迷状态,病程一般为3～4天。重症预后慎重或不良,轻症者半天左右征候开始缓解,逐渐康复。

血检多数伴有轻度的低血钙和低血磷,部分血酮升高,尸检无明显的病理变化。

(三)诊　断

根据长途运输的发病史,结合典型症状(食欲废绝、兴奋不安、沉郁、昏睡、卧地不起等神经症状)可做出初步诊断。但应注意长途运输后出现的病症不一定都是运输搐搦症。如因长途运输后的饲养管理条件骤变，一些病原菌如沙门氏菌、大肠杆菌等条件性致病菌，在运输应激的条件下，引起胃肠消化功能紊乱，导致某些相似的临床症状。此外，常呈现出类似生产瘫痪和酮病、青草搐搦症的某些症候也应鉴别。

(四)防　治

长途运输的牛都存在不同程度的脱水现象，5%糖盐水2 000～5 000毫升、10%葡萄糖酸钙注射液500～1 000毫升、20%硫酸镁注射液200～300毫升，1次静脉滴注。同时补充日粮钙和镁制剂；对兴奋、抽搐的病牛肌内注射氯丙嗪等镇静药，内服甘油、丙酸钠等转糖药物有益于运输搐搦的恢复以及预防酮病的发生。

运输前几天，应控制配合精料，在运输中应保证有足够的饲料、饮水和休息，运输车厢密度适宜、不应太大。运输前或卸下时，对神经过于兴奋、骚动不安的牛，可适当给予少量的镇静药。卸下后1天内应控制饮水，尤其运输途中严重缺水的要防止水中毒。要安静休息，限制运动量。

三、瘤胃臌胀

又称瘤胃臌气，是一种气体排泄障碍性疾病。由于气体在瘤胃内大量积聚，致使瘤胃容积极度增大、压力增高、胃壁扩张，严重影响心、肺功能而危及生命。分为急性和慢性两种。

(一)病　因

急性瘤胃臌胀是由于牛采食了大量易发酵的饲草料如采食了大量的幼嫩多汁饲料或开花前的苜蓿、三叶草和发酵的啤酒糟等，胃内迅速产生大量气体而引起瘤胃急剧膨胀。慢性瘤胃臌胀大多继发于食管、前胃、真胃和肠道的各种疾病。

(二)症　状

1. 急性瘤胃臌胀症状　病牛多于采食中或采食后不久突然

发病，表现不安，回头顾腹、后肢踢腹，背腰弓起，腹部迅速膨大。肷窝凸起、左侧更明显，可高至髋关节或背中线。反刍和嗳气停止。触诊凸出部紧张有弹性，叩诊呈鼓音，听诊瘤胃蠕动音减弱。高度呼吸困难，心跳加快，可视黏膜呈蓝紫色。后期病牛张口呼吸，站立不稳或卧地不起。如不及时救治，很快因窒息或心脏麻痹而死。

2. 慢性瘤胃臌胀症状 病牛的左腹部反复膨大。症状时好时坏。消瘦、衰弱。瘤胃蠕动和反刍功能减退，往往持续数周乃至数月。

(三)诊　断

依据临床症状和病因分析可以及时做出诊断。

(四)防　治

1. 治　疗

(1)急性病　首先是对腹围显著膨大危及生命的病牛立即进行瘤胃穿刺放气，投入防腐制酵剂。

民间偏方：牛吃豆类喝水后出现瘤胃臌气时，可将牛头放低，用树棍刺激口腔咽喉部位，使牛产生恶逆呕吐动作排出气体，达到消胀的目的。

缓泻制酵：成年牛用液状石蜡或熟豆油 1 500～2 000 毫升，加入松节油 50 毫升，1 次胃管投服或灌服。1 日 1 次，连用 2 次。

对于因采食碳水化合物过多引起的急性酸性瘤胃臌胀，可用氧化镁 100 克，常水适量，1 次灌服。

(2)慢性病　缓泻止酵：液状石蜡油或熟豆油 1 000～2 000 毫升，灌服。1 日 1 次，连用 2 日。

熟豆油 1 000～2 000 毫升、硫酸钠 300 克(妊娠牛忌用，可单用熟豆油加量灌服)，用热水把硫酸钠溶化后一起灌服。1 日 1 次，连用 2 日。

民间偏方：可用涂有松馏油或大酱的木棒衔于牛口中，木棒两端用细绳系于牛头后方，使牛不断咀嚼，促进嗳气，达到消气止胀的目的。

制酵处方：稀盐酸20毫升、酒精50毫升、煤酚皂溶液10毫升，混合后用水50～100倍稀释，胃管灌服，1日1次。

抗菌消炎：静脉注射金霉素5～10毫克/千克体重·日，用5%葡萄糖注射液溶解，连用3～5日。

中医止气消胀，增强瘤胃功能：党参50克，茯苓、白术各40克，陈皮、青皮、三仙、川厚朴各30克，半夏、莱菔子、甘草各20克。开水冲服，1日1次，连用3剂。

2. 预　防　一是预饲干草。在夜间或临放牧前，预先饲喂含纤维素多的干草（苏丹草、燕麦干草、稻草、干玉米秸等）。二是割草饲喂。对于易发生瘤胃臌胀危险的牧草，应刈割晾晒后再喂。在放牧时，应避开幼嫩豆科牧草和雨后放牧的危险时机。三是防止采食过多的易发酵饲料。

四、前胃弛缓

牛前胃的兴奋性和收缩力降低，使饲料在前胃中滞留、排出时间延迟所引起的一种消化功能障碍性疾病。饲料在胃中腐败发酵、产生有毒物质，破坏瘤胃内的微生物活动，并伴有全身功能紊乱。

（一）病　因

饲养管理不当是本病发生的主要原因。长期的大量饲喂粗硬秸秆（如豆秸、山芋藤等），饮水少，草料骤变，突然改变饲喂方式，过多地给予精饲料等，导致牛的瘤胃消化功能下降，引起本病的发生。牛舍的恶劣环境，如拥挤、通风不畅、潮湿，缺乏运动和日光照射，以及其他不利因素的刺激，均可引发本病的发生。

继发性前胃弛缓，可继发于某些传染病、寄生虫病、口腔疾病、肠道疾病、代谢疾病等。

(二)症　状

前胃迟缓的表征分三种类型简介如下。

1. 急性型　由于牛受到恶劣的因素刺激，使其陷于急剧的应激状态，主要表现为食欲不振、反刍减少和瘤胃蠕动减弱等。

2. 慢性型　最普通的病型。病程经过缓慢而且顽固，病情时好时差。病牛表现倦怠，皮温不整，被毛粗刚，营养不良、消瘦，眼窝凹陷；产奶量下降，呻吟、磨牙。食欲不振，有时出现异嗜癖。反刍减退，频频发出恶臭的嗳气。瘤胃蠕动减弱，胃内积食，有轻度膨胀。粪便干硬、恶臭，呈暗褐色块状。

3. 瓣胃便秘型　急性便秘：触诊右侧 7～9 肋间，抵抗感增大，有压痛。叩诊时为浊音。脉搏、呼吸加快，垂头、呻吟、不安、不愿活动，尤其是不能卧下。慢性便秘：食欲废绝或偏食(厌恶精饲料，喜食干草)，产奶量下降，呼吸次数增多(60～80 次/分)，体温轻度上升(39.5℃)。瘤胃蠕动弛缓，便秘。

(三)诊　断

根据病史、食欲减少、反刍与嗳气缺乏以及前胃蠕动减弱、轻度臌胀等临床特征，可做出初步诊断。但是本病应与酮血症、创伤性网胃炎、瓣胃阻塞等病相鉴别。必须注意是原发性还是继发性。

(四)防　治

1. 治疗　要对症治疗，给予易消化的草料，多给饮水。

第一，调整瘤胃功能。静脉注射 10%氯化钠注射液 500 毫升，皮下注射 10%安钠咖注射液 20 毫升、比赛克灵 10～20 毫升(妊娠母牛禁用)；用龙胆酊 50 毫升或马前子酊 10 毫升，加稀盐酸 20 毫升、酒精 50 毫升，常水适量，灌服，1 日 1 次，连用 1～3 次；用柔软的褥草或布片按摩瘤胃部。

第二，应用缓泻药。将镁乳 200 毫升(为了中和酸时可用 50 毫升)，用水稀释 3～5 倍，灌服或胃管投服，1 日 1 次；也可应用人工盐 300 克、龙胆末 30 克，混合后再加温水适量灌服，1 日 2 次，连用2日。

第三，接种瘤胃液以改善内环境。用健康牛的瘤胃液4～8升灌服。

第四，瓣胃便秘时，应用液状石蜡1 000～2 000毫升灌服，连用2日；皮下注射比赛克灵10毫升(妊娠母牛禁用)，1日2次。

第五，中医疗法。慢性胃卡他(不腹泻)、胃寒不愿吃草料，耳、鼻凉，逐渐消瘦。暖寒开胃的处方：益智仁、白术、当归、肉桂、川厚朴、陈皮各30克，砂仁、肉蔻、干姜、青皮、高良姜、枳壳、甘草各20克，五味子15克。

胃肠卡他(寒泻、腹泻)，暖寒利水止泻方：以上处方加苍术40克、猪苓、茯苓、泽泻、黑附子各30克。开水冲，晾温后灌服，1日1剂，连用3剂。

恢复前胃功能，缓泻方：黄芪、党参各60克，苍术50克，干姜、陈皮、白芍各40克，槟榔、枳壳、三仙各30克，乌药、香附、甘草各20克，开水冲，晾温后灌服，1日1剂，连用2剂。

2. 预防 防止强烈应激因素的影响，如长途运输、热性传染病、恐惧、饲料突变等；少喂或不喂粗硬秸秆，或过细的精饲料；满足饮水和青绿饲料；及时治疗一些引发本病的疾病如网胃炎、真胃变位、酮病等。

五、瘤胃酸中毒

大多是因采食过多的富含碳水化合物饲料(如小麦、玉米、高粱及多糖类的甜菜等)导致瘤胃内容物异常发酵而产生大量乳酸，从而引起牛中毒的一种消化不良性疾病。

(一)病 因

饲喂大量的碳水化合物，饲料粉碎过细，淀粉充分暴露；突然加喂精饲料；精粗比例失调，饲料浓度过高。瘤胃的乳酸过多，pH下降，引起酸中毒。

(二)症　状

根据瘤胃内容物酸度升高的程度，其临床表现有一般病例和重症病例。

1. 一般病例　在牛采食后12～24小时内发病。表现食欲废绝，产奶量下降，常常侧卧、呻吟、磨牙和肌肉震颤等，有时出汗、跌倒，还可见到后肢踢腹等疝痛症状。病牛排泄黄绿色的泡沫样水便，也有血便的。有时则发生便秘。尿量减少，脉搏增加(每分钟90～100次或更高)，巩膜充血，结膜呈弥漫性淡红色，呼吸困难，呈现酸中毒状态。体温一般为38.5℃～39.5℃，步态蹒跚，有时可能并发蹄叶炎。

2. 重症病例　迅速呈现上述状态后很快陷入昏迷状态。病牛此时出现类似生产瘫痪的姿势。心跳次数可增加至每分钟100～140次，第一心音和第二心音区分不清。体温没有明显变化，末期陷入虚脱状态。最急性病例常于采食后12小时死亡。

(三)诊　断

根据饲料的饲喂及其采食特点、临床症状等初步诊断，确诊需结合病理变化及实验室检查。

1. 病理变化　剖检可见消化道有不同程度的充血、出血和水肿。胃内容物不多或空虚。瘤胃黏膜易脱落，气管、支气管内有多量泡沫状液体，肺充血、水肿。心肌松弛变性，心内外膜及心肌出血。

2. 实验室检查

(1)瘤胃液检查　颜色呈乳灰色至乳绿色为本病的特征；pH低于4以下；葡萄糖发酵试验及亚硝酸试验，都受到严重抑制；显微镜检查，微生物群落多已全部死亡。

(2)血液检查　以乳酸及血糖含量升高(发病后第二至第三天最高)和碱贮减少为特征。

(3)尿液检查　pH呈酸性，酮体反应呈阳性。

(四)防　治

1. 治疗　为排除瘤胃内酸性产物,可用粗胃管洗胃。首先虹吸吸出胃内稀薄内容物,以后用1%碳酸氢钠溶液或1%盐水反复冲洗,直到洗出液无酸臭、且呈中性或碱性反应为止。严重病例,则切开瘤胃,排出大量内容物,再用1%碳酸氢钠溶液冲洗,然后用少量的柔软饲草填入瘤胃内、为原量的1/3～1/2。灌服健康牛瘤胃液3～5升,连灌3天。轻型病例,特别是群发时,可服用抗酸药或缓冲液。如氧化镁50～100克或碳酸氢钠30～60克,加水4～8升,胃管投服。

补充体液、缓解酸中毒,可1次静脉注射5%糖盐水、复方氯化钠注射液2 000～4 000毫升、5%碳酸氢钠注射液250～500毫升,1日2次。为增强机体对血中乳酸的耐受力,可肌内注射维生素B_1 100～500毫克/次,24小时后可重复注射。

2. 预防　不能突然大量饲喂富含碳水化合物的饲料,要多喂青草、干草等。合理搭配饲料,尽量多采食粗饲料。防止牛偷食精饲料。在加喂大量精饲料时,补喂碱类缓冲剂如碳酸氢钠等,按精饲料的1.5%加喂。

六、瘤胃积食

本病又称急性瘤胃扩张、急性消化不良、胃食滞。

(一)病　因

主要是由于采食了大量难以消化的干燥饲料,使瘤胃胀满、胃壁过度伸张的一种疾病。运动不足、饥饿、饲料突然更换等,各种不良因素的刺激,机体衰弱,神经反应性降低,特别是当瘤胃消化和运动功能减弱时容易引发本病。瘤胃积食也可继发于前胃弛缓、瓣胃阻塞、创伤性网胃炎及真胃变位等疾病。

(二)症　状

病牛采食、反刍停止,不断嗳气,轻度腹痛,摇尾或后肢踢腹,弓背,有时呻吟。左侧腹下部轻度膨大,肷窝丰满或略凸出。触压瘤胃呈现深浅不同的压痕,瘤胃蠕动音初期增强、以后减弱或停止。鼻镜干燥,呼吸困难,黏膜发绀,脉搏增加,体温一般不升高。

采食了大量的能量饲料引起的瘤胃积食,通常呈急性。主要表现为中枢神经兴奋性增强、视觉障碍、脱水及酸中毒,又称中毒性积食。

(三)诊 断

根据病史和临床表现,可以诊断。必须与前胃弛缓、急性瘤胃膨胀、创伤性网胃炎和黑斑病甘薯中毒相区别。

1. 前胃弛缓 食欲反刍减退,瘤胃内容物呈粥状,不断嗳气,并呈间歇性瘤胃膨胀。

2. 急性瘤胃膨胀 瘤胃壁紧张而有弹性,叩诊呈鼓音。

3. 创伤性网胃炎 网胃区疼痛,头颈伸长,行动小心,周期性网胃臌胀。应用副交感神经兴奋药,病情显著变化。

4. 黑斑病甘薯中毒 呼吸用力而困难,鼻镜扇动,皮下气肿。

(四)防 治

1. 治疗 轻症可按摩瘤胃,每次 10~20 分钟,1~2 小时按摩一次。结合按摩灌服大量温水,则效果更好。也可内服酵母粉 250~500 克,每天 2 次。

重症可内服泻剂,如硫酸镁或硫酸钠 500~800 克,加松节油 30~40 毫升、清洁水 5~8 升,一次内服;或液状石蜡 1~2 升,一次内服;或与盐类泻剂并用。

对病牛可用粗胃导管反复洗胃,尽量多导出一些食物。

当瘤胃内容物泻下后,可应用兴奋瘤胃蠕动的药物,如皮下注射新斯的明、氨甲酰胆碱(妊娠母牛及心脏衰弱者忌用)、毒扁豆碱、毛果芸香碱等。当瘤胃内容物已泻下、食欲仍不见好转,可酌情应用健胃剂,如番木鳖酊 15~20 毫升、龙胆酊 50~80 毫升,加水 500 毫升,一次口服。

病牛饮食废绝、脱水明显时，应静脉补液，同时补碱，加 25%葡萄糖注射液 500～1 000 毫升、复方氯化钠注射液或 5%糖盐水 3 000～4 000 毫升、5%碳酸氢钠注射液 500～1 000 毫升，1 次静脉注射。或者静脉注射 10%氯化钠注射液 300～500 毫升。

三仙散加减中药疗法：山楂、麦芽、六曲、莱菔子、木香、槟榔、枳壳、陈皮，麻油 250 毫升，混合灌服。加减：若大便干燥而不通者，加大朴硝、大黄，以泻下结粪；若病牛恶寒而有表症者，加生姜、大葱以解表通阳；若腹胀甚者，加青皮、厚朴以破滞消痞；若正气衰，加党参、当归以扶正祛邪。

单方：老南瓜 3～5 千克，切碎煮烂灌服；碳酸钠粉 250 克，加温水灌服；20 分钟后，再用芒硝 500 克加水 5 升灌服。

2. 预防　主要是预防牛只贪食与暴食，合理利用与加工含粗纤维饲料。对病牛加强护理，停喂草料，待积食、胃胀消失和反刍恢复后，给少量的易于消化的干青草，逐步增量；反刍正常后，可以恢复正常饲喂。

七、胃肠炎

牛胃和肠道黏膜及其深层组织的急性炎症性疾病。胃和肠道的器质性损伤与功能性紊乱，容易互相影响。

（一）病　因

由于牛吃了霉烂的饲料、霜冻的块根饲料、有毒的饲料，以及长途运输、过度疲劳等，可导致该病的发生。另外，胃肠性疝痛、前胃弛缓、创伤性网胃炎等，以及某些传染病和寄生虫病如巴氏杆菌、沙门氏菌、钩端螺旋体病、牛副结核等可继发本病。

（二）症　状

病牛呈急性消化不良，精神沉郁，食欲废绝、喜喝水，结膜暗红色并黄染，口腔干臭、舌苔黄白、齿龈有 2～3 毫米宽的蓝色淤血带，皮温不整，角、耳和四肢发凉。常伴有轻微腹痛，常见磨牙。体温升高40℃以上，少数病例体温不高。持续性腹泻是本病的主要特点。不断排出稀、软或水样腥臭粪便，有的呈高粱糠色混有血液及坏死的组织片状。尿少色黄。后期肛门失禁，不断努责但无粪便排出。严重的腹泻可引起脱水及酸中毒，表现为眼窝下陷，面部呆板，皮肤弹性丧失，极度衰竭，卧地不起，呈昏睡状态。

(三)诊　断

根据全身症状可以得到诊断。如怀疑酸中毒，应检查草料和其他可疑物质；怀疑传染病、寄生虫病继发的，需要进行流行病学调查，结合血、尿、粪的检验。

(四)防　治

1. 治疗　首先让病牛安静休息，给清洁饮水，绝食1～2天。采用下列方法进行治疗。

(1)补充体液，强心解毒　若测试为缺盐性(即低渗透性)脱水，应以补充电解质溶液(等渗盐水和复方氯化钠注射液)为主，非电解质溶液(葡萄糖液)为辅。生理盐水和复方氯化钠注射液占2份、等渗盐水1份，一次静脉注射。5%糖盐水兼有补液解毒和营养的作用，可输液1 000～2 000毫升。每次输液总量为3 000～6 000毫升，1日2次。根据病牛的恢复情况，逐次减少输液量。补液时，应掌握时机。开始腹泻时及时补液，疗效显著。输液时，还必须加维生素C，但不能与碱性药物相配伍。

酸中毒时可静脉输入5%碳酸氢钠注射液250～500毫升，碱中毒时可投服稀盐酸、食醋等。

(2)清理胃肠　适用于排粪迟滞或排出粥样恶臭粪便的情况，常用缓泻加制酵的方法。如用硫酸钠250～400克(妊娠母牛忌用)，加克辽林15毫升或鱼石脂10～20克，温水3～5升，胃管投服。妊娠母牛可用液状石蜡1 000毫升灌服。

(3)止泻　在体内积滞的粪便已排出，而腹泻不止时可进行止泻处理。胃管投服0.1%～0.2%高锰酸钾液3 000～6 000毫升，每日1～2次。用活性炭末250克、温水1 000～2 000毫升，制成悬浮液灌服。活性炭第二次灌服时应减半，1日2次，连用2日。活性炭不可与抗菌药同时使用。鞣酸蛋白10克、次碳酸铋10克、碳酸氢钠40克、淀粉浆1 000毫升，内服，1日2次。

(4)消炎抗菌　口服磺胺脒每次30～50克，加碳酸氢钠（不可与止泻的碳酸氢钠重复使用）40～60克，常水适量，一次内服，1日2次，连用2～3日。

用呋喃唑酮（痢特灵）5～10毫克/千克体重·日，分2～3次内服，犊牛用最小量。上述口服药物不能与酸类药物同时使用。

肌内注射恩诺沙星2.5毫克/千克体重·次，也可加入1 000毫升5%糖盐水静脉滴注，或与补充体液同时进行。

(5)中医疗法　使用白头翁50克，陈皮、秦皮各30克，黄柏、黄连各15克。研成末，开水冲，温水服用。1天1剂，连用3剂。

2. 预防　加强饲养管理，喂给优质饲料，合理调制饲料，不要突然更换饲料。要使用清洁的饮水，防止食用有毒物质。

八、真胃移位

本病是指真胃从正常的生理位置发生改变的疾病。有左方变位和右方变位两种。真胃通过瘤胃下方移到左侧腹腔，置于瘤胃和左侧腹壁间的位置，称为左方移位；右方变位又叫真胃扭转，进一步分为前方变位和后方变位。前方变位是真胃或大部分向前方移位（逆时针扭转），移到网胃和膈肌之间的位置；后方变位是真胃向后方（顺时针）扭转移位，移到了右侧腹壁与圆盘状结肠之间的位置。在极其严重的情况下，左方变位可使真胃伸展到后方的骨盆。据统计，左方移位病例可达右方移位的20倍，因此临床上习惯把左方移位称为真胃移位。

（一）病　因

一般认为是由于真胃弛缓和真胃机械性转移引起。

(二)症　状

1. 左方移位　病牛精神沉郁，食欲减退、间断性厌食，吃草不吃料，偶尔有不吃干草的情况。反刍和嗳气减少或停止，瘤胃蠕动音减弱或消失。有的呈现腹痛和瘤胃臌胀，排粪迟滞或腹泻。随着病程的发展，主要症状表现为左腹肋弓部膨大，在该区域内听诊可以听到与瘤胃蠕动不一致的真胃蠕动音。在左侧最后3个肋骨的上1/3处叩诊，同时听诊，可听到真胃内气体通过液面时的叮咚声。因瘤胃被挤于内侧，在左侧腹壁出现扁平隆起，左肷部下陷。病牛呈渐进性衰竭，喜卧而不愿走动，常呈右侧卧姿势。冲击式触诊可听到液体振荡音。在左侧膨大部穿刺，穿刺液为酸性反应，pH为1～4，无纤毛虫。直肠检查，瘤胃背囊右移，瘤胃与左腹壁之间出现间隙，有时瘤胃的左侧可摸到膨胀的真胃。

前方移位的症状与左侧移位症状基本相似。

2. 右方移位　多为急性发作，突然发生腹痛，呻吟不安，后肢踢腹，背腰下沉或呈蹲伏姿势。心跳加快，体温正常或偏低，拒食贪饮，瘤胃蠕动音消失。粪软色暗乃至黑色，混有血液。有时腹泻。右腹肋弓部膨大，经常发生中等程度的臌胀。严重病例，常伴发脱水、休克和碱中毒。轻者10～14日、重者2～4日即可引起死亡。

(三)诊　断

1. 症状观察和检查

(1)*发病情况分析*　左方移位，多发生于4～5胎次分娩后的母牛，或产褥期的母牛；右方移位，似乎与分娩无特别关系，分娩后1个月内容易发生，而且本病不仅母牛易发，公牛和犊牛也易发生。

(2)*左方移位的检查*　在正常情况下，左侧腹壁听不到真胃音。而本病在左侧10～12肋间的上1/3处用指叩打可以听到清晰的钢管音。仔细听诊，还可听到真胃内气体通过液面时的叮咚声。在左侧膨大部(9～11 肋间的中 1/3 处)用 18 号长针头穿刺,可以采取真胃液。真胃液不同于瘤胃液。真胃液中无原虫,呈酸性,pH 为 2～4;而正常瘤胃液 pH 值为 6～7。直肠检查,瘤胃背囊右移,瘤胃与左腹壁之间出现间隙,有时在瘤胃的左侧可摸到膨胀的真胃。

(3)前方移位的检查　除去和左方移位的一些症状类似外,瘤胃蠕动音的听取位置和声音性质正常。在两侧胸部、心脏的上部能听到具有真胃特征的拍水音。切开瘤胃进行探诊,可在网胃和膈肌之间触到膨胀的真胃。

(4)右方移位的检查　冲击式触诊右腹肋弓部膨大(右侧后部肋骨与肷区前部,向外突出)处,可以听到液体振荡音。把听诊器放在右肷窝内,同时叩打最后两根肋骨,可听到钢管音。直肠检查,在右侧腹部可摸到膨满而又紧张的真胃。直肠内粪便呈柏油状,有腥臭味,难以清除。严重病例,伴发有脱水、休克和碱中毒。

真胃移位,经过以上观察和检查,一般都可以做出诊断。对经上述检查不能确诊者,需做剖腹探诊。

2. 鉴别诊断　本病要与酮血病、创伤性网胃炎和迷走神经性消化不良相区别。

(1)酮血病　虽然本病与酮血病在尿检中都可见到酮体,但酮血病在治疗时多半有效,且以低血糖为其特征。

(2)创伤性网胃炎　瘤胃蠕动停止、中等发热和触诊腹部有痛感。

(3)迷走神经性消化不良　多发生在分娩前,其腹部膨胀比真胃扩大明显。

(四)防　治

1. 治　疗

(1)翻转复位法　本病一旦得到确诊,应立即采用此法进行治疗。首先将病牛禁饮 1～2 日,使瘤胃容积缩小;然后把病牛的四蹄绑住,左侧横卧,再转成仰卧,随后以背脊为轴心,先向左翻转

45°回到正中，再向右翻转 45°回到正中(左右 90°摆幅)，左右翻转几次后，在向右翻转过程中突然停止转动，使其复位。可以重复进行上述操作，但是应注意翻转时间不能超过 30 分钟。然后，恢复左侧横卧，转成俯卧，最后站立，检查复位情况。如未复位，第二天可进行第二次翻转治疗。对于未见效者，可考虑进行手术。

注意，此法不能用于前方移位和右方移位。

(2)保守疗法　调整真胃运动功能，可用消气灵 20～30 毫升、硫酸钠 300～500 克，温水适量 1 次灌服。皮下注射比赛可灵10～20 毫升。停喂精饲料和糟渣类饲料，仅喂给青干草和青贮，正常饮水。经过 2～3 天后，肋间“金属音”消失，食欲明显改善。1 周后可逐渐恢复正常饲养；也可使用腹腔输液法，可在右侧腹壁肷窝中上部位剪毛消毒，用 20 号针头刺入腹腔，将含有 400 万单位青霉素的 5%糖盐水 3 000 毫升(加温至体温温度)1 次输入。然后牵牛运动 0.5～1 小时，利用漂浮原理使真胃复位。如无疗效，可考虑进行手术。

(3)手术疗法　有左方移位和右方移位两种。

①左方移位的手术：将病牛进行安全保定，胸腹下用宽带拦住以防下卧，绳索固定左后肢及尾部。术部剪毛消毒，用 2%普鲁卡因注射液 50～60 毫升做腰旁麻醉与 0.5%～0.25%普鲁卡因术部切口皮下浸溶麻醉相结合。左腹部固定创巾，在左侧肋骨弓后 4～10 厘米腹部、肩关节水平线垂直向下做 20～25 厘米切口，切开皮肤后钝性分离各层肌肉，剪开腹膜。暴露真胃，用手仔细剥离粘连处，然后用另一只手伸入腹壁正中线偏右侧、右肋弓后 5 厘米处，指示助手用带 18 号缝线的针从此处外部进针，术者接到针线后，慢慢拉入腹内并拉出左侧切口外(双股缝线操作)，这时牵出真胃和大网膜，在真胃大弯连接大网膜处固定两针，针距 3～4 厘米。然后将真胃沿左腹壁推送到瘤胃下方腹底右侧(助手在右腹下部往回拉缝线)，术者再从腹内将针穿出(距进针处 3～4 厘米)，将真

胃固定在右下腹壁上，腹壁外由助手把穿出的缝线拉紧，系上纱布卷固定打上 1 个结。把打开的左侧腹腔闭合、缝住，用绷带保护。3～5 天可拆除真胃固定丝线，10～12 天可拆除腹部的丝线。手术后喂给牛少量的柔软干草，口服补液盐水，每日补液、抗菌消炎。

②右方移位的手术：手术前的步骤与上面的相同。切口在右侧腹壁稍下（右肋弓后 5～10 厘米，肩关节水平线垂直向下 20～25 厘米）。打开腹腔，暴露真胃，查清真胃扭转方向，抽出真胃里的气体和液体，校正真胃位置，用缝线把真胃大弯部固定在右腹壁上。

2. 预防 应注意牛的精饲料结构，减少粗硬饲料，增加青饲料和多汁饲料，防止长期单纯饲喂麸皮、谷糠类饲料，保证饮水，加强运动。

九、异嗜或舔病

本病是由某些寄生虫病或某些营养物缺乏引起的一种病理状态综合征。临床特征是舔食、啃咬或吞食各种异物。

（一）病　因

牛因饲料中营养不平衡，造成微量元素、常量元素、食盐、某些维生素、蛋白质等营养物质长期缺乏，或寄生了某种寄生虫所导致的一种疾病。

（二）症　状

本病多呈慢性经过，病牛食欲不振，反刍缓慢乏力，消化不良或稀便，随后出现味觉异常和异食症状。舔食泥土、瓦片、砖石，嚼食牛圈垫草、塑料、烂布等。渐渐消瘦，磨牙、弓背、贫血。生长发育受阻，产奶量下降。

（三）诊　断

根据病牛的表现，结合检验室检验判断各种矿物质元素、微量元素和维生素的含量是否缺乏，以及是否患某种寄生虫病来诊断。

(四)防 治

1. 治疗 从以下两方面来进行治疗。

(1)寄生虫病 若病牛患了寄生虫病,确诊后应用有效的驱虫药物。

(2)营养方面 首先应检查盐及钙、磷在日粮中是否满足需要,治疗用量按营养标准的2～3倍供给,牛日粮中钙、磷比例为2～1.5∶1,日需要量按每100千克体重6克和4.5克,每产1千克奶供给4.5克和3克。严重缺乏钙时,静脉注射10%氯化钙注射液120～160毫升,或10%葡萄糖酸钙注射液200～350毫升,每日1次,3～5天为1个疗程。严重缺乏磷时,静脉注射20%磷酸二氢钠注射液150～300毫升,每日1次,连用2～3天;或内服磷酸二氢钠90克/次,1日3次。治疗佝偻病,皮下或肌内注射维丁胶性钙注射液5万～10万单位/次,每日1次,连用2～3周。

缺乏铜时,成年牛用硫酸铜0.2克,溶解于250毫升生理盐水中,1次静脉注射,有效治疗期可维持数月。也可用硫酸铜作饲料补充剂,日服剂量成年牛每头1克,小牛2毫克/千克体重。

缺乏铁时,异嗜和严重贫血,用硫酸亚铁制成1%水溶液内服,成年牛每次用量3～10克,小牛用量0.3～3克,每日1次,2周为1个疗程。

缺乏钴时,异嗜和消化障碍,用氯化钴制成0.3%水溶液内服,成年牛每次剂量500毫升,小牛每次200毫升。也可肌内注射维生素B_{12},成年牛每次1～2毫克,每日或隔日1次。

维生素缺乏时,应供给充足的青绿饲料。

2. 预防 根据牛的营养标准配制饲料,要防止营养不平衡,使用配合日粮,使饲料营养全面。定期驱虫。管理上要防止病牛舔食泥土、碎石块、废塑料等,防止引起阻塞性胃病。

十、犊牛腹泻

又叫犊牛下痢，是新生犊牛的多发病和常发病，也是对犊牛危害最大的疾病。

（一）病　因

有两类因素导致本病的发生，一类是病原性的，另一类是非病原性的。

病原性的：细菌性的，包括大肠杆菌、弯曲杆菌、沙门氏杆菌、荚膜梭状菌；病毒性的，包括轮状病毒、冠状病毒、星形病毒等；寄生虫性的，包括隐孢子虫、球虫等。

非病原性的：应激性的，气候、噪声等；饲养管理方面的，饲喂方式、哺乳量、哺乳温度等。

（二）症　状

由大肠杆菌引起的症状是腹泻，发病初期排出的粪便是先干后稀，之后是淡黄粥样恶臭粪便，继之淡灰白色水样，有时带有泡沫，随后每隔十几分钟或几分钟就排 1 次水样便、有腥臭味。中期肛门失禁，有疼痛，体温升高、可达 40℃以上。后期体温下降，低于常温，出现昏睡。同时，结膜潮红色或暗红色，精神沉郁，食欲下降甚至废绝，呼吸加快，消瘦，眼窝凹陷，皮肤干燥。不及时抢救，有可能死亡。

病毒引起的腹泻往往发病突然，大面积扩散流行。排出灰褐色水样便，混有血液、黏液。精神极度沉郁，厌食。

寄生虫引起的腹泻，表现为厌食，进行性消瘦，病程长。断断续续的水样便，便中有血、黏液。

由饲养管理方面造成的腹泻，表现较轻，排出淡黄色或灰黄色的黏液便。有的排出水样便，但无臭味。肛门周围带有粪便，无全身症状。严重病例可有体温升高、脉搏和呼吸加快，精神不振，食欲下降。

(三)诊　断

除从临床症状上诊断外,发病时间也可提供参考。大肠杆菌引起的腹泻多发生于1～3日龄;病毒引起的多发生在冬季;冠状病毒主要引起3月龄的犊牛发病;寄生虫隐性孢子虫发生在8～17日龄的犊牛。沙门氏菌引起的有发热现象,死亡率也很高;荚膜梭菌引起的易发生肠出血性毒血症,并且迅速死亡。

(四)防　治

1. 治疗　症状较轻者一般只需禁食即可。中度和重度腹泻可采用下列方法。

磺胺脒0.1～0.3克/千克体重,与奶拌喂即可,每日2次;胃蛋白酶3克、稀盐酸2毫升、龙胆酊5毫升、温开水100毫升,一次灌服,每日2次;生理盐水1 000～1 500毫升,每日1～2次;硫酸庆大霉素2～4毫克/千克体重,每日2～3次,肌内注射;盐酸四环素0.5～0.7克、5%葡萄糖注射液500毫升,静脉注射;中药"乌梅散":乌梅20克,姜黄、黄连、猪苓各10克,共研末,每次取15～20克,开水冲服。

2. 预防　加强饲养管理,及时喂初乳,要在犊牛一出生就给初乳,这样可以使犊牛得到更多的免疫蛋白;牛舍要通风,干净;及时接种疫苗。

第五节　常见产科病及其防治

一、持久黄体

在排卵(未受精)后黄体超过正常时间而不消失叫做持久黄体。由于持久黄体持续分泌助孕素,抑制卵泡的发育,致使母牛久不发情,引起不孕。

(一)病　因

饲养管理不当(饲草料单一、缺乏维生素和矿物质、运动不足等)、子宫疾病(子宫内膜炎、子宫内积液或蓄脓、产后子宫复旧不全、子宫内有死胎或肿瘤等)均可影响黄体的退缩和吸收,而成为持久黄体。

(二)症　状

母牛发情周期停止,长时间不发情。直肠检查时可触到一侧卵巢增大,比卵巢实质稍硬。如果超过应当发情的时间而不发情,需间隔5～7天,进行2～3次直肠检查。若黄体位置、大小、形状及硬度均无变化,即可确诊为持久黄体。但为了与妊娠黄体加以区别,必须仔细检查子宫。

(三)诊　断

直肠检查,一侧(有时为两侧)卵巢较大,卵巢内有持久黄体。有的持久黄体一小部分突出于卵巢表面,而大部分包埋于卵巢实质中。也有的呈蘑菇状突出在卵巢表面,使卵巢体积增大。有时在同一个卵巢内或另一个卵巢中有一个或几个不大的滤泡。子宫松软、增大,往往垂入腹腔。触摸子宫反应微弱或无反应。临床上持久黄体的诊断主要是根据直肠检查的结果而定。性周期黄体和持久黄体的区别,须经过2次直肠检查才能做出较为准确的诊断。第一次检查应摸清一侧卵巢的位置、大小、形状和质地,以及另一侧卵巢的大小及变化情况。隔25～30天再进行直检,若卵巢状态无变化,可确诊为持久黄体。必要时对产后90天以上不发情或发情屡配不孕牛,从静脉采血测定其黄体酮含量变化。一般持久黄体的黄体酮含量为(5.77±0.96)纳克/毫升,变化范围为4.1～7.1纳克/毫升。

(四)防　治

1. 治疗　应消除病因,以促使黄体自行消退。为此,必须根据具体情况改进饲养管理。或首先治疗子宫疾病。为了使持久黄体迅速退缩，可使用前列腺素（PG）及其合成类似物，它是疗效确实的黄体溶解剂。应用前列腺素，一般在用药后2～3天内发情，配种即能受胎。前列腺素F_{2a}5～10毫克，肌内注射。也可应用氟前列烯醇或氯前列烯醇0.5～1毫克，肌内注射。注射1次后，一般在1周内奏效。如无效时可间隔7～10天重复1次。

也可采用中药复方仙草阳汤：仙灵脾、益母草、当归、菟丝子、赤芍、熟地黄、黄精、阳起石、三棱等。水煎灌服，每日1剂，连用3～5剂。

2. 预防 平时应加强饲养管理，增加运动。产后的子宫处理应及时彻底。

二、卵巢囊肿

本病分为卵泡囊肿和黄体囊肿。卵泡囊肿是因为卵泡上皮变性，卵泡壁结缔组织增生变厚，卵细胞死亡，卵泡液未吸收或增加而形成的；黄体囊肿是因为未排卵的卵泡壁上皮黄体化而形成的，或者是正常排卵后由于某种原因黄体不足，在黄体内形成空腔，腔内积聚液体而形成的。

（一）病　因

有营养方面的，也有使用激素造成体内激素分泌紊乱而致病。牛长期运动不足，精饲料饲喂过多，过于肥胖；营养失调，矿物质和维生素不足；大量使用雌激素制剂及孕马血清，可引起卵泡壁发生囊肿；脑下垂体前叶功能失调，激素分泌紊乱，促黄体生成素不足，不能排卵；也有的是由于继发于卵巢、输卵管、子宫或其他部分的炎症。

（二）症　状

卵泡囊肿的主要表现特征是无规律的频繁发情或者持续发情，甚至出现慕雄狂。黄体囊肿则是致使母牛长期不表现发情。

直肠检查可以发现卵巢上有数个或一个壁紧张而有波动的囊

泡，直径超过 2 厘米、大的可达 5～7 厘米；有的牛有许多小卵泡。正常的卵泡，再次检查时，卵泡已消失；囊肿的卵泡则持续不消失，也不排卵，囊壁较薄，子宫角松软不收缩。黄体囊肿通常只在一侧卵巢上有 1 个囊状其壁较厚的结构。

（三）防　治

1. 促性腺激素释放激素（GnRH）、前列腺素 F_{2a}（PGF_{2a}）及其类似物　无论哪种类型的囊肿都可单独应用 GnRH 及其类似物或与其他激素配合应用。肌内或静脉注射 GnRH 或 LRH-A3 100～250 微克，注射后 18～23 天发情。如果确诊为黄体囊肿，可单独使用 PGF_{2a}或类似物。

2. 促黄体素（LH）或绒膜素（HCG）　LH 或 HCG 静脉注射、肌内注射、皮下注射均可，常用量为 2 500～5 000 单位。注射后每周进行 1 次直肠检查。一般囊肿在 15 天左右逐渐萎缩，母牛开始出现正常发情。经过药物处理后的牛在前三个月容易流产。为防止流产，可在配种后的第四天注射黄体酮 100 毫克，隔日 1 次，连续 5 次。

3. 黄体酮　主要治疗卵泡囊肿及慕雄狂。奶牛一般 1 次肌内注射 800～1 000 毫克，在注射后病牛的性兴奋及慕雄狂的症状即可消失，15 天左右可恢复正常发情，且能配种受胎。

4. 地塞米松（氟美松）　肌内注射地塞米松 10～20 毫克；也可静脉注射 10 毫克，隔日 1 次，连用 3 次。对卵泡囊肿应用其他激素治疗无效的病例有明显的效果。

5. 前列腺素 F_{2a}（PGF_{2a}）或催产素　对于黄体囊肿有理想的疗效。

对于卵泡囊肿也可用手术法进行治疗，用手挤破，也可进行穿刺。即用一只手从直肠将囊肿的卵巢固定，另一只手从阴道伸入手持带有保护套的针头进行穿刺。

三、乳房水肿

乳房水肿有生理性的或病理性的。生理性的乳房水肿主要是在产犊前几周，初产母牛多见。妊娠造成的乳房水肿，症状轻，可自然消失。而病理性的乳房水肿，面积大，不易消失。

(一)病　因

在秋季和冬季产犊的母牛，由于饲喂块茎、糟渣类饲料多而运动少，影响水分代谢；分娩前后乳房血流量明显增加，淋巴生成增多，而母牛的心、肾功能衰弱，不能全部排出淋巴液，从而造成乳房静脉血流滞缓，渗透性增高，使血液中水分渗入组织间隙，造成水肿；血浆蛋白浓度降低，破坏了血液和组织的生理动态平衡，出现水肿；以及日粮中氯化钙含量的增加会加重乳房水肿。

(二)症　状

生理性乳房水肿从乳房后部、前部、左半部、右半部开始，成四部分对称出现，后部和底部突出。严重者可向胸部延伸出现腹侧水肿。这种水肿可在产后1周后逐渐消退。

病理性水肿比生理性水肿持续时间长，可能会持续数月或整个泌乳期，乳房的支撑结构破坏，可严重影响到奶牛的寿命和牛奶的品质。

乳房水肿在按压水肿处时有痕迹，特别是在乳房底部。严重时整个乳房有压痕的水肿，并伴有腹部水肿。

(三)诊　断

根据临床症状，可进行诊断。

(四)防　治

1. 西药疗法　产前治疗用呋塞米0.5～1毫克/千克体重，以后可减量，每日1～2次，连用2～4天。肌内注射或皮下注射10%安钠咖注射液20～30毫升。限制食盐的喂量。如果是乳房炎引起的水肿，必须进行消炎。

对于产后的乳房水肿，可口服呋塞米或地塞米松-利尿合剂；人工盐 120 克，常水适量，灌服。每日 1 次，连用 3～5 天。

随着病程的发展，可选用下列药物：5%氯化钙注射液 100 毫升、50%葡萄糖注射液 100 毫升、20%苯甲酸钠咖啡因注射液 20 毫升，静脉注射，每日 1 次，连用数日；10%葡萄糖酸钙注射液 500 毫升或 5%氯化钙注射液 300～500 毫升，静脉注射；10%～20%的鱼石脂软膏适量，乳房皮肤涂敷。

2. 中药疗法　水肿初期，以健脾利水为主，白术 60 克，姜皮、陈皮、茯苓、大腹皮各 40 克，防己、泽泻各 30 克，党参 50 克。开水冲，温水灌服。

3. 预防　应注意母牛的日粮配方中蛋白质含量以及矿物质添加剂的补充量，适当减少食盐的摄入。增加运动，控制多汁饲料和饮水。淘汰袋形乳房牛。

四、乳热症

又称生产瘫痪、产后疯，是围产期母牛在产犊后（也有少数病例在产前 1～3 日内）突然发病的一种急性低血钙症。临床上以感觉丧失、四肢瘫痪、消化道麻痹、体温降低为特征。

（一）病　因

主要是由于体内大量的钙流失所致。分娩后大量产奶，钙从奶里流失，血钙含量急剧下降。血钙测定，病牛为 3～7.76 毫克，正常牛为 8.6～11.1 毫克。分娩前腹压增大，乳房肿胀，影响静脉回流；分娩后腹压急剧下降，致使流入腹腔与乳房的血液增多，头部的血液减少，血压下降，引起中枢神经暂时性贫血，功能障碍，致使大脑皮质受到抑制，影响血钙的调节，同时血液中磷的含量也减少。

（二）症　状

重型病例呈伏卧状不能站立，四肢屈于躯干下，头向后弯至胸部。用手将头拉直，但一放手后就又恢复原状。个别母牛四肢伸直抽搐。卧地时间一长，出现瘤胃臌胀。失去意识和知觉，皮肤对疼痛刺激无反应，呼吸深慢，脉搏快弱（80～120 次/分）。肛门松弛，舌头外露。体温降低至 37℃以下。

轻型病例，除瘫痪外，头颈呈"S"状弯曲，精神沉郁、但不昏睡，食欲废绝。反射减弱、但不完全消失，体温正常或稍低。

（三）诊　断

发病母牛多为 3～6 胎。产后不久（多数在 3 天以内）出现食欲下降，反刍停止，蜷卧瘫痪。

（四）防　治

1. 治　疗

（1）*乳房送风法*　乳房送风使乳房膨满、内压增高，压迫乳房血管，减少乳房的血液，抑制泌乳，使血钙的含量不致急剧减少。送风用乳房送风器，送风前，使牛侧卧，挤出乳汁。先在消毒的乳导管尖端涂以些许消毒的凡士林，再将导管插入乳头内，用送风器将空气徐徐送入乳房内，使空气充满乳房，但要防止乳管和腺泡破裂。4 个乳区均注入空气，为防止空气逸出，取出乳导管后用手轻轻捻乳头。若乳头括约肌松弛，则用绷带将乳头的基部扎住。经过 30 分钟，全身状况好转。起立后 1 小时可去掉绷带。

（2）*钙疗法*　常用 20%～25%硼葡萄糖酸钙溶液或 20%葡萄糖酸钙注射液 500 毫升（500 千克体重的牛）与 10%葡萄糖注射液 1 000 毫升，混合后静脉注射。若经 12 小时未见效，可重复注射，但最多不超过 3 次。体重较大者 1 次用量可增至 700～800 毫升。为减少钙剂的不良刺激，可用等量的 5%～10%葡萄糖注射液做适当的稀释后静脉滴注。如出现战栗等不良反应，可降低滴注速度。还可用 25%硫酸镁注射液 100 毫升，用 5%葡萄糖注射液稀释成 1%浓度的镁溶液与钙剂轮换注射液滴注。

（3）*激素疗法*　用地塞米松注射液，每次肌内注射 10～20 毫升，每日 1 次，连用 1～2 天。

(4)调整体液　增加血糖含量，可用 25%葡萄糖注射液 500 毫升，复方氯化钠注射液和生理盐水各 1 000 毫升，与钙剂同时静脉滴注。

(5)补充维生素 D　开始补钙时，肌内注射维生素 D_3 1 000 单位/次。

对心脏功能减弱的病牛可肌内注射 10%安钠咖注射液 20 毫升。

2. 预防　分娩后不急于挤奶。乳房正常的牛，初次挤奶，一般挤 1/2 的奶量，以后逐渐增加，到第四天可挤净。

加强饲养管理，产前少喂高钙饲料，增加阴离子饲料喂量。产前 21 天，每天可补饲 50～100 克的氯化铵和硫酸铵。产前 5～7 天每天肌内注射维生素 D_3 2 000～3 000 单位；静脉注射 25%葡萄糖注射液和 20%葡萄糖酸钙注射液各 500 毫升，每天 1 次，连用 2～3 次。每日要多运动，多晒太阳。减少精饲料和多汁饲料喂量。产后要喂给大量的盐水，促使降低的血压迅速恢复。

五、胎衣不下

母牛分娩后一般在 12 小时内排出胎衣。如果超过上述时间仍不能排出时，就可认为是胎衣不下。

(一)病　因

母牛在妊娠后期运动不足，营养失调，缺少矿物质或日粮中钙、磷的比例不当，维生素、微量元素不足等；母牛瘦弱或过肥，胎水过多，双胎、胎儿过大、难产和助产过程中的操作不当都可以引起子宫弛缓、收缩乏力，引起胎衣不下。

(二)症　状

母牛分娩后，阴门外垂有少量胎衣，持续时间超过 12 小时以上。有时虽有少量胎衣排出，但大半仍滞留在子宫内不能排出。

也有少数母牛产后在阴门外无胎衣露出，只是从阴门流出血水。卧下时阴门张开，才能见到内有胎衣。胎衣在子宫内腐败、分解和被吸收，从阴门排出红褐色黏液状恶露，混有腐败的胎衣或脱落的胎盘子叶碎块。少数病牛由于吸收了腐败的胎衣及感染细菌而引起中毒，出现全身症状，体温升高，精神不振，食欲下降或废绝，甚至转为脓毒败血症。大多数牛转化为子宫内膜炎，影响母牛妊娠。

(三)诊　断

一般根据牛的分娩时间及排出的胎衣可诊断，对于未见排出胎衣的牛可进行阴道检查。

(四)防　治

1. 治疗　可进行药物、手术及辅助疗法。

(1)*西药疗法*　10%葡萄糖酸钙注射液、25%葡萄糖注射液各500毫升，1次静脉注射，每日2次，连用2日；催产素100单位，一次肌内注射；氢化可的松125～150毫克，1次肌肉注射，隔24小时再注射1次，共注射2次；土霉素5～10克、蒸馏水500毫升，子宫内灌注，每日或隔日1次，连用4～5次，让其胎衣自行排出；10%氯化钠注射液500毫升，子宫灌注，隔日1次，连用4～5次，使胎衣自行排出；增强子宫收缩，用垂体后叶素100单位或新斯的明20～30毫克肌内注射，促使子宫收缩排出胎衣。

(2)*中药疗法*　“生化汤”加减：川芎、当归各45克，桃仁、香附、益母草各35克，肉桂20克，荷叶3张。水煎，加酒60～120毫升、童便1碗，混合灌服。如淤血腹痛，加五灵脂、红花、莪术；若体质虚弱加党参、黄芪；若热，去肉桂、酒，加黄芪、白芍、甘草；若胎衣腐烂，则加黄柏、瞿麦、萹蓄等。

祛衣散：当归、牛膝、瞿麦、滑石、海金沙各100克，土狗500克，没药、木通、血竭、穿山甲片各50克，大戟40克。为末，灌服。有热，加金银花80克；乳房红肿、硬，乳汁不通，加王不留行80克、冬葵子50克。

(3)手术剥离　首先把阴道外部洗净,左手握住外露胎衣,右手沿胎衣与子宫黏膜之间,触摸到胎盘,食指与中指夹住胎儿胎盘基部的绒毛膜,用拇指剥离子叶周缘,扭转绒毛膜,使绒毛从肉阜中拔出,逐个剥离。然后向子宫内灌注消炎药,如土霉素粉 5～10 克,蒸馏水 500 毫升,每日 1 次,连用数天。也可用青霉素 320 万单位,链霉素 4 克,肌内注射,每日两次,连用 4～5 天。

2. 预防　应注意营养供给,合理调配,矿物质不能缺乏,特别是钙、磷的比例要适当。产前不能多喂精饲料,要增加光照和运动。产后要让母牛吃到羊水和益母草、红糖等。如果分娩 8～10 小时不见胎衣排出,可肌内注射催产素 100 单位,静脉注射 10% 葡萄糖酸钙注射液 500 毫升。

六、乳房炎

乳房炎是母牛常见的一种乳腺疾病,多发生于哺乳期。

(一)病　因

有机械的、物理的、生物的和化学的作用,通过乳导管、乳头损伤或血管,使病原微生物侵入而引起本病。挤奶操作不当使乳头黏膜损伤;机器挤奶,时间过长,负压过高等使乳头黏膜损伤;消毒不严,卫生条件差,感染细菌等微生物。微生物主要是无乳链球菌、停乳链球菌、金黄色链球菌、乳房链球菌、大肠杆菌、克雷伯氏菌、化脓性放线菌、牛棒状杆菌等。产前饲喂过多的高蛋白饲料,产后喂给大量的多汁饲料,也会引起乳房炎。

(二)症　状

乳房炎一般分为临床型和隐性型(隐性乳房炎)。临床型乳房炎,患区红、肿、热、痛,乳汁减少并变质,有时伴有全身症状,如食欲减退或消失,瘤胃蠕动和反刍停止;体温上升达 41℃～42℃,呼吸和心跳加快,眼结膜潮红,严重时眼窝下陷、精神委靡。临床型乳房炎挤奶时容易被发现,但发病率仅占乳房炎的 1/4 以下。隐性乳房炎乳房无症状，乳汁无明显异常，但产奶量受到一定影响，占乳房炎的3/4以上。

(三)诊　断

临床型乳房炎的表现根据致病菌进行区别：①链球菌：乳区膨胀明显，在靠近腹壁的上部乳区有带状硬肿。或在乳区内形成1～3个圆形硬块，出现絮状变质乳。无全身症状，体温正常；②葡萄球菌：乳区内有硬块，红、肿、热、痛明显，挤出黄色黏稠的变质乳。全身症状明显，体温逐渐升高；③大肠杆菌：乳区坚硬如石，没有柔软的空隙，挤出带血水的变质乳。病势迅猛，体温升高至41℃以上，全身症状严重。

隐性乳房炎一般采用CMT试剂检验法，用以测定牛奶中体细胞（白细胞和乳腺细胞）的数目。其原理是使用阴离子表面活性剂——烷基或羟基硫酸盐，破坏奶中的体细胞，释放其中的蛋白质，蛋白质与试剂结合生成沉淀或凝胶。细胞中聚合的脱氧核糖核酸（DNA）是CMT产生反应的主要成分。奶中的体细胞越多，释放的DNA越多，产生的凝胶就越多。根据奶中的体细胞数确定奶的质量。正常的奶体细胞不超过50万个/毫升，超过此值即可诊断为乳房炎。

(四)防　治

1. 治疗　临床型乳房炎，在治疗期间，首先对精饲料、多汁饲料或饮水加以适当控制，以期减轻负担。然后对红、肿、热、痛，采用冷湿敷的辅助法治疗，用2%硼酸水或5%明矾水，浸泡纱布，之后将布敷在乳房上。在没有确诊病原体的情况下，可试用青霉素治疗。在确诊的情况下做法如下。

(1)链球菌乳房炎　采用青霉素1万～2万单位/千克体重，链霉素10毫克/千克体重，用生理盐水50毫升稀释肌内注射，每天2次。

(2)葡萄球菌乳房炎　使用红霉素，用5毫克/千克体重，用注射用水溶解，再用5%葡萄糖注射液或生理盐水稀释成0.1%浓度的溶液，静脉注射，每天2次。

(3)金黄色葡萄球菌和大肠杆菌乳房炎　可选用丁胺卡那霉素、头孢唑啉和氨苄西林。

(4)急性乳房炎中药处方　金银花150克，赤芍、贝母各30克，天花粉25克，当归、连翘、乳香、没药、防风、陈皮各20克，穿山甲、白芷、甘草各15克。共为末，灌服。白酒为引100毫升，每天1剂，连用3～5剂。

慢性或隐性乳房炎治疗：抗菌消炎的同时，结合应用盐酸左旋咪唑治疗，肌内或皮下注射7毫克/千克体重，间隔1周再用1次；中药处方为黄芪100克，全瓜蒌50克，当归、白芍、没药、陈皮各30克，甘草20克。共为末，灌服。每天1剂，连用1周。

2. 预防　挤奶后用0.05%洗必泰溶液药浴乳头。对隐性乳房炎预防，可在干奶前1周、临产前20天分别服用左旋咪唑，并配合干奶时乳池注入抗生素。严格挤奶操作规程以及卫生管理。

七、酒精阳性乳

酒精阳性乳是指用68%～70%的酒精与等量的牛奶混合，产生絮状凝块的牛奶，分为高酸度和低酸度两种。高酸度酒精阳性乳是指酸度在20°T时，遇到70%酒精凝固的牛奶。低酸度酒精阳性乳是指酸度在10°T～18°T时，进行酒精试验呈阳性反应。

(一)病　因

日粮供应失衡，可消化粗蛋白质(DCP)和总消化养分(TDN)的过度不足，长期饲喂大量的啤酒糟、玉米糟等造成代谢紊乱，影响矿物质、微量元素等的吸收利用，使钠、钙、磷不平衡；乳蛋白质的稳定性降低；其他应激反应，如冷刺激、热刺激、高温等均可造成酒精阳性乳。

（二）症　状

乳房和乳汁无任何肉眼可见异常，奶成分与正常奶无差异。做酒精试验时才能发现。

（三）诊　断

用68%～70%酒精3～5毫升于试管里，然后加等量的牛奶与之混合摇晃，0.5分钟后出现絮状或细小凝块则判定为酒精阳性乳。

（四）防　治

1. 治疗　根据血液中和乳汁中矿物质元素钠、钾、钙、磷的变动情况，分别选用下列方法对症治疗。

（1）补钠疗法　10%氯化钠注射液500毫升，5%碳酸氢钠注射液500毫升，10%葡萄糖注射液500毫升。1次静脉滴注，每日1次，根据情况可连用1～3天。可使钠离子缺乏引起的阳性乳得到治疗。

（2）调整免疫功能疗法　皮下、肌内注射或口服盐酸左旋咪唑7.5毫克/千克体重，7天1次，连用2～3次。

（3）钙疗法　对于因含钙过多引起的阳性乳，可内服柠檬酸钠75毫克，每日2次，连用5～7天，同时减少钙的喂量；对于因缺乏钙、磷引起的酒精阳性乳，加喂钙、磷。

2. 预防　增加食盐喂量，防止出现低血钠；减少各种对奶牛的不利刺激；按饲养标准进行饲喂奶牛。

八、酮　病

酮病又称酮血症，是母牛于产犊后的几天至几周内发生的一种以血液酮浓度增高为特征的营养代谢性疾病。临床特征以呼出酮（烂苹果）味、消化道功能或神经功能紊乱为特征。

（一）病　因

由于日粮中碳水化合物和生糖物质不足，蛋白质饲料和脂肪饲料过多，致使脂肪代谢障碍，血糖含量减少，血中酮体（丙酸、乙酰乙酸、β-羟丁酸）异常增多而致病。此外，生产瘫痪、前胃弛缓、创伤性网胃炎、迷走神经性消化不良、真胃左方变位和真胃扭转、子宫炎、乳房炎等病也可继发酮病。

（二）症　状

病初表现为消化功能紊乱，食欲减退，喜吃干草和污染的垫草，体重和产奶量下降。病牛常躺卧，起立困难，心跳加快、每分钟可达 100 次以上，呼吸浅表，食欲和反刍停止，瘤胃蠕动音减弱或消失，粪便干燥、表面附有黏液，呼出的气体、排出的尿液有醋酮味。牛奶中有酮味。逐渐消瘦，弓背，有轻度腹痛。多数牛嗜睡。少数牛表现狂躁不安，转圈、摇摆、舔、嚼和吼叫，感觉过敏。尿呈浅黄色、水样，易起泡。

（三）诊　断

根据临床特征可初步诊断，确诊需进行实验室测定酮体和血糖含量。

酮体检查可用便利简易的洛得氏试验（Rothera′s test）：取硫酸铵 100 克、无水碳酸钠 50 克、亚硝基铁氰化钠 3 克，分别研末混合。取其中 1～2 克装入干燥试管中，然后取尿徐徐加入，在试剂的顶端使其成层。将试管静置 2～3 分钟，酮体阳性呈紫色。实验室使用时，取试剂 0.25 克放在白色滤纸上，加尿几滴，立即呈淡红色或紫红色者为阳性。阳性血清的酮体量在 10 毫克/100 毫升（正常牛血中酮体量 0.6～6 毫克/100 毫升）。

血糖值的测定：进行实验室检验，正常牛的血糖值为 40～93 毫克/100 毫升，酮病牛低于此值。

（四）防　治

1. 治疗　应用糖类来提高血糖水平，并配合碱类药物以缓解酸中毒。每天灌服红糖或白糖 300～500 克，静脉注射 25% 葡萄糖注射液 500～1 000 毫升，反复应用。内服碳酸氢钠 50～100

克，每隔3～4小时1次；肌内注射促肾上腺皮质激素200～600单位，配合维生素B_1、维生素B_{12}；水合氯醛首次剂量30克加水灌服，然后改为每次7克，每天2次，连用5天；氯酸钾30克溶于250毫升水中灌服，每天2次，易引起腹泻。

2. 预防 科学使用饲料。产前干奶母牛要控制精饲料的供给量，防止牛过肥。产后母牛可在日粮中添加3%～5%保护性脂肪以提高血糖水平；满足优质干草供应，以增加生糖物质。管理上要进行本病的监控，每日或隔日进行尿、奶、血清酮体的监测。

九、骨软症

骨软症是指成年动物在软骨内骨化作用完成后发生的一种骨营养不良疾病。

（一）病因

由于营养失调，钙、磷比例不平衡，磷缺乏所致。正常牛的钙、磷比例为2∶1，因此饲料中也必须与之相适应。机体胃肠功能障碍、维生素D不足或缺乏，甲状腺功能亢进，运动不足均可引起本病的发生。

（二）症状

病牛消化功能紊乱，出现异嗜癖。之后跛行，运步不灵活。肢腿僵直，走路后躯摇摆，或四肢轮换跛行。某些母牛发生腐蹄病，骨骼变形。高产奶牛的倒数第一、第二尾椎骨逐渐变小、变软甚至消失。后期继发瘤胃臌气、瘤胃积食、胃肠炎、骨折或褥疮。

血液中钙含量高、磷低，血钙和血磷分别为14～18.6毫克和2.4～5.6毫克，正常牛为12～13毫克和6～8毫克。

（三）诊断

根据饲料的成分和饲料来源及临床特征可做出诊断，但要与牛的骨折、蹄病、关节炎、肌肉风湿、慢性氟中毒等相区别。原发性骨折没有骨和关节变形的表现，腐蹄病可继发于骨软病。但原发性病例，可联系牛场的运动场状况等，以炎热和潮湿季节多发。肌肉风湿则患部疼痛显著，运动后减轻。慢性氟中毒有齿斑和长骨骨柄增大等特征。

(四)防　治

在发病初出现异嗜癖时，即可在饲料中补充钙、磷。严重病例可肌内注射20%磷酸二氢钠注射液300～500毫升，或3%次磷酸钙注射液1 000毫升静脉注射。每日1次，连用3～5日。

对于成年牛，每天应供应磷和钙各11克。产奶母牛，每产1千克牛奶，每日供应2.2克钙、1.54克磷。钙与磷的比例为1.5～2∶1，不超过4∶1则可预防骨软症。

第六节　中毒病及其防治

一、亚硝酸盐中毒

牛采食了含亚硝酸盐的饲草及青菜类饲料，引起的一种饲料类中毒。许多青菜中含有硝酸盐，如发生腐烂或发热，就会变成亚硝酸盐；也有牛采食含硝酸盐的饲草料后在瘤胃的作用下，转化成了亚硝酸盐而引起中毒的报道。

(一)病　因

硝酸盐一般不会引起中毒，但在瘤胃内经过细菌的还原作用，可变成亚硝酸盐。亚硝酸盐在血液中能与血红蛋白相结合，生成高铁血红蛋白，使血红蛋白不与氧结合，而丧失了运输氧的功能，导致组织缺氧，血液呈褐色。高铁血红蛋白除了本身不能运输氧到组织以外，还能使正常的血红蛋白在组织中不易与氧分离，造成肺部氧气不足，加重了缺氧状态，致使呼吸中枢麻痹、窒息而死。

(二)症　状

牛采食了大量含亚硝酸盐的饲草料后，十几分钟至30分钟就发病。而摄入过量含有硝酸盐的食物和饮水后，大约5个小时后才发病。毒物主要刺激胃肠，导致炎症；破坏血红蛋白的运输氧的功能，使组织极度缺氧。表现为突然全身痉挛，结膜发绀、乳房发紫、口吐白沫、呼吸困难、脉搏加快，体温正常或下降。重症者因极度缺氧而来不及救治很快倒地死亡。轻症可以得到治疗或自愈。

（三）诊　断

根据采食饲草料的情况，结合临床症状、血液检查为暗紫色不凝固似酱油色、用特效解毒药美蓝可治疗，可以确诊。通过实验室检验亚硝酸盐：取胃内容物或残余饲料的液汁1滴，滴在滤纸上，加10%联苯胺液1～2滴，再加醋酸1～2滴，若滤纸变为棕色，即可确诊。

（四）防　治

1. 治疗　应用特效解毒剂美蓝或甲苯胺蓝，同时应用维生素C和高渗葡萄糖；1%美蓝注射液（美蓝1克、纯酒精10毫升、生理盐水90毫升），每千克体重0.1～0.2毫升，静脉注射；5%甲苯胺注射液，每千克体重0.1～0.2毫升，静脉注射或肌肉注射；5%维生素C注射液60～100毫升，静脉注射；50%葡萄糖注射液300～500毫升，静脉注射。还可以向瘤胃内投入抗生素和大量饮水，阻止细菌对硝酸盐的还原作用。

同时，还必须采取其他对症治疗，应用泻剂清理胃肠内容物，并补充氧、强心及解除呼吸困难。也可冲调绿豆汤500～750克、干草末100克，灌服。

2. 预防　加强对青刈饲料的管理，不可使其腐烂和发热。要对饮水进行监测，尤其是靠近池塘、厩舍、肥料棚的水源。对于大量施用硝铵类肥料的作物，要特别注意，测定其硝酸盐的含量。要合理调配饲料，使碳水化合物的含量占到一定的比例。

二、棉籽饼中毒

在棉花产区，从棉籽中提取油之后，剩余的棉籽饼是很好的高蛋白质饲料(含粗蛋白质25%～40%)。其缺点是钙和维生素A缺乏,并含有一种有毒成分叫棉酚能引起牛中毒。

(一)病　因

棉籽及棉籽饼中的主要有毒成分是棉酚,它是一种萘的衍生物,可分为结合棉酚和游离棉酚两种。结合棉酚是棉酚与蛋白质、氨基酸的结合物的总称,不能被肠道消化吸收,是无毒的。有毒性的是游离棉酚,易被家畜消化吸收,使硫和蛋白质结合,损害血红蛋白中铁的作用,导致溶血。棉酚还能使神经系统功能紊乱,引起不同程度的兴奋和抑制。棉籽饼缺乏维生素A和钙,长期而大量饲喂可引起牛的消化、泌尿等器官黏膜变性。

(二)症　状

大量饲喂棉籽饼可发生瘤胃积食,出现腹痛和便秘,后期腹泻。渐渐病牛出现夜盲症和干眼病。棉酚还能损害血液循环系统,可使病牛出现出血性胃肠炎,血红蛋白尿;伤害脑组织,引起神经功能紊乱。犊牛大量采食棉籽饼后,出现食欲下降、腹泻、黄疸、夜盲、血红蛋白尿,重者伴有佝偻病。

(三)诊　断

根据饲喂棉籽饼的情况及出现的症状可以做出诊断。成年牛1次吃了大量的棉籽饼而引起瘤胃积食不能定为中毒。确诊需要测定棉籽饼及病牛血液中游离棉酚的含量。

(四)防　治

1. 治疗　成年牛出现瘤胃积食时,可用泻剂。用硫酸钠500克、大黄末100克,开水冲,再用温水4～5升调和,胃管投服。孕牛可选用液状石蜡1 500～2 000毫升灌服。对于出现的眼病,可按维生素A缺乏症治疗。

犊牛出现中毒后可静脉注射10%葡萄糖注射液、糖盐水、复方氯化钠注射液各300毫升,5%碳酸氢钠注射液150毫升,1日2次;腹痛呻吟可肌内注射安乃近注射液10毫升;输入母牛血100

毫升，每日2次。止泻可用药用炭50克，加水适量灌服，每日2次。

2. 预防　在调配饲料时，应注意棉籽饼的用量，每头每日不超过1～1.5千克；饲喂前做去毒处理，如加棉籽饼重量10%的大麦粉或面粉，然后加水煮沸。成年牛在饲喂棉籽饼时，同时饲喂一些苜蓿干草或其他饲草。尽量使用脱酚棉籽饼。

三、菜籽饼中毒

油菜是我国的主要油料作物，提取油之后可作为牛的蛋白质补充饲料。而菜籽饼中含有芥子硫苷成分，牛大量采食后可引起中毒。

(一)病　因

菜籽饼中含有芥子硫苷，在芥子水解酶的作用下，产生挥发性芥子油、即硫氰丙烯脂，该成分有毒性，从而引起牛中毒。

(二)症　状

病牛表现不安、流涎、食欲废绝、反刍停止；很快出现胃肠炎症状，如腹痛、腹胀或腹泻，严重的粪便中带血；肺气肿、肺水肿、呼吸加快或困难，有时伴发痉挛性咳嗽，鼻腔流出泡沫状液体；排尿次数增多，出现血红蛋白尿或血尿；黏膜发绀，心率减慢，体温正常或低下，最终虚脱而死亡。

(三)诊　断

根据采食菜籽饼过量的情况，结合临床特征，可以做出诊断，确诊需要做毒素定性检查或芥子硫苷含量测定。

(四)防　治

1. 治疗　进行对症治疗，内服淀粉浆(淀粉200克，开水冲成浆糊)、豆浆水等，也可用0.5%～1%鞣酸溶液洗胃或内服；皮下注射或肌内注射20%樟脑溶液20～40毫升，肌内注射止血敏20毫升；重病病例可泻血500～1 000毫升，输液输氧解毒用25%葡萄糖注射液和复方氯化钠注射液各 1 000 毫升加入维生素 C 注射液 3～4 克、过氧化氢溶液 100 毫升静脉注射；轻型病例可静脉输入葡萄糖和维生素 C。

2. 预防　浸泡煮沸菜籽饼，进行去毒；在饲喂前进行测定，芥子油含量超过 0.5%时应做去毒处理；去毒后与其他饲料调配饲喂，严格控制饲喂数量。妊娠母牛和幼牛不可饲喂。

四、尿素中毒

牛的瘤胃微生物具有利用尿素合成蛋白质的能力，因此生产上常常应用尿素替代蛋白质饲料以节约蛋白质。但是在配合日粮时加入过多或搅拌不均匀，都可能造成中毒。

（一）病　因

当饲喂尿素、双缩尿和双铵磷酸盐量过多时或方法不当时能产生大量的氨，而瘤胃微生物不能在短时间内利用，大量的氨进入血液、肝脏等组织器官，致使血氨增高而侵害神经系统造成中毒。

（二）症　状

尿素中毒时间很短就出现症状，反刍减少或停止，瘤胃迟缓，唾液分泌过多，表现不安，肌肉震颤，呼吸困难，脉搏增数（100 次/分），体温升高，全身出现痉挛，倒地、流涎、瞳孔散大，窒息死亡。病程一般为 1.5～3 小时。病程延长者，后肢不全麻痹，四肢僵硬，卧倒不起，发生褥疮。

（三）诊　断

进行实验室检验，血氨含量达到 1～8 毫克/100 毫升（正常时为 0.2～0.6 毫克/100 毫升），瘤胃液氨含量高达 80～200 毫克/100 毫升，可引起中毒。

（四）防　治

1. 治疗　病初可用 2%～3%醋酸溶液 2 000 毫升，加白糖 500 克、常水 2 000 毫升，1 次灌服；为降低血氨浓度、改善中枢神经系统功能,可用谷氨酸钠注射液200～300毫升(68～86克),用5%葡萄糖注射液3000毫升或10%葡萄糖注射液2000毫升稀释后,静脉滴注,每日1次。有高钾血症时不可用钾盐;瘤胃臌气严重时,可穿刺放气;可用苯巴比妥抑制痉挛,10毫克/千克体重;出现呼吸中枢抑制时,可用安钠咖、尼可刹米等中枢兴奋药解救。

2. 预防 不能把尿素溶解于水里进行饲喂;尿素类非蛋白氮饲用添加量要严格控制,其蛋白当量一般不应超过日粮蛋白质总量的30%;饲喂尿素时必须供给充足的碳水化合物;不能与大豆类饲料混合饲喂,以防脲酶的分解作用,使尿素迅速分解、氨浓度增加;瘤胃功能尚未健全的犊牛禁止饲喂尿素类非蛋白氮饲料。

五、霉变饲料中毒

发霉的饲料由于霉菌的毒素作用,可使牛发生中毒。

(一)病　因

饲草料由于保管不当或受雨水淋湿,造成有毒的霉菌寄生,从而产生毒素,使牛发病。常见的霉菌有曲霉菌、青霉菌、镰刀霉菌等。在毒素的侵蚀下,加之功能的抵抗力降低,就造成牛中毒。

(二)症　状

成年牛中毒呈慢性经过,毒素主要侵害肝脏、血管和神经系统。引起出血、水肿和神经症状,以及腹水、消化功能障碍。表现前胃弛缓、瘤胃臌胀,间歇性腹泻,最后脱水。产奶量降低或停止,妊娠母牛发生流产。有的出现惊恐和转圈运动,后期陷于昏迷而死亡。犊牛厌食、磨牙、消瘦、生长迟缓和精神委靡。犊牛对黄曲霉毒素敏感,且死亡率高。

(三)诊　断

取样进行分析化验,结合临床特征可做出诊断,确诊需进行毒素测定和细菌培养。

(四)防　治

1. 治疗　对于轻型病例，可停喂含脂肪多的饲料，增喂青绿饲料。可自然痊愈。

对于严重病例，投服盐类泻剂人工盐 500～800 克，温水 3～5 升稀释，胃管投服，排除胃内容物；保护肝脏，取 25%～50%葡萄糖注射液 500～1 000 毫升，加入维生素 C 注射液 3～5 克、5%氯化钙注射液 200～300 毫升、40%乌洛托品注射液 50～60 毫升，静脉滴注；皮下注射强心剂 10%樟脑磺酸钠注射液 10～20 毫升或 10%安钠咖注射液 20～30 毫升；可配合使用青霉素、链霉素进行并发症治疗。不可使用磺胺类药物。

2. 预防　仔细检验饲料，发现霉变饲料、饲草绝不可饲用。

六、氢氰酸中毒

有些饲料作物中含有氰苷配糖体，牛采食了这些植物后可引起中毒。

(一)病　因

牛采食了大量含氢氰酸的高粱、玉米等的幼苗、三叶草、南瓜藤等，这些饲料中含有较多的氢氰酸的衍生物氰苷配糖体，可引起中毒。收割后的高粱、玉米的再生幼苗或雨涝、霜冻后的幼苗氰苷配糖体含量极高。采食后可造成中毒。

(二)症　状

采食过程或采食后不久突然发病。病牛站立不稳，呻吟痛苦，表现不安；流涎，呕吐；可视黏膜潮红，血液鲜红。呼吸极度困难，抬头伸颈，张口喘息，呼出气有苦杏仁味。肌肉痉挛，全身衰弱无力、卧地不起。结膜发绀，血液暗红。瞳孔散大，眼球震颤。皮肤感觉减退，脉搏细弱无力，全身抽搐，很快因窒息死亡。急性病例一般不超过 2 小时，最快者 3～5 分钟死亡。

(三)诊 断

1. 病理变化 急性病死牛的血液呈鲜红色,凝血时间延长。肌肉色暗。肺、胃肠和心脏等实质器官充血、出血。体腔内有浆液性渗出液,瘤胃内容物释放出氢氰酸气味。

2. 鉴别诊断 与硝酸盐和亚硝酸盐中毒相区别。硝酸盐和亚硝酸盐尸体检查可见血液凝固不全,并呈黑红色,经暴露于空气中也不变为鲜红色。

确诊可根据病史、临床症状、实验室检查进行。

(四)防 治

1. 治 疗

(1)*应用解毒药进行解毒* 发病后立即静脉注射3%亚硝酸钠注射液60～70毫升,随后再注射5%硫代硫酸钠注射液100～200毫升;选用美蓝注射液治疗时,浓度要高,剂量大于亚硝酸盐中毒时的10倍;由于葡萄糖能与氢氰酸结合成无毒的腈类,故可静脉注射50%葡萄糖注射液500毫升。

(2)*对症治疗* 释放静脉血、静脉输氧;使用呼吸兴奋剂(尼可刹米)、强心剂(安钠咖、樟脑)等以缓解病情。

2. 预防 防止牛采食幼嫩的高粱苗和玉米苗;对于亚麻籽饼要煮熟去毒;管理好农药,不可误食氰化物。

七、马铃薯中毒

马铃薯是营养价值很高的食品,可作为家畜的饲料。但使用不当可造成中毒。

(一)病 因

马铃薯因保管不当,受到太阳照射或发芽,产生龙葵素,从而使家畜中毒。马铃薯外表颜色发绿,表明龙葵素高。

(二)症 状

轻度中毒,以消化道症状明显,流涎、呕吐、腹胀、腹痛、便秘或腹泻，甚至出现血便。病牛还表现口唇周围、肛门、尾根、阴道和乳房部位发生湿疹或水疱性皮炎。

严重病例，病初兴奋不安，向前冲撞。以后精神沉郁，行走不稳，倒地昏迷，黏膜发绀，肌肉痉挛，呼吸无力，心力衰竭，2～3 天死亡。

（三）诊　断

根据发病前采食的马铃薯情况及临床症状即可做出诊断。

（四）防　治

1. 治疗　无特效解毒药。进行对症治疗，立即停喂马铃薯。

严重病例，先输强心剂：25%～50%葡萄糖注射液 500 毫升加维生素 C 注射液 3 克静脉注射及 20%安钠咖注射液 30 毫升分点注射，然后用 1%～2%鞣酸注射液 1 000～2 000 毫升洗胃和灌服，并立即用胃管投服盐类泻剂硫酸镁 500～800 克，温水 3～5 升，使毒物排除。对已发生胃肠炎的，为保护胃黏膜，消除中毒性肠炎症状，可内服 1%鞣酸蛋白溶液 1 000～2 000 毫升。

2. 预防　严禁饲喂发芽的或发绿的马铃薯。

八、食盐中毒

食盐是家畜日粮中不可缺少的营养物质，但喂量过多就会造成中毒。

（一）病　因

食盐过多或限制饮水会使牛体内阳离子平衡紊乱，从而出现一系列的症状。

（二）症　状

急性中毒时，发生消化障碍，病牛厌食、口渴、流涎、腹痛、腹泻、粪便中带有黏液。神经症状有目盲、麻痹、步态不稳，球关节屈曲无力，肌肉痉挛、发抖，常于 24 小时死亡。

慢性中毒时，食欲不振，饮欲亢进，体重减轻、脱水，体温降低，衰弱，偶尔也有腹泻。犊牛中毒时，可见有咬肌、颈部及四肢肌肉均出现强直性痉挛，头向后反张，瞳孔散大，口吐白沫，呼吸困难，心跳加快。

(三)诊　断

有饲喂过多食盐或限制饮水的情况。结合临床症状，同时测定瘤胃及小肠内容物氯浓度(高于0.31%表明中毒)可做出诊断。

(四)防　治

1. 治疗　发现中毒立即停止饲喂高食盐的饲料，让牛多次、少量饮清水。为解除阳离子平衡紊乱出现的中枢神经症状，可用5%氯化钙注射液100～200毫升静脉注射，用镇静剂溴化钾15～60克/次稀释为30%溶液口服。使用利尿剂呋塞米静脉和肌内注射100～250毫克/次，可使血中过多的钠离子和氯离子排出，同时也使钾的排出增多。胃肠道排除毒物可灌服液状石蜡1 000～2 000毫升。缓解脑水肿，降低颅内压，可静脉注射25%山梨醇注射液1 000～2 000毫升和25%～50%葡萄糖注射液500～1 000毫升。

2. 预防　日粮中的食盐含量应严格按照饲养标准添加，保证充足的饮水。

参考文献

[1] 王加启．现代奶牛养殖科学．北京:中国农业出版社,2006.

[2] 王加启．青贮专用玉米高产栽培与青贮技术．北京:金盾出版社,2005.

[3] 刘建宁,贺东昌．北方干旱地区牧草栽培育利用．北京:金盾出版社,2003.

[4] 白元生,阎柳松等．牧草及饲料作物高产栽培利用．北京:中国农业出版社,2001.

[5] 陈默君,张文淑,周禾．牧草与粗饲料．北京:中国农业大学出版社,1999.

[6] 杨效民．晋南牛养殖技术．北京:金盾出版社,2004.

[7] 杨效民．旱农区牛羊生态养殖综合技术．太原:山西科学技术出版社,2008.

[8] 许尚忠,魏伍川．肉牛高效生产实用技术．北京:中国农业出版社,2002.

[9] 李洪招,崔保安等．肉牛产业化生产技术．郑州:河南科学技术出版社,2003.

[10] 王锋．高产奶牛绿色养殖新技术．北京:中国农业出版社,2003.

[11] 李建国,安永福．奶牛标准化生产技术．北京:中国农业大学出版社,2003.

[12] 肖定汉．奶牛饲养与疾病防治．北京:中国农业大学出版社,2001.

[13] 林继煌,蒋兆春．牛病防治．北京:科学技术文献出版

社,2004.

[14] 杨效民,李军. 牛病类症鉴别与防治. 太原:山西科学技术出版社,2008.

[15] 杨效民. 肉牛标准化生产技术彩色图示. 太原:山西经济出版社,2009.

[16] 韩一超. 奶牛标准化生产技术彩色图示. 太原:山西经济出版社,2009.

科学养兔指南	32.00
中国家兔产业化	32.00
专业户养兔指南	19.00
养兔技术指导(第三次修订版)	12.00
实用养兔技术(第2版)	10.00
种草养兔技术手册	14.00
新法养兔	15.00
图说高效养兔关键技术	14.00
獭兔标准化生产技术	13.00
獭兔高效益饲养技术(第3版)	15.00
獭兔高效养殖教材	6.00
怎样提高养獭兔效益	13.00
图说高效养獭兔关键技术	14.00
长毛兔高效益饲养技术(修订版)	13.00
长毛兔标准化生产技术	15.00
怎样提高养长毛兔效益	12.00
肉兔高效益饲养技术(第3版)	15.00
肉兔标准化生产技术	11.00
肉兔无公害高效养殖	12.00
肉兔健康高效养殖	12.00
家兔饲料科学配制与应用	11.00
家兔配合饲料生产技术(第2版)	18.00
怎样自配兔饲料	10.00
实用家兔养殖技术	17.00
家兔养殖技术问答	18.00
兔产品实用加工技术	11.00
科学养鸡指南	39.00
家庭科学养鸡(第2版)	20.00
怎样经营好家庭鸡场	17.00

鸡鸭鹅饲养新技术(第2版)	16.00
蛋鸡饲养技术(修订版)	6.00
蛋鸡标准化生产技术	9.00
蛋鸡良种引种指导	10.50
图说高效养蛋鸡关键技术	10.00
蛋鸡高效益饲养技术(修订版)	11.00
蛋鸡养殖技术问答	12.00
节粮型蛋鸡饲养管理技术	9.00
怎样提高养蛋鸡效益(第2版)	15.00
蛋鸡蛋鸭高产饲养法(第2版)	18.00
蛋鸡无公害高效养殖	14.00
土杂鸡养殖技术	11.00
生态放养柴鸡关键技术问答	12.00
山场养鸡关键技术	11.00
果园林地生态养鸡技术	6.50
肉鸡肉鸭肉鹅高效益饲养技术(第2版)	11.00
肉鸡良种引种指导	13.00
肉鸡标准化生产技术	12.00
肉鸡高效益饲养技术(第3版)	19.00
肉鸡健康高效养殖	17.00
肉鸡养殖技术问答	10.00
怎样养好肉鸡(第2版)	12.00
怎样提高养肉鸡效益	12.00
优质黄羽肉鸡养殖技术	14.00
新编药用乌鸡饲养技术	12.00
怎样配鸡饲料(修订版)	5.50
鸡饲料科学配制与应用	10.00
怎样应用鸡饲养标准与	

常用饲料成分表	13.00
雉鸡养殖(修订版)	9.00
雉鸡规模养殖技术	13.00
怎样提高养鸭效益	6.00
科学养鸭(修订版)	15.00
家庭科学养鸭与鸭病防治	15.00
科学养鸭指南	24.00
图说高效养鸭关键技术	17.00
稻田围栏养鸭	9.00
肉鸭高效益饲养技术	12.00
北京鸭选育与养殖技术	9.00
蛋鸭养殖技术问答	9.00
鸭鹅良种引种指导	6.00
鸭鹅饲料科学配制与应用	14.00
怎样自配鸭饲料	12.00
野鸭养殖技术	6.00
科学养鹅(第2版)	12.00
怎样提高养鹅效益	6.00
鹅健康高效养殖	10.00
青粗饲料养鹅配套技术问答	11.00
图说高效养鹅关键技术	16.00
高效养鹅及鹅病防治	8.00
肉鹅高效益养殖技术	12.00
种草养鹅与鹅肥肝生产	8.50
怎样提高养肉鸽效益	15.00
肉鸽鹌鹑饲料科学配制与应用	14.00
肉鸽鹌鹑良种引种指导	5.50
肉鸽养殖新技术(修订版)	15.00
肉鸽 信鸽 观赏鸽	9.00
鸽病防治技术(修订版)	13.00
鸽病鉴别诊断与防治	15.00
鸽病诊断与防治原色图谱	17.00
新编鸽病防治	13.00
鹌鹑规模养殖致富	8.00
鹌鹑高效益饲养技术(修订版)	14.00
毛皮加工及质量鉴定(第2版)	12.00
实用毛皮动物养殖技术	15.00
图说毛皮动物毛色遗传及繁育新技术	14.00
毛皮兽疾病防治	10.00
毛皮动物疾病诊断与防治原色图谱	16.00
肉狗标准化生产技术	16.00
狐标准化生产技术	9.00
养狐实用新技术(修订版)	10.00
怎样提高养狐效益	13.00
实用养狍新技术	15.00
养蛇技术	5.00
貉标准化生产技术	10.00
怎样提高养貉效益	11.00
乌苏里貉四季养殖新技术	11.00
水貂标准化生产技术	7.00
怎样提高养水貂效益	11.00
特种昆虫养殖实用技术	15.00
养蜂技术(第4版)	11.00
养蜂技术指导	10.00
养蜂生产实用技术问答	8.00
实用养蜂技术(第2版)	8.00
图说高效养蜂关键技术	15.00
怎样提高养蜂效益	9.00
蜂王培育技术(修订版)	8.00
蜂王浆优质高产技术	5.50
蜂蜜蜂王浆加工技术	9.00
蜜蜂育种技术	12.00